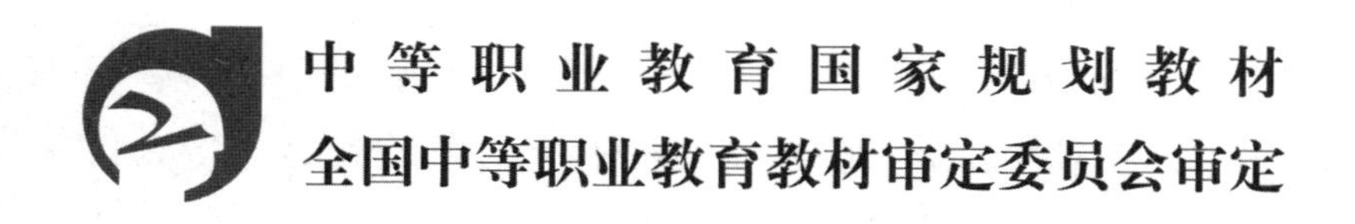

数字通信技术
（第3版）

主编　王钧铭　吕　艳

主审　杨元廷

電子工業出版社
Publishing House of Electronics Industry
北京·BEIJING

内 容 简 介

本书介绍了数字信号的特性及其基带传输与频带传输的基本原理，信源、信道编码与解码的方法，以及各种数字传输系统的构成及工作原理，并对 LAN、分组交换网、光纤同轴混合宽带接入网、移动通信网等常见通信网络的组成及工作原理进行了简单的介绍。

本书内容浅显，涉及的知识面较广，对读者的专业基础要求较低，可作为中等职业学校电子信息类专业的教材，也可作为电子信息类工程技术人员和管理人员的参考书。

图书在版编目（CIP）数据

数字通信技术 / 王钧铭，吕艳主编. -- 3 版.
北京 ： 电子工业出版社，2024. 10. -- ISBN 978-7-121-48975-4

Ⅰ. TN914.3

中国国家版本馆 CIP 数据核字第 2024MD6557 号

责任编辑：蒲　玥
印　　刷：涿州市京南印刷厂
装　　订：涿州市京南印刷厂
出版发行：电子工业出版社
　　　　　北京市海淀区万寿路 173 信箱　　　邮编 100036
开　　本：880×1230　1/16　印张：10.25　字数：256 千字
版　　次：2003 年 3 月第 1 版
　　　　　2024 年 10 月第 3 版
印　　次：2024 年 10 月第 1 次印刷
定　　价：35.00 元

凡所购买电子工业出版社图书有缺损问题，请向购买书店调换。若书店售缺，请与本社发行部联系，联系及邮购电话：（010）88254888，88258888。

质量投诉请发邮件至 zlts@phei.com.cn，盗版侵权举报请发邮件至 dbqq@phei.com.cn。

本书咨询联系方式：（010）88254485，puyue@phei.com.cn。

前　言

2023 年，我国数字经济规模达到 53.9 万亿元，占当年 GDP 总量的 42.8%，继农业经济时代、工业经济时代之后，数字经济时代即将到来。数字经济的发展离不开数字技术的支撑。近年来，5G、移动互联网、云计算、大数据、人工智能、物联网与区块链等新技术发展迅猛，不仅形成了数字产业，还推动了传统产业的数字化转型。这些技术的应用，都是建立在数字通信技术基础上的。

数字通信技术不仅对社会经济的发展起到重要的作用，还直接影响到人们的日常活动，如手机通话、发短信、发微信、网上办公、网上学习、网上咨询、网上购物、网上娱乐和移动支付等都离不开数字通信技术，可以说数字通信技术无处不在、无时不在。

作为中等职业学校电子信息类专业的学生，学习数字通信技术，不仅有利于毕业后从事本专业的工作，还有利于在各种工作、学习、休闲活动中充分且有效地利用通信资源以提高活动的质量。与其他课程相比，数字通信技术课程特别强调全局性、系统性和标准性，对于改进学习者的思维方式有很大的帮助。使用本书的学生应具备一定的电子线路和电子整机等方面的知识。数字通信技术课程的目标是帮助学生建立完整的数字通信系统概念，使其了解数字信号传输、交换与处理的一般方法，理解基于双绞线的数字传输系统、数字无线传输系统、卫星通信系统、光纤通信系统的组成及工作原理，理解 LAN、分组交换网、光纤同轴混合宽带接入网、移动通信网等常见通信网络的组成及工作原理，了解 OSI 等通信协议的内容及应用，了解数字通信技术的发展趋势，为从事数字通信相关工作打下基础，同时培养学生系统分析问题的能力。

本书共 6 章，其中第 1～4 章主要介绍数字通信的基本原理、信号的处理及传输技术，第 5 章介绍各种数字传输系统的组成及工作原理，第 6 章介绍各种通信网络的组成及工作原理。每章均安排了相应的思考与练习题。建议各章学时安排如下。

章名	学时
第 1 章　数字通信概述	4
第 2 章　数字编码与解码	6
第 3 章　数字信号的基带传输	10
第 4 章　数字信号的频带传输	12
第 5 章　数字传输系统	12
第 6 章　通信网络	8

本书第 1～3 章及附录由王钧铭编写，第 4～6 章由吕艳编写，全书由王钧铭统稿。本书由杨元廷担任主审。本书在编写过程中得到了扬州高等职业技术学校赵杰等老师的帮助，在此向他们表示衷心的感谢。

数字通信技术是现代社会中发展最迅速的技术之一，尽管编者力求阐明数字通信的基本原理并在此基础上引入最新的知识和技术，但由于编者水平有限，书中难免存在不足之处，恳请读者批评指正。

为了方便教师教学，本书还配有教学资料包。请有此需要的教师登录华信教育资源网免费注册后进行下载，有问题时请在网站留言板上留言或与电子工业出版社联系（E-mail：hxedu@phei.com.cn）。

编　者

目　录

第1章　数字通信概述

通信（Communication）的原意是“交流”，即两个人之间进行信息交换。最常见的交流方式是对话，除此之外交流方式还包括信件、手势等。随着社会的发展，人们对交流的要求越来越高，这种要求主要表现在信息的传递、交换、处理三个方面。首先，信息传递的距离越来越长，信息量越来越大，实时性要求越来越高，这就要求有一个强有力的信息载体和传输系统来传递信息；其次，交流更加方便，交流方式更加多样化，可以在任何时间、任何地点与任何人进行任何方式的交流，这就要求有一个庞大的通信系统（网络）作为支撑，并且这种系统要具有信息交换功能；最后，要从纷乱繁杂的信号中提取出对接收者来说有意义的内容，这就要求对信息进行处理。因此，通信可以定义为信息的传递、交换和处理，通信技术包括信息传递技术、信息交换技术和信息处理技术。

1.1　通信的基本概念

1.1.1　信息与信号

在日常生活中，人们通过对话、书信、表演等多种方式进行思想交流和现象描述，这些过程都可以称为消息（Message）的传递。消息中所包含的对接收者来说有意义的内容称为信息（Information），信息的多少用信息量表示。当仅讨论消息和信息的传递时，两者并不需要进行严格区分，一般都称为信息。

信号（Signal）是信息的载体，是运载信息的工具。例如，你现在有一个想法（信息）要与他人交流，就要用语音（信号）表达出来，因为语音是可以在空间传播并且能被他人听到的，语音就是这个想法的载体。信号有很多形式，如语音、文字、图像、电流、电压、电磁波和光等。在现代通信系统中，电信号、电磁波信号和光信号是信号的主要形式。电信号可进行信号交换、信号处理，以及在短距离固定点之间通过电缆传输，其应用场合包括电子设备内部、近距离的电子设备之间等；电磁波信号在不适合布设线缆的设备之间通过无线空间传输，其应用场合包括航天航空、汽车、高铁、手机及Wi-Fi、蓝牙等；光信号在两个固定点之间通过光导纤维（以下简称光纤）传输，其应用场合包括洲际海底光缆、光纤到学校、光纤到家庭等。虽然光纤传输和无线传输的应用场合非常多，但是由于目前对信号进行交换和处理的设备主要是电子设备，典型的例子就是计算机，因此信号的主要形式是电信号。在进行光信号或电磁波信号的传输时，要进行光电转换或电磁波与电流的转换。

1.1.2　模拟信号与数字信号

对信号可以进行时域描述，即描述信号的参数（如电压、电流等）与时间的关系。这种关系可以通过仪器（如示波器等）直接进行观测，所得到的关系曲线称为波形（Waveform）。信号按波形特征可分为两大类：一类是模拟信号（Analog Signal），另一类是数字信号（Digital Signal）。

（1）模拟信号

表征信号特性的某一参量（如幅度、频率、相位等）在一定范围内连续变化的信号称为模拟信号。以信号的幅度参量为例，连续是指在某一取值范围内信号的大小可以取无限多个数值。图 1-1（a）所示为语音信号的波形，电压的大小反映了语音信号强度的大小，其幅度是连续变化的，因此它是模拟信号。

图 1-1（b）是如图 1-1（a）所示的波形发生变异的情况，在 t_1 时刻波形发生了变异，可能是因为受到了干扰或出现了失真，当将这个波形的语音信号加载到扬声器中时，在 t_1 时刻就会有杂音或变调。因此，模拟信号的传输、处理过程对抗干扰和防失真有很高的要求。一般来说，模拟信号一旦受到干扰或出现失真就很难彻底消除，采取措施也只能努力使其影响降低到可接受的程度。

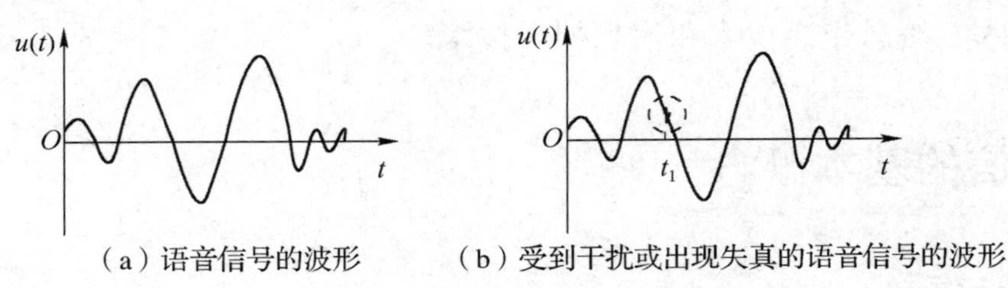

（a）语音信号的波形　（b）受到干扰或出现失真的语音信号的波形

图 1-1　模拟信号的波形示例

（2）数字信号

表征信号特性的某一参量（如幅度、频率、相位等）在时间上离散且只能取有限个数值的信号称为数字信号。数字信号可以理解成是由一个一个符号构成的，每个符号表示一种状态。图 1-2 所示为数字信号的波形。信号在时间轴上按等间隔划分，每个间隔代表一个符号，这个符号称为码元，间隔的时间称为码元长度。图 1-2（a）中码元用恒定的电压波形表示，其电压只有两种状态，即 2V 和 0V，可分别用代码“0”“1”表示，该代码称为二进制码。图 1-2（b）中码元波形的电压有 4 种状态，即 3V、1V、−1V、−3V，可分别用代码“3”“2”“1”“0”表示，该代码称为四进制码。

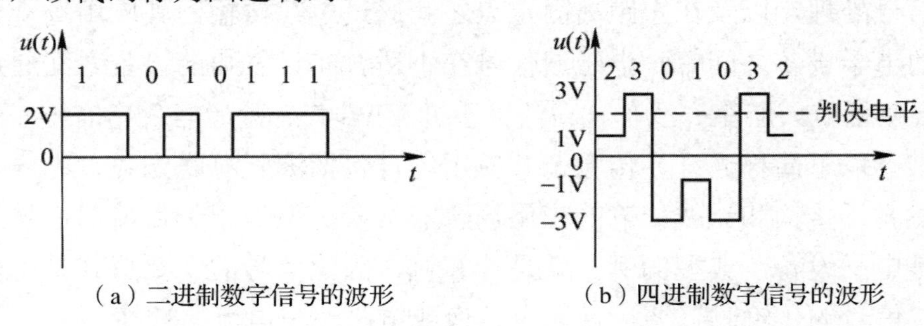

（a）二进制数字信号的波形　（b）四进制数字信号的波形

图 1-2　数字信号的波形

数字信号有一个很重要的特点，当受到干扰或出现失真时，可以利用其“有限取值”的特点进行取样判决，这样就有可能完全恢复成原来的信号。例如，在如图 1-2（b）所示的波形中，代码“3”对应的电压是 3V，代码“2”对应的电压是 1V，两者的分界电压（又称为判决电平）是 2V，凡是大于 2V 的电压，都会被判定为 3V，对应代码“3”，凡是大于 0V 小于 2V 的电压都会被判定为 1V，对应代码“1”。对于这样的数字信号，当外界叠加的干扰幅度小于 1V 时，通过进行取样判决是完全可以将其恢复成原来的信号的。由此可见，数字信号有较强的抗干扰能力。

判断一个信号是数字信号还是模拟信号，关键要看信号幅度的取值是否离散，或者说能否通过取样判决的方式对信号进行处理。由自然界中的物理量转换成的电信号大多数是模拟信号，如语音信号、各种传感信号等，人为处理过或产生的信号往往是数字信号，如计算机和现代电子仪器仪表产生的某些信号等。实际上，我们要传输的信息既可以由模拟信号携带，也可以由数字信号携带，模拟信号和数字信号可以相互转换，并且在一定条件下能确保其携带的信息不会丢失。模拟信号通过模/数（A/D）转换可以变为数字信号，而相应的数字信号通过数/模（D/A）转换又可以还原为模拟信号。当今社会计算机、步进电动机、各种自动化设备等被大量使用，这些机器之间的信号传递与处理已基本采用数字方式，A/D 转换与 D/A 转换技术的应用场合越来越少。

1.1.3　基带信号与频带信号

对信号也可以进行频域描述，即描述信号的能量在频域中的分布。一个信号在频域中会占有一定的频率范围，且在不同频率上的能量分布也不同，这种能量与频率的关系称为信号的频谱（Frequency Spectrum）。一般情况下可以用信号的中心频率和带宽表征一个信号的频域特性。如果信号的最低频率接近 0 甚至包含直流分量，则称这种信号为基带信号，如图 1-3（a）所示；如果信号的中心频率较高，且最低频率也较高，则称这种信号为频带信号，如图 1-3（b）所示。

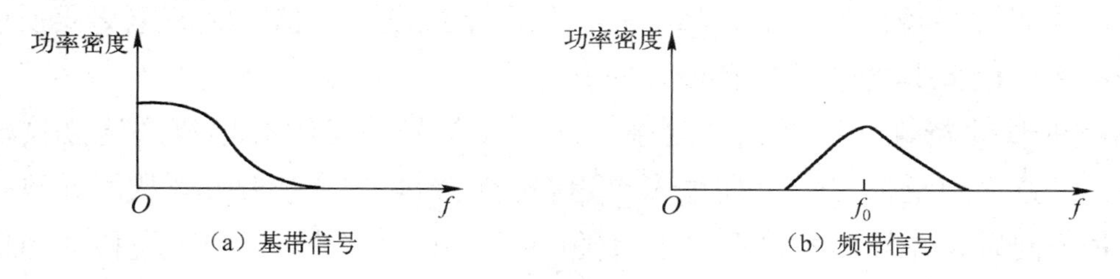

图 1-3　信号的频谱示意图

将信号划分为基带信号和频带信号主要是从传输的角度考虑的，因为现有的传输介质具有不同的传输特性，有的传输介质可以直接传输频率很低甚至包含直流分量的信号，而有的传输介质只能传输一定频率范围内的信号。

在通常情况下，没有经过调制的信号都是基带信号。数字基带信号就是用不同电平代表数字符号的信号，它是没有经过调制的原始信号，其主要特点是频率低，有时还包含直流分量。在传输距离不远的情况下，数字基带信号可以通过线缆直接传输，典型的例子是计算机数据通过扁平电缆传送到打印机。在信道（Channel）中直接传输基带信号的方式称为基带传输。基带传输是最简单、最基本的一种传输方式。

当信道具有带通特性时，基带信号中的一部分（或全部）频率成分不能被传送到接收端，因此必须通过一种转换方法将基带信号转换成频带信号后再通过频带信道进行传输。这种转换在通信系统中由调制解调器（Modem）完成，转换后的频带信号的中心频率应与信道的中心频率相同，其频谱范围应在信道的频带范围内。基带信号通过 Modem 后在频带信道中传输的方式称为频带传输。远距离通信、无线电通信等都采用频带传输方式。当一台计算机要接入 Internet 时就要用到 Modem，也就是我们常说的“猫”。

1.2 通信系统

1.2.1 信道

信道是信号传输的通道，由两地之间有形或无形的传输介质构成。信道按传输介质不同可以分为两大类：一类是有线信道，即在两地之间铺设的有形的传输介质，常见的有双绞线、同轴电缆和光纤；另一类是无线信道，即在两地之间没有任何传输介质，只是利用电磁波在空间传播的特性来进行信号的传输。有线信道只能用于进行点对点的信号传输，而无线信道可以用于进行点对面的信号传播，也就是说在一个点发送电磁波，在电磁波辐射范围内可以有无数个接收点。

信道的传输能力及在传输过程中对信号产生的影响由信道的传输特性决定。信号在信道中传输时会产生能量的衰减，衰减量有的与频率有关，有的与时间有关，也有的既与频率有关也与时间有关，这些关系构成了信道的传输特性。无一例外的是，信号在信道中传输时的衰减量都与传输距离有关，传输距离越长，衰减量越大。

传输介质不同，信道的传输特性就不同。例如，在双绞线信道中传输的信号频率超过 100kHz 时其衰减量就很大，光纤信道只适用于传输一些特定波长范围内的光波，而无线信道对不同频率的电磁波呈现出不同的传播模式，如中波地表面传播、短波电离层反射传播、超短波直线传播等，因此其传输特性有很大的差异。

无线信道的传输特性比有线信道复杂，一方面信号的发散会导致到达接收端的信号衰减量较大，另一方面电磁波可能会通过多个途径传送到同一个接收端，从而导致发生波的干涉（多径传播）问题，并且这种情况往往会随时间变化。特别是用于实现移动通信的无线信道，因为通信终端（如手机）处于移动状态，各种传输参数不断变化，所以其传输特性更为复杂。

信号在信道中传输时还会受到各种外部干扰的影响，这些干扰来自其他的电子设备、通信设备和自然界中的电磁辐射（如雷暴、太阳黑子等产生的电磁辐射）。一般来说，有线信道由于采取了一定的屏蔽措施，因此外部干扰相对较小；光纤信道的外部干扰最小；无线信道的外部干扰较大，主要原因是在同一个无线空间存在非常多的干扰源。

1.2.2 通信系统的基本组成

信号并不能自发地通过信道由一地传送到另一地，而需要有一个通信系统来支持其传输过程。通信系统一般由信源、发送设备、信道、接收设备和信宿五大部分组成，如图 1-4 所示。

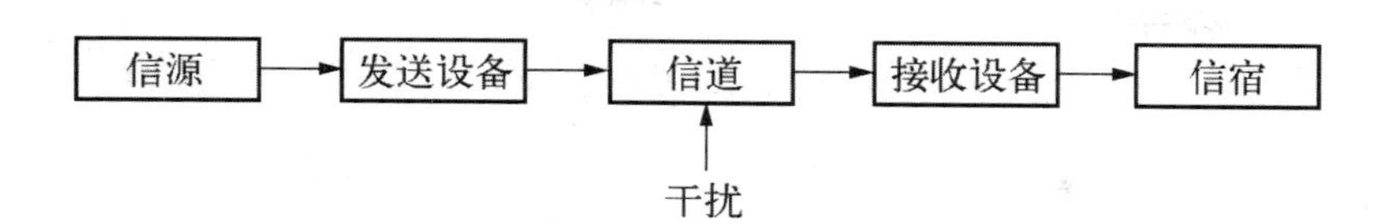

图 1-4　通信系统的基本组成框图

信源是指产生信号的源头，在这里是指产生电信号的源头，它将各种形式的信号（如声音信号、光信号、热信号等）通过转换器（如话筒、摄像机、热敏电阻等）转换成原始电信号。在大多数情况下，这个原始电信号是基带信号。

发送设备将信源产生的信号变换为适合在信道中传输的信号。信号的变换方式有很多种，要依据信道的传输特性进行选择，常见的变换方式有信道编码、放大和正弦波调制等。正弦波调制后的信号是频带信号。

信号进入信道后，除了会产生衰减，还不可避免地会受到各种干扰。在分析时，往往把所有的干扰（包括内部噪声）折合到信道上统一用一个等效噪声源来表示。

接收设备的任务是将接收到的信号准确地恢复成原基带信号。接收设备的部分功能与发送设备有对应关系。如果发送设备对信号进行了调制，那么接收设备就必须对接收到的信号进行解调；如果发送设备对信号进行了信道编码，那么接收设备就必须对接收到的信号进行解码。

信宿的作用是将基带信号恢复成原始信号。信宿与信源也有对应关系，如果信源是话筒，那么信宿就是扬声器；如果信源是摄像机，那么信宿通常是视频播放设备。

在通信系统中，信源与信宿统称为终端设备（TE），发送设备与接收设备统称为通信设备（CE）。

图 1-4 所示的通信系统模型是对各种通信系统的概括，它反映了通信系统的共性。根据所研究的对象不同，有不同形式的通信系统模型。例如，图 1-5 所示为对讲机通信系统的组成框图。

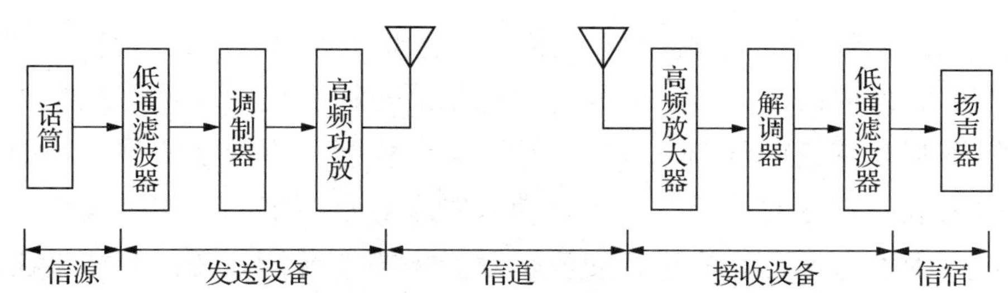

图 1-5　对讲机通信系统的组成框图

在图 1-5 中，信源是一个话筒，它可将人的声音转换成电流，电流在发送设备中经过滤波、调制和高频功率放大后通过发送天线以电磁波的形式进入空中（信道），经过一段距离的传播后接收天线感应出高频小电流，高频小电流在接收设备中经过高频放大、解调、滤波后加载到扬声器（信宿）中，产生与话筒输入基本一样的声音。

现在大家普遍使用的手机，其功能要比对讲机多得多，但就信号传输部分来说，每台手机的内部组成中都包含这样的通信系统。

1.2.3　数字通信系统

利用模拟信号作为载体来传递信息的通信方式称为模拟通信，相应的通信系统称为模拟通信系统，图 1-5 所示的对讲机通信系统就是模拟通信系统。在模拟通信系统中，不论信号的取值是连续的还是离散的，其值的大小都被认为是有意义的，都必须被正确地反映到系统的输出端。

利用数字信号作为载体来传递信息的通信方式称为数字通信，相应的通信系统称为数字通信系统。在数字通信系统中，信号是以码元为单位进行传输的，每个码元的电参量（如幅度、频率、相位等）只有有限种状态，因此数字通信系统中有一个很重要的功能模块，即再生器。受信道的传输特性、外部干扰和接收机内部噪声等各种因素的影响，信号在传输过程中波形难免会出现失真，再生器内的判决电路可以对信号的状态进行判决，只要失真不严重，就可以完全恢复成原来的信号。

与模拟通信系统相比，数字通信系统不太关注信号传输过程中波形的失真，而更关注数字信号的基本单元（码元）是否会出错，它的两个主要性能指标是传码率和误码率，因此要采取多种数字技术，如状态的判决、编码、数字计算等来解决信号传输过程中出现的问题。当然，如果信号在传输过程中波形严重失真，或者受到非常大的干扰，那么数字信号出现错误的概率也会大幅度增加。除此之外，数字通信系统还可以通过编码对信号进行差错控制、加密等处理。

数字通信系统的组成框图如图 1-6 所示。

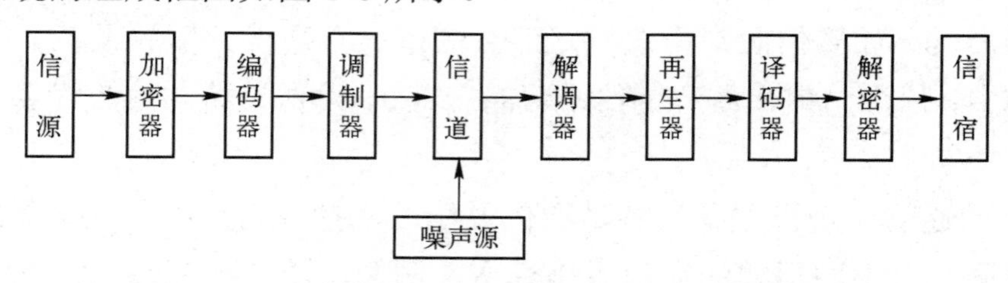

图 1-6　数字通信系统的组成框图

实际上，任何信息都既可以用模拟方式传输，也可以用数字方式传输，如图 1-7 所示。模拟通信系统用于传输模拟信号，数字信号经过调制后可以在模拟通信系统中传输，在接收端通过解调（一般还需要有一个整形、判决过程）可以恢复成原数字信号。例如，早期的无线电台，既可以用来进行双方的通话，也可以用来发送莫尔斯电码，这个电码就是数字信号。固定电话系统原用于人与人之间的语音交流，是一个模拟通信系统，但如果在发送与接收终端中加入 Modem，就可以利用这个系统进行计算机数据（数字信号）传输。数字通信系统本身只能用来传输数字信号，如电报、计算机数据等，模拟信号通过 A/D 转换变成数字信号后可以通过数字通信系统进行传输，相应地在接收端需要通过 D/A 转换恢复成原模拟信号。事实上我们现在用的移动通信系统（AMPS）已全部是数字通信系统，但我们通话的声音还是模拟信号，因此手机中都有 A/D 转换电路和 D/A 转换电路。

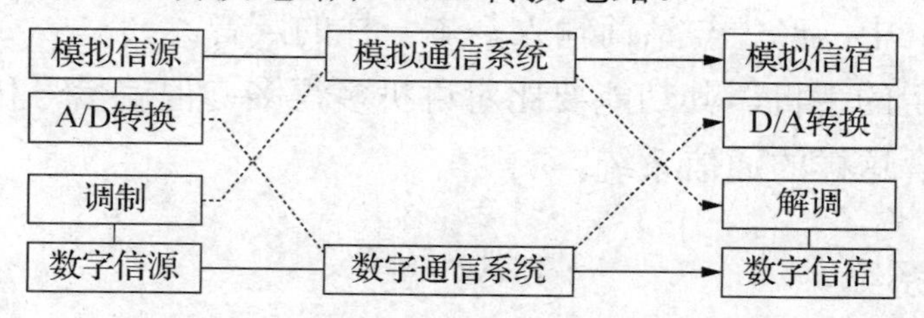

图 1-7　通信系统与所传输信号的对应关系示意图

1.2.4　数字数据通信系统

数字数据通信专指在计算机或其他数据终端设备（DTE）之间以数字方式进行的数据存储、处理、传输和交换。数据不同于数字，数据是指可以被收集、存储、处理、传输和交换的信息；数字表明了信号的特征及传递与处理的方式，与之对应的是模拟。由于现在的数据存储、处理、传输和交换基本上都是以数字方式进行的，因此可以默认数据通信系统就是数字数据通信系统。作为一种通信业务，数据通信为实现广义的远程信息处理提供服务，其典型应用有文件传输、电子信箱、语音信箱、可视图文、目录查询、信息检索及遥测、遥控等。

从 A 地到 B 地的数据通信系统的构成示意图如图 1-8 所示。从 A 地到 B 地的数据通信系统可以分为以下 7 个部分。

（1）A 地的 DTE。

（2）A 地的 DTE 与数据通信设备（DCE）之间的接口。

（3）A 地的 DCE。

（4）A 地与 B 地之间的信道。

（5）B 地的 DCE。

（6）B 地的 DCE 与 DTE 之间的接口。

（7）B 地的 DTE。

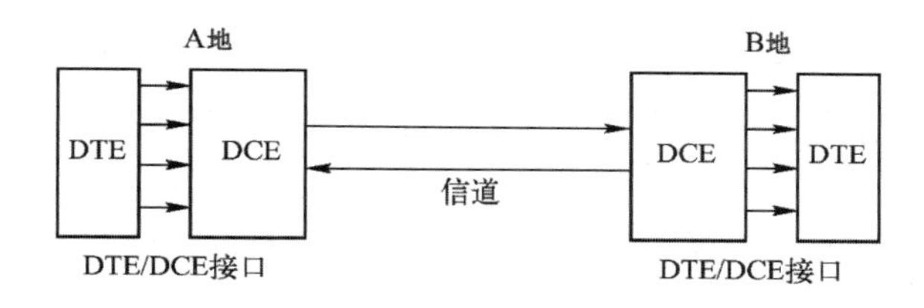

图 1-8　从 A 地到 B 地的数据通信系统的构成示意图

DTE 是数据通信系统中的终端设备或终端系统，它是一个信源或信宿或两者兼而有之，常见的 DTE 有微型计算机、打印机、传真机等。DTE 本身只具有短距离的数据传输能力，但它具有较强的数据处理功能，包括与 DCE 连接以实现数据的接收与发送、串行与并行的转换、数据线路的控制、与新连接的数据网相对应的网络功能，以及在两端的 DTE 之间进行数据连接所需的其他各种功能。DTE 可以是一台单独的设备，也可以由两台以上设备组成。

DCE 具有使数据以模拟或数字方式在通信网络中传输的功能。在发送端，DCE 接收来自 DTE 的串行或并行数据，并将其转换成适合信道传输的信号送入信道；在接收端，DCE 接收来自信道的信号，并将其转换成串行或并行的数据流送给 DTE。DCE 的主要作用是实现信号的变换与编解码。发送端的 DCE 对来自 DTE 的信号进行变换，使其变成适合信道传输的线路码，并通过编码使其具有抗干扰能力，在有些系统中 DCE 还要对信号进行调制，使信号能在具有带通特性的信道中传输；信号到达接收端后，接收端的 DCE 要对接收到的信号进行相反的变换与解码。DCE 还具有向 DTE 传送时钟信号等功能。Modem 是一种 DCE，常用的调制方式是 FSK、PSK 和 QAM。

在物理结构上，DCE 可以是一台单独的设备，也可以与 DTE 合二为一，如传真机等。在计算机网络中，计算机就是 DTE，而 DCE 则可能以网卡（网络适配器）的形式安装在计算机的扩展槽中。

如果连接 DTE 和 DCE 的电缆及所使用的信号电平与相关标准不符，那么进行两者之间的连接就会遇到困难，因此 DTE 和 DCE 必须符合相关标准。现有的 DTE/DCE 接口标准有多个，虽然它们的方案有所不同，但每个标准都提供了连接的机械、电气及功能参数。电子工业协会（EIA）的相关标准有 EIA-RS-232、EIA-RS-442 和 EIA-RS-449，国际电信联盟（ITU）的相关标准有 V 系列和 X 系列。例如，Modem 与 DTE 的接口标准采用的是 EIA-RS-232C。

1.2.5 通信系统的主要性能指标

通信系统的主要性能指标是有效性和可靠性。通信系统用于传输信息，其有效性是指信息的传输速度，可靠性是指信息的传输质量。模拟通信系统的有效性可用有效传输带宽度量，传输同样的信息占用的信道带宽越窄，说明系统的有效性越高；可靠性可用系统输出的信号噪声功率比（以下简称信噪比）度量，在相同的条件下，系统输出的信噪比越高，说明系统的通信质量越好，即可靠性越高。在通常情况下，电话要求信噪比为 20～40dB，电视则要求信噪比在 40dB 以上。数字通信系统的主要性能指标是信息的传输速率和传输差错率。

（1）码元与比特

码元（Symbol）：携带信息的数字信号单元。它指的是数字信号的一个波形符号，可能是二进制的，也可能是多进制的。

比特（bit）：信息的度量单位。1 个二进制码元携带的信息量为 1bit。例如，二进制数 10010110 表示 8 个二进制码元，其携带的信息量为 8bit。1 个 M 进制码元携带的信息量为 $\log_2 M$ bit。

（2）传输速率

传输速率是指在单位时间内通过信道的平均信息量，一般有两种表示方法，即传信率和传码率。

传信率：又称比特率、信息速率，是指传输系统每秒传送的比特数，用 f_b 表示，单位是比特/秒（bit/s）。

传码率：又称码元速率、数码率、波形速率，是指传输系统每秒传送的码元数，用 f_B 表示，单位是波特（Baud）。在默认为二进制的系统中，传码率的单位也常常写作 bit/s。传码率并没有限定传送的是何种进制的码元，所以在给出传码率时，一般要说明这个码元的进制。

对于 M 进制码元，其传信率和传码率的关系式为 $f_b=f_B \cdot \log_2 M$。显然，对于二进制码元，有 $f_b=f_B$。

传信率（传码率）指标不能真正体现出信道的传输效率，因为传输速率越高，所占用的信道带宽越宽，所以通常采用单位带宽的传信率 η 来衡量信道的传输效率，即 η=传信率/带宽，其单位为 bit/（s · Hz）。

（3）传输差错率

衡量数字通信系统可靠性的主要指标是误码率和误比特率。

误码率（码元差错率）：在传输的总码元数中错误接收的码元数所占的比例，用 P_e 表示。

P_e=错误接收的码元数 n/传输的总码元数 N

误比特率：又称误信率、比特差错率，是指在传输的总比特数中错误接收的比特数所占的比例，用 P_{eb} 表示。

P_{eb}=错误接收的比特数 n/传输的总比特数 N

通信系统的有效性和可靠性是可以互补的，对于一个特定的通信系统，有时可以通过牺牲有效性来换取可靠性，反之亦然。

1.3　通信网络

传输系统用于解决两个点之间的通信问题，如果我们暂时对传输的中间过程不感兴趣，则可以将点对点的传输系统看作一个通信链路。现代通信要实现多个用户之间的相互连接，这种由多用户传输系统互连构成的通信体系称为通信网络（Communication Network）。通信网络以转接交换设备为核心，由通信链路将多个用户终端连接起来，在管理机构（包含各种通信与网络协议）的控制下实现网络上各个用户之间的相互通信。

1.3.1　现代通信网络的类型

① 按业务类型分：可分为电话通信网（如 PSTN、移动通信网等）、数据通信网（如 X.25、Internet、帧中继网等）、广播电视网、公用电报网、传真通信网、图像通信网、可视图文通信网等。

② 按空间距离和服务区域分：可分为广域网（WAN）、城域网（MAN）和局域网（LAN），也可分为国际通信网、长途通信网和本地通信网。

③ 按信号形式分：可分为模拟通信网和数字通信网。现代通信网络基本上都是数字通信网。传统的模拟信号（如固定电话信号）除了在电话机和交换机（Exchange）之间以模拟方式传输，在现代通信网络中都以数字方式传输，我们现在所看的电视由于使用了数字摄像机和数字显示器（液晶或 LED 显示器），因此都采用数字信号。

④ 按运营方式分：可分为公用通信网和专用通信网。公用通信网是向社会公众开放的通信网络，主要包括公用电话网和公用数据网。专用通信网是指机关、企业自建或利用公用资源在逻辑上建立的仅供本部门内部使用的通信网络，如校园网等。

⑤ 按主要传输介质分：可分为电缆通信网、光缆通信网、卫星通信网、无线通信网、用户光纤网等。

⑥ 按交换方式分：可分为电路交换网、报文交换网、分组交换网、宽带交换网等。

⑦ 按信息传递方式分：可分为同步转移模式（STM）的宽带网和异步转移模式（ATM）的宽带网等。

⑧ 按网络功能分：可分为业务网、传送网和支撑网。业务网是指为社会公众提供通信业务的网络，包括电话网、有线电视网、数据通信网等。传送网是指数字信息传送网络，包括准同步数字系列（PDH）传送网、同步数字系列（SDH）传送网和波分复用（WDM）传送网等。由传输线路和传输设备组成的传送网是数字通信的基础网络。支撑网是指为业务网和传

送网提供支撑的网络，用于保证通信网络的正常运行和通信业务的正常提供，包括信令网、数字同步网和电信管理网等。

1.3.2 通信网络的拓扑结构

通信网络的构成要素包括交换系统、传输系统、终端及实现互联互通的信令协议，即一个完整的通信网络包括硬件和软件。通信网络的硬件一般由交换设备、传输设备、通信链路和终端组成，是构成通信网络的物理实体。通信网络的拓扑结构就是指网络中通信链路和节点之间的几何排列形式，它与信息的交换方式有对应的关系。

目前常用的通信网络的拓扑结构主要有网形拓扑结构、星形拓扑结构、环形拓扑结构、总线型拓扑结构及复合型拓扑结构。

（1）网形拓扑结构

网（Mesh）形拓扑结构也称为完全 Internet，各终端直接由通信链路进行连接，如图 1-9 所示，在通信建立过程中不需要任何形式的转接。这种拓扑结构最大的优点是接续质量高、网络稳定性好，但由于需要很多通信链路，因此网络投资费用很高。在通信业务量不是很大时，经济性很差。

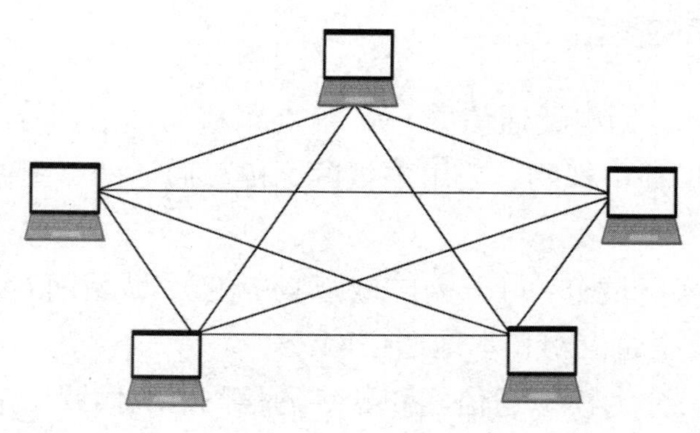

图 1-9　网形拓扑结构示意图

（2）星形拓扑结构

在星（Star）形拓扑结构中，各终端都通过中心节点进行连接，如图 1-10 所示。这种拓扑结构具有如下优点：易于构造，故障隔离和检测容易，重新配置灵活。但其缺点也是明显的：线路利用率低，需要的电缆多，过度依赖中心节点[一般为集线器（HUB）或交换机]，一旦中心节点出现故障，整个网络就会瘫痪。

实用的星形拓扑结构可以是多层次的，这种拓扑结构有时也称为树形拓扑结构。

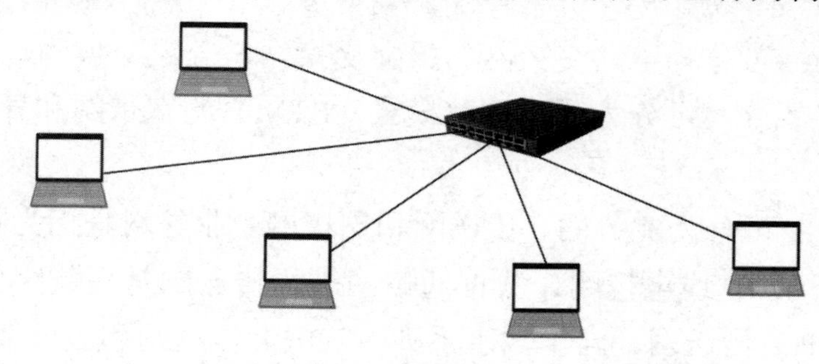

图 1-10　星形拓扑结构示意图

（3）环形拓扑结构

环（Ring）形拓扑结构为一个封闭环路，各节点通过 DCE（在这里起到中继作用）接入网络，如图 1-11 所示。各 DCE 由点到点链路进行首尾连接，信息单向沿环路逐点传送，每个终端提取或插入自己的信息。环形拓扑结构的优点是传输线路短，初始安装比较容易，故障诊断比较准确，适合用光纤进行各终端的连接，但其可靠性较差，当一个单元出现故障时，整个网络就会瘫痪。另外，环形拓扑结构的可扩展性和灵活性较其他拓扑结构差。

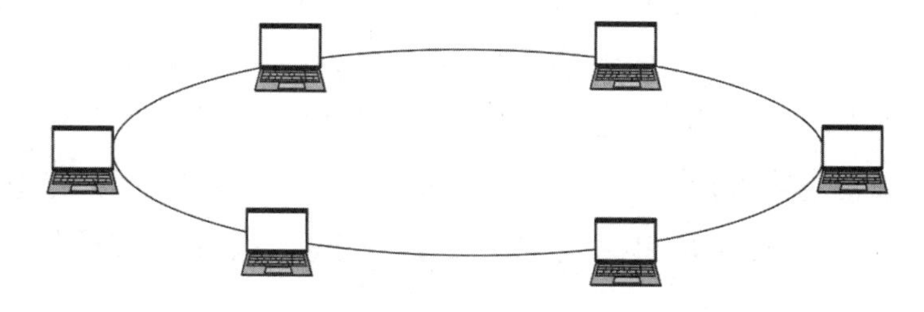

图 1-11　环形拓扑结构示意图

（4）总线型拓扑结构

总线（Bus）型拓扑结构采用公共总线作为传输介质，各节点都通过相应的硬件接口直接接入总线，信号沿传输介质进行广播式传送，如图 1-12 所示。由于总线型拓扑结构共享无源总线，通信处理采用分布式控制方式，因此每个用户的入网节点都具有通信处理能力，能执行介质访问控制协议。总线型拓扑结构的主要优点是安装容易、可靠性高，新增终端只要就近接入总线即可，但由于采用分布式控制方式，因此不易管理，且故障诊断和隔离比较困难。

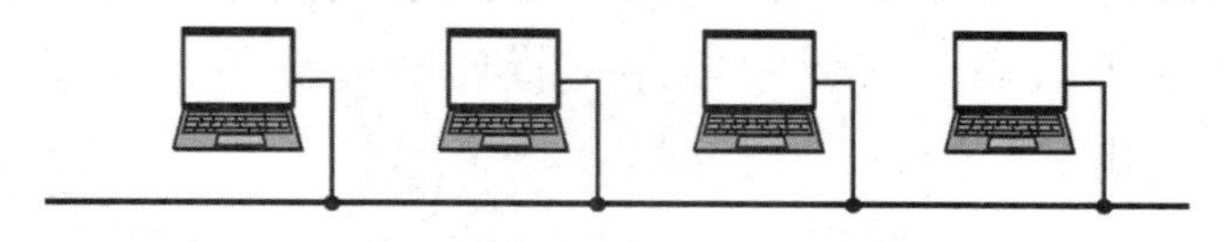

图 1-12　总线型拓扑结构示意图

（5）复合型拓扑结构

常见的复合型拓扑结构由星形拓扑结构和网形拓扑结构复合而成，它以星形拓扑结构为基础并在通信量较大的区间构成网形拓扑结构。这种拓扑结构兼具星形拓扑结构和网型拓扑结构的优点，比较经济合理，并且有一定的可靠性，在一些大型的通信网络中应用较广泛。

环形拓扑结构和总线型拓扑结构在计算机通信网络中应用较多，在这种网络中一般传信率较高，要求各节点或总线终端节点有较强的信息识别和处理能力。

不同类型通信网络的主要性能对比如表 1-1 所示。

表 1-1　不同类型通信网络的主要性能对比

项目	通信网络类型				
	网形	星形	环形	总线型	复合型
经济性	差	好	好	较好	较好
可靠性	好	差	很差	较好	较好
扩展性	较好	好	差	很好	较好
对节点的要求	高	高	较高	低	较高
L 与 N 的关系	$L=N(N-1)/2$	$L=N-1$	$L=N$	$L=N+1$	—

注：L 为通信链路条数，N 为节点个数。

1.3.3 交换方式

交换的任务是在网络众多的用户中建立主叫用户与被叫用户之间的连接。当你用手机拨打朋友的电话时，网络可以根据电话号码找到对方，并建立一个双向的信道，在这个过程中网络中的交换机起到了关键作用。实际上，无论是发送微信消息，还是发送电子邮件，都需要由网络中的交换机根据对方的地址（微信号或邮箱地址）确定传送的通道。在很多情况下，一个信息的传送需要经过多个交换机。

交换技术的发展和通信网络的发展是密切相关的。从电话交换到如今的数据交换、综合业务数字交换，交换技术经历了从人工交换到自动交换的过程。人们对可视电话、可视图文、图像通信和多媒体等宽带业务的需求，也大大地推动了宽带交换技术的不断进步和广泛应用。目前通信网络中的交换方式主要有电路交换、分组交换、宽带交换和软交换。

（1）电路交换

电路交换（Circuit Switching）源于电话业务，它是指在两个终端之间通过网络节点建立一条专用的物理连接线路，这些节点就是交换设备（如程控交换机）。两台固定电话机通过公用电话网的互连实现通话的过程就使用了电路交换。

电路交换一般分为三个阶段：首先建立连接，即建立端到端的线路连接；其次进行数据传送；最后拆除连接线路。连接一旦建立，就像在两个终端之间有了一条固定的通信链路（当然，这里用到了至少两条通信链路），并且完全被通信双方占用。电路交换的优点是实时性好、时延小、交换设备成本较低，但是它也具有用于建立连接的呼叫时间长、信道利用率低、无差错控制能力、可靠性低等缺点。因此，电路交换比较适用于信息量大、报文长的场合，经常用于固定用户之间的通信。

举例来说，假设有 A、B 两个城市，每个城市各有一个交换机（E_A 和 E_B），并且有 1000 个用户，E_A 和 E_B 之间用 100 条中继线连接。如果你在 A 城市用 T_A 电话机与 B 城市的朋友（用 T_B 电话机）通话，就要建立一条 $T_A \to E_A \to E_B \to T_B$ 的线路。出于经济方面的原因，E_A 和 E_B 之间的中继线为所有用户所共享，并且数量总是远远少于用户线，因为 1000 个用户不会同时打电话。当一条中继线被占用后，即使不通话，其他用户也不能使用该中继线，因此用户必须按占用的时间支付电话费，这是电路交换最主要的缺点。在电话通信中，由于通话双方总是一方在说，另一方在听，因此线路空闲时间占总通话时间的 50%以上。

（2）分组交换

分组交换（Packet Switching）主要支持数据业务，其基本思路为数据分组、路由选择与存储转发。它先将用户传送的数据按一定的长度分组，并在每组数据的前面加上一个分组头，用以指明该组数据的目的地址，然后由交换机根据每组数据的目的地址标志，将其转发至目的地址。

分组交换网（PSN）可以分为面向连接（Connection-Oriented）的分组交换网和无连接（Connectionless）的分组交换网两类。前者要求建立被称为虚电路（Virtual Circuit）的连接，一对主机之间一旦建立了虚电路，各组数据即可按虚电路号进行传输，而不必给出每组数据的目的地址，在传输路径上的每个节点也无须为每组数据单独寻址，数据传输结束后拆除连接线路。后者不建立相对固定的连接，称为数据报（Datagram）方式，在这种方式下每组数据带有目的地址，在传输路径上的每个节点都需要为每组数据单独寻址。

分组交换的优点主要有线路利用率高、信息传输可靠性高（具有差错校验与重发的功能）、计费只与数据量有关，其缺点是有一定的时延。

进行分组交换的通信网络称为分组交换网，它一般由分组交换机、网络管理中心、远程集中器、分组装卸器、分组/非分组终端和传输线路等基本部分组成。

（3）宽带交换

宽带交换综合了电路交换和分组交换的优势，支持高速和低速的实时业务，可满足现代综合业务数字网（ISDN）的要求。宽带交换主要包括 ATM 交换、宽带 IP 交换和光交换。

ATM 交换是在分组交换的基础上发展起来的，实际上是一种快速分组交换技术，它使用固定长度的信元作为传输单元，采用统计时分复用（STDM）技术动态分配资源，具有优良的服务质量（QoS）。ATM 交换适用于高速数据交换业务场景。

（4）软交换

软交换（Soft Switch）的基本含义是使呼叫控制功能独立，通过软件向用户提供现有电路交换机所具有的呼叫控制功能，从而实现呼叫传输与呼叫控制的分离，为控制、交换和软件可编程功能建立分离的平面。软交换主要提供连接控制、翻译与选路、网关管理、呼叫控制、带宽管理、信令、认证、计费及安全性和呼叫详细记录等功能。与此同时，软交换还将网络资源、网络能力封装起来，通过标准开放的业务接口和业务应用层相连，可方便地在网络上快速提供新的业务。

1.4　通信技术的发展历史和现状

通信技术的发展历史可追溯到 17 世纪初期，从研究电、磁的现象开始，许多科学家对通信技术理论进行了长期的研究，直到 19 世纪 40 年代通信技术才进入实用阶段。表 1-2 所示为 1838 年莫尔斯发明有线电报通信以来的通信重大事件时间表。

表 1-2　1838 年莫尔斯发明有线电报通信以来的通信重大事件时间表

年份	事件
1838 年	莫尔斯发明有线电报通信
1876 年	贝尔发明电话（利用电磁感应原理）
1896 年	马可尼实现横跨大西洋的无线电通信
1918 年	调幅无线电广播、超外差接收机问世
1925 年	多路通信和载波电话问世
1936 年	英国广播公司开始进行商用电视广播
1938 年	提出 PCM 原理
1940—1945 年	雷达、微波通信线路研制成功
1950 年	时分多路通信用于电话
1950—1960 年	第一颗通信卫星发射，同时激光器研制成功

续表

年份	事件
1962年	进入实用卫星通信时代
1969年	从月球上发回第一条语音消息及电视图像
1960—1970年	电缆电视、激光通信、雷达、计算机网络和数字技术、光电处理技术等出现
1970—1980年	大规模集成电路、商用卫星通信、程控数字交换机、光纤通信、微处理机等迅猛发展
1980—1990年	超大规模集成电路、移动通信、光纤通信广泛应用，ISDN崛起
1990年	卫星通信、移动通信、光纤通信进一步发展，高清晰彩色数字电视技术不断成熟，全球定位系统（GPS）得到广泛应用
2000年	中国的TD-SCDMA 3G标准被ITU正式宣布列为国际标准，我国在通信技术领域第一次进入世界领先行列
2009年	我国全面部署3G移动通信，正式进入3G时代
2013年	我国全面部署4G移动通信，正式进入4G时代，采用的标准是我国主导制定的TD-LTE-Advanced 4G国际标准
2016年	我国自主研制的世界首颗量子通信卫星“墨子号”在酒泉卫星发射中心成功发射
2017年	世界首条量子保密通信干线——“京沪干线”正式开通，实现了连接北京、上海，贯穿济南和合肥，全长2000余千米的量子通信骨干网络
2019年	工业和信息化部正式发放5G商用牌照，标志着中国进入5G时代
2020年	北斗卫星导航系统正式开通，在全球范围内为各类用户全天候、全时段、全地域地提供高精度、高可靠性的定位导航授时服务
2023年	我国首颗超百兆比特/秒容量的高通量卫星——中星26发射升空。华为Mate 60 Pro上市，其支持天通卫星电话及双向北斗卫星消息

如今数字化、大容量、远距离、高效率、多信源及保密性好、可靠性高、智能化强等已成为现代通信系统的主要特点。

光纤通信具有容量大、成本低等优点，且抗电磁干扰能力强，可节约有色金属（铜）和能源。其发展极为迅速，新器件、新工艺、新技术不断涌现，使其性能日臻完善。横跨大西洋、太平洋的海底光缆在洲际通信中发挥了重要作用。近年来，我国的光纤通信也得到快速发展。目前单芯单模光纤的传输速率可以达到10Gbit/s以上，不借助有源器件光缆的传输距离可以达到5000km以上，无源光纤网络已延伸到大楼、住户。

卫星通信是国际上的主要通信手段之一，它的特点包括通信距离远、覆盖面广、不受地理条件限制、容量大、可靠性高等。卫星通信的广泛应用使国际重大活动能得到实况转播，同时使全世界人与人之间的“距离”缩短，洲际通信在很多情况下还不能用洲际光缆实现，而海上通信、航空通信目前主要依靠卫星通信实现。近年来，卫星移动通信开始投入使用，如我国的北斗卫星导航系统就具备转发地面手机短信的功能；天通一号卫星移动通信系统可以为华为Mate 60 Pro提供卫星通话服务，实现了卫星与手机的直连，这对于在荒漠、大海等不宜安装地面基站的地方或在地震救灾等场合有很重要的价值。在6G时代，卫星移动通信将扮演重要角色。

无线通信在很多不能或不便铺设有形线路的场合得到了大量的应用。卫星通信就是无线通信的一个例子，在战争、救灾等场合临时建立连接或组网，无线通信是必然选择。目前我们直接接触的无线通信有手机与基站之间的通信（4G或5G移动通信）、手机或计算机通过 Wi-Fi 接入 Internet、近距离电子设备通过蓝牙连接、车载调频广播等。随着 5G 移动通信的应用推广，将有更多的电子设备，特别是移动设备以无线通信的方式接入网络。

电信网、广播电视网和 Internet 已基本实现三网融合。下一代网络（NGN）以软交换为核心，能够提供语音、视频、数据等多媒体综合业务，采用开放、标准体系结构，能够提供更加丰富的业务。

通信技术是一项综合技术，其发展有赖于其他技术的发展。例如，航天技术的发展催生了卫星通信，计算机技术的发展促进了软交换的实用化，芯片技术的发展推进了终端的智能化和小型化。同样，在通信技术领域内各种技术也相互渗透、互补共赢。随着经济的发展和社会的进步，通信技术已成为现代社会人们相互联系必不可少的一项技术，也是实现"万物互联"的基础。如今通信的目标已不仅仅是满足人们在任何时间、任何地点与任何地方进行通信的需求，未来它将在无人驾驶、数字孪生、空天地一体化等方面发挥出更大的作用。

本章小结

如今通信已成为人们工作和生活中必不可少的活动，人们希望能够在任何时间、任何地点与任何人进行任何方式的交流，于是一个庞大的通信网络被建立起来。由信源产生的信号通过一个个传输系统从网络的一个节点传送到下一个节点，网络中的交换设备根据信源的要求确定传输路径，信息处理设备对信号进行各种各样的处理，以尽可能提高信息传输速率并减小信息丢失的概率。

一个基本的通信系统应包括信源、发送设备、信道、接收设备和信宿五大部分。其中，信道可以分为有线信道和无线信道两大类，常见的有线信道有双绞线、同轴电缆和光纤，无线信道则是无线空间。由于不同频率的电磁波在无线空间传播时有不同的方式，因此无线信道还可以划分成多种类型。发送设备主要用于将信源产生的信号变换为适合在信道中传输的信号，如高频电磁波、光信号等，接收设备用于从信道的输出端接收上述信号并将其恢复成原基带信号。在数字信号传输系统中，发送设备与接收设备中往往还包含成对的信源编码与解码、加密与解密、信道编码与解码等电路。

由于实际的通信系统往往是双向传输的，因此信源和信宿、发送设备和接收设备都是一体的，在专用于数字数据通信系统时前者称为 DTE、后者称为 DCE。

多个用户之间可以通过一定的方式建立连接，从而形成通信网络。常用的通信网络的拓扑结构有网形拓扑结构、星形拓扑结构、环形拓扑结构、总线型拓扑结构及复合型拓扑结构。各个网络之间也可以建立连接从而形成更大区域的网络，Internet 实际上就是多层且包含无数个子网的网络，可以实现世界各地的终端之间的互联互通。

通信系统的主要性能指标是有效性和可靠性。传信率和传码率是衡量数字通信系统有效性的主要指标，误码率和误比特率是衡量数字通信系统可靠性的主要指标。通信技术的研究主要是围绕着通信系统的有效性和可靠性开展的。

思考与练习题

1.1　模拟信号与数字信号的主要区别是什么？

1.2　通信系统是如何分类的？

1.3　何谓数字通信？数字通信的优缺点是什么？

1.4　试画出数字通信系统的一般模型，并简要说明各部分的作用。

1.5　通信系统的主要性能指标是什么？对于数字通信系统具体用什么来表述？

1.6　什么叫传信率？什么叫传码率？两者有什么不同？

1.7　某信道的传码率为 1200Baud，试问在四进制传输系统和二进制传输系统中，信道的传信率各为多少？

1.8　设某信道在 125μs 内传输 256 个二进制码元，试问其传信率为多少？若该信息在 5s 内有 6 个码元产生误码，试问其误码率为多少？

1.9　假设信道带宽为 1024kHz，传信率为 2048kbit/s，其传输效率为多少？若信道带宽为 2048kHz，其传输效率又为多少？

第 2 章　数字编码与解码

所有数字代码（数据）都有一定的格式，并且在各个通信层面上可能有不同的格式。例如，我们可以用一段文字表达一种想法，这段文字有规定的语法结构，也就是格式，如果要将这段文字通过键盘输入到计算机中，那么必须采用计算机能接受的数据格式，如 ASCII 码；如果要将这段文字通过 Internet 上传，那么还必须采用适合传输的数据格式，而且可能有好几种格式。各种数据的格式通常由协议所规定，但有时也仅由通信双方约定，如对数据的加密。数据格式的形成及转换通过数字编码与解码实现。

数字编码有两种类型：第一类是信源编码。信源编码可定义为对信息或信号按一定的规则进行数字化的过程。自然界中的信号有两种形式：一种是数据，其本身具有离散的特点，如文字、符号等，这种信号可以用一组一定长度的二进制码表示，这种码组称为信息码；另一种是连续信号，如语音、图像等，这种信号的数字编码与解码过程实际上就是 A/D 转换与 D/A 转换的过程，在通信中常用于语音编码的 A/D 转换方式有 PCM、增量调制及它们的各种改进型调制方式。第二类是信道编码，如差错控制编码，它是为了让误码所产生的影响降至最低所进行的编码。下面就这两类编码的原理与方法做一些介绍。图 2-1 表明了数字编码器与数字解码器在整个数字通信系统中所处的位置。

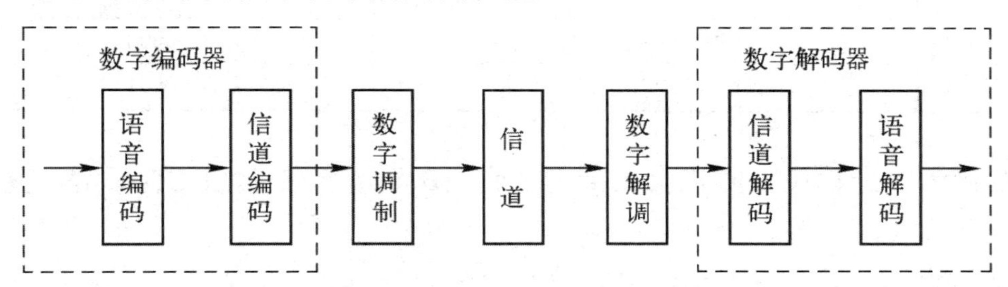

图 2-1　数字通信系统中的数字编码与解码示意图

2.1　信息码

文字与符号类的信息本身可称为数据，具有数字特性，一般用一个等长的二进制码组表示，这种码组称为信息码。信息码的码组长度与符号的总数有关。设需要表示的符号的总数为 N，码组长度为 B，则有

$$B \geqslant \log_2 N$$

这里的 B 应是整数。从提高编码效率的角度出发，B 的取值应尽量小，这样可以降低对通信系统的传输与处理能力的要求。例如，英文共有 26 个字母，在对其进行二进制编码时，$B_{min}=\log_2 26 \approx 4.7$，因此可取 $B=5$。

ASCII 码是最常用的信息码之一，它被大量地用于表示英文字母和各种符号。当你在键

盘上敲一个键时，一组 ASCII 码就被发向计算机。ASCII 码是码组长度为 7 位的二进制码，它有 128 种组合，可以表示 128 个不同的字符。表 2-1 所示为部分 ASCII 码表。虽然 ASCII 码是一种 7 位码，但实际上编码的每个字符都用 8 位，即用 1 字节进行存储和传输。在多数情况下，第 8 位码作为校验码用来检测错误。

表 2-1　部分 ASCII 码表

字符	二进制码	字符	二进制码	字符	二进制码	字符	二进制码	字符	二进制码
A	1000001	Q	1010001	g	1100111	w	1110111	“	0100010
B	1000010	R	1010010	h	1101000	x	1111000	#	0100011
C	1000011	S	1010011	i	1101001	y	1111001	$	0100100
D	1000100	T	1010100	j	1101010	z	1111010	%	0100101
E	1000101	U	1010101	k	1101011	0	0110000	&	0100110
F	1000110	V	1010110	l	1101100	1	0110001	‘	0100111
G	1000111	W	1010111	m	1101101	2	0110010	（	0101000
H	1001000	X	1011000	n	1101110	3	0110011	）	0101001
I	1001001	Y	1011001	o	1101111	4	0110100	*	0101010
J	1001010	Z	1011010	p	1110000	5	0110101	+	0101011
K	1001011	a	1100001	q	1110001	6	0110110	,	0101100
L	1001100	b	1100010	r	1110010	7	0110111	–	0101101
M	1001101	c	1100011	s	1110011	8	0111000	.	0101110
N	1001110	d	1100100	t	1110100	9	0111001	/	0101111
O	1001111	e	1100101	u	1110101	sp	0100000		
P	1010000	f	1100110	v	1110110	!	0100001		

除 ASCII 码外，通信中有时也会用到博多码（Baudot Code）、BCD 码等，其码表可以在有关资料中查到。

我国的汉字数量庞大，每个汉字需要用 2 字节的信息码表示。

2.2　模拟信源的数字编码

一般来说，来自自然界的信号主要是模拟信号，如语音、图像和各种测量信号等。由于数字通信在信号的传输质量、信号的处理等方面具有模拟通信所不可比拟的优点，因此模拟信号的数字传输已成为现代通信的重要组成部分。例如，第一代移动电话的语音部分传输采用模拟传输方式，而现在正在运营的第四代（4G）、第五代（5G）移动通信系统采用全数字传输方式；固定电话系统中各交换机之间的信号传输已全部实现数字化；现在的视频信号（如有线电视信号、监控视频信号）由于直接由数字摄像机产生，所以也已完全实现信号传输的数字化。

要实现模拟信号的数字传输，首先必须对模拟信号进行数字编码，也就是进行 A/D 转换。通信系统对 A/D 转换的要求大致有以下几个方面。

① 每路信号编码后的码元速率要低。在传码率一定的传输系统中，每路信号的码元速率

越低，意味着通信系统的利用率越高，也就可以传输更多路的信号。

② 量化噪声要小。量化噪声是在模拟信号数字化过程中由量化误差引起的噪声。在信号电平一定时，量化噪声越小，信号的质量就越高，解码后的信号就越接近原信号。

③ 便于通信系统的多路复用。一个大的通信系统一般都要传输多路信号，这就是多路复用，数字化的信号应适合进行时分多路复用。

④ 编码与解码电路要简单。用于通信的 A/D 转换方式有多种，如 PCM、DPCM、ADPCM 等。上述编码方式都是根据信号的波形进行编码的，称为波形编码。波形编码是目前应用较多的编码方式。还有一种编码方式，其根据信号的参量在预测的基础上进行编码，称为参量编码。参量编码具有高压缩比的特点，典型的例子是用于移动通信系统的线性预测编码（LPC），用于语音线性预测编码的电路称为声码器。

2.2.1　波形编码的基本原理

从波形上来看，模拟信号是时间上连续、状态（电压）连续的信号，而数字信号则是时间上离散、状态上离散且用数字代码表示的信号，模拟信号的数字编码需要通过取样、量化和编码三个步骤实现。

（1）取样

波形编码的第一个步骤是将时间上连续的模拟信号转换成时间上离散的模拟信号。这个过程可以通过对模拟信号进行取样实现。图 2-2 所示为取样电路及其波形示意图。取样电路实际上是一个电子开关，取样脉冲是周期性的矩形脉冲。在取样脉冲高电平出现期间电子开关导通，输出模拟信号，其余时间电子开关关闭，输出零电平。这样，随着电子开关的周期性导通与关闭，模拟信号就被转换成样值脉冲序列，这个样值脉冲序列也称为脉冲幅度调制（PAM）信号。

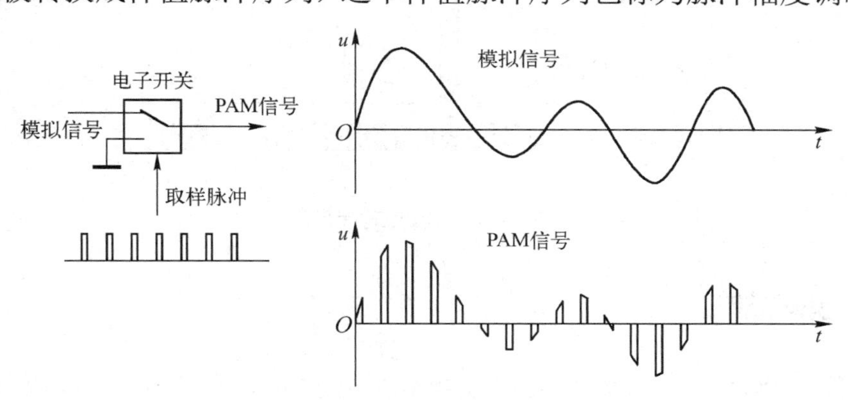

图 2-2　取样电路及其波形示意图

取样脉冲的重复频率必须满足取样定理的要求，否则就无法将 PAM 信号恢复成原来的模拟信号。如果一个模拟信号的最高频率为 f_H，则取样定理要求取样速率不小于 $2f_H$，$2f_H$ 称为奈奎斯特频率。

（2）量化

波形编码的第二个步骤是对信号的每个样值进行量化。量化是将每个样值用有限个规定值替代的过程，这些规定值称为量化电平。例如，设模拟信号电平范围为-1.0～+1.0V，如果规定量化电平为-1.0V、-0.9V……+0.9V、+1.0V，则当信号样值在+0.85～+0.95V范围内时，就用规定的量化电平+0.9V替代。图2-3所示为量化及量化误差示意图。

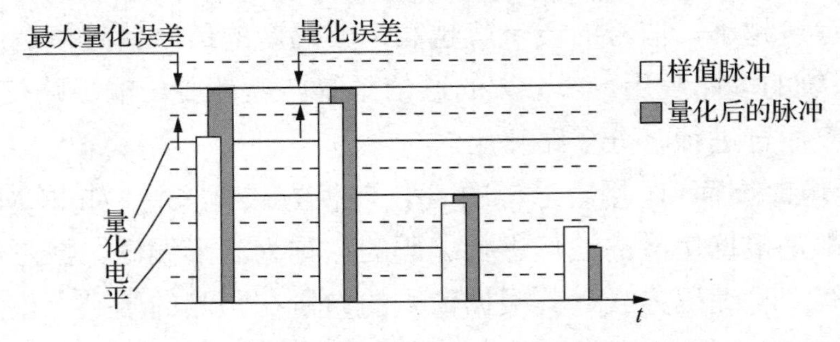

图2-3　量化及量化误差示意图

由于样值脉冲与量化电平之间有一个差值，因此样值脉冲一旦进行了量化，就被量化电平替代，以后不管如何处理，都只能恢复出量化电平，无法再精确地恢复成原来的值。这样样值脉冲与量化后的脉冲之间就出现了误差，这个误差称为量化误差，在通信中表现为一种加性噪声，所以也称为量化噪声。信号功率与量化噪声功率之比称为量化信噪比，它是衡量编码器性能优劣的重要指标之一。量化信噪比一般用分贝值表示，其计算公式为

$$\frac{S}{N}=10\lg\frac{\text{信号功率}}{\text{量化噪声功率}}\ (\text{dB}) \tag{2-1}$$

（3）编码

波形编码的第三个步骤是用一组代码表示每个量化后的样值。量化后每个样值都被有限个量化电平替代，这些量化电平可以用一定长度的码组表示，这个过程就是编码，如图2-4所示。通常在波形编码过程中量化与编码同时进行。

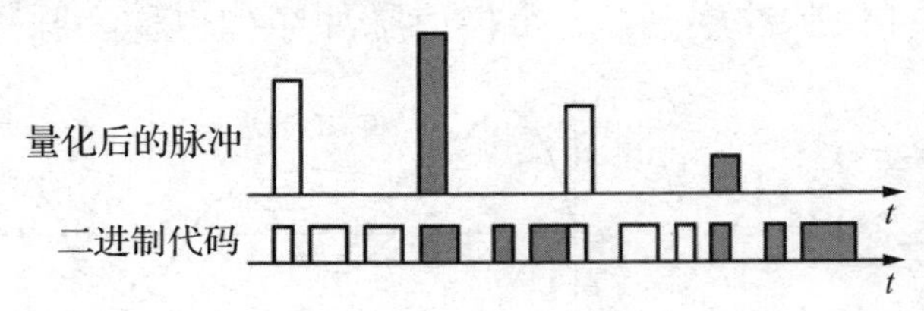

图2-4　编码示意图

2.2.2　脉冲编码调制

脉冲编码调制（PCM）是一种在通信领域应用得较为普遍的波形编码方式，相应的标准是ITU-T G.711。在电信系统中，各交换机之间的语音信号均以PCM方式进行编码。语音信号的频率在几十赫兹至十几千赫兹的范围内，但如果仅仅是为了让对方能听清自己所讲的内容而不是为了让对方进行高保真的欣赏，则不需要将所有频率的语音信号都传送。语音信号的频率被限制在300～3400Hz的范围内，根据取样定理，其最低取样频率应为2×3400Hz=6800Hz，ITU-T G.711建议的取样频率为8kHz。每个样值用8位二进制码表示，因此每路语音信号的编码率均为8kHz×8bit=64kbit/s。

（1）非均匀量化与*A*律压扩特性

为了保证语音信号经过数字化编码及解码后有一个可令人接受的清晰度，平均量化信噪

比应达到 26dB。根据对语音信号的统计与计算，如果将整个语音信号电平范围均匀地分成 2^{11} 个量化电平（称为均匀量化），则平均量化信噪比可以达到 26dB。因此，均匀量化时每个量化电平需要用 11 位二进制码组表示。

通信系统要求 A/D 转换后的码元速率（编码率）尽可能低。在这里，编码率=取样频率×码组长度。当取样频率确定时，减小码组长度可以降低编码率。采用非均匀量化方法可以做到在满足量化信噪比要求的前提下减小码组长度。

如果两个相邻的量化电平差为 δ，则最大量化误差为 0.5δ。均匀量化时任意两个相邻的量化电平差是恒定的，与信号样值的大小无关。因此，当信号样值较大时量化信噪比可能远远超过 26dB，这没有必要。如果保持小信号时的量化电平差（或略有减小），允许大信号时的量化电平差增加，就可以使量化电平数减少，进而降低编码率。由于语音信号在大多数情况下为小信号，因此只要选择合适的量化电平差的变化规律，就可以使平均量化信噪比基本保持不变。

图 2-5 所示为均匀量化与非均匀量化的量化误差与量化电平对照示意图。假定信号的电平范围为 0～16V，在均匀量化时，量化电平差为 1V，则共有 16 个量化电平，每个量化电平需要用 $\log_2 16=4$ 个二进制码表示，最大量化误差为 0.5V。当信号为 1V 时，量化信噪比为 4（6dB）；当信号为 8V 时，量化信噪比为 256（24dB）。在非均匀量化时，量化电平差随信号大小的变化而变化，分别为 1V（0～1V）、1V（1～2V）、2V（2～4V）、4V（4～8V）和 8V（8～16V），最大量化误差也随之发生变化。当信号为 1V 时，最大量化误差为 0.5V，量化信噪比为 4（6dB）；当信号为 8V 时，最大量化误差为 4V，量化信噪比仍为 4（6dB）。由此可见，非均匀量化使大信号的量化信噪比降低，但由于只有 5 个量化电平，因此只需用 3 位二进制码就可以表示每个量化电平，其编码率低于均匀量化的编码率。

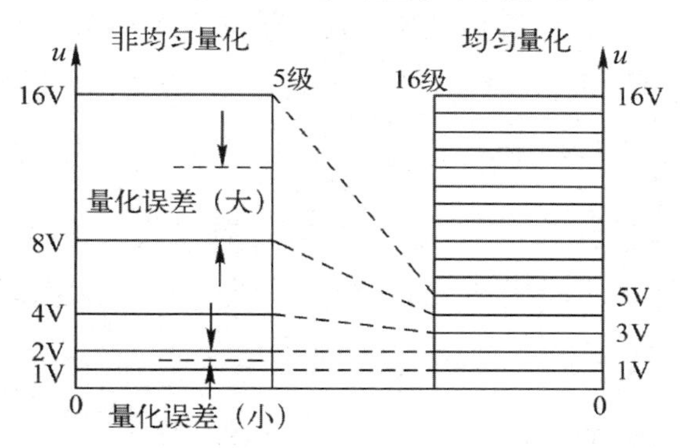

图 2-5　均匀量化与非均匀量化的量化误差与量化电平对照示意图

图 2-5 中的虚线表示非均匀量化与均匀量化的量化电平对应关系，可以将这种关系用如图 2-6 所示的曲线表示。在图 2-6 中，*Y* 轴代表均匀量化的量化电平，*X* 轴代表非均匀量化的量化电平，得到的是一条非线性曲线，它反映了量化的非均匀程度。如果对 *X* 轴的信号进行不等比例的压缩，如将 8～16V 压缩到 4～5V、将 4～8V 压缩到 3～4V 等，就可得到一条线性直线，因此这条曲线也称为压缩特性曲线。

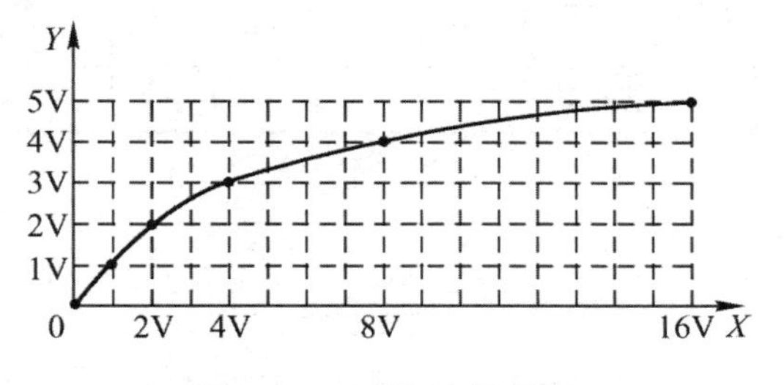

图 2-6　压缩特性曲线

图 2-7 所示为非均匀量化的 PCM 系统框图。输入的 PAM 信号首先经过压缩器，其对大信号有较大的压缩，对小信号有较小的压缩，然后进行均匀量化、编码、

传输……在接收端，解码后的信号波形与发送端压缩后的信号波形是相同的，并不是原来的PAM信号，因此要有一个扩张器来进行扩张。扩张特性与压缩特性是严格对称的，扩张器对大信号有较大的扩张，对小信号有较小的扩张。最终得到的重建信号与原来的PAM信号相似，两者之间相差一个量化误差。压缩特性与扩张特性统称为压扩特性。

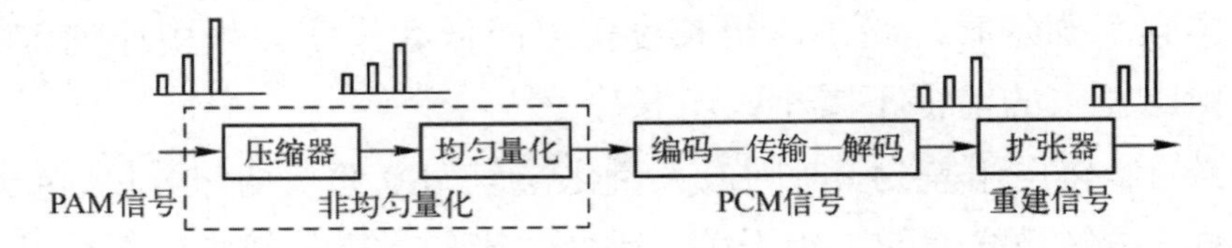

图 2-7 非均匀量化的 PCM 系统框图

ITU-T G.711 对 PCM 的压扩特性有两种建议，分别称为 A 律压扩特性和μ律压扩特性。我国采用的是 A 律压扩特性。A 律压扩特性的数学表达式如下：

$$y=\begin{cases}\dfrac{Ax}{1+\ln A}, & 0\leqslant x\leqslant \dfrac{1}{A}\\ \dfrac{1+\ln Ax}{1+\ln A}, & \dfrac{1}{A}\leqslant x\leqslant 1\end{cases} \tag{2-2}$$

式中，x 为压缩器的归一化输入值①；y 为压缩器的归一化输出值；A 为常数，当 A=0 时，无压缩效果，通常取 A=87.6。

（2）13 折线 A 律压扩特性

从图 2-7 中可以看出，压缩+均匀量化=非均匀量化。在实际应用时，利用数字电路的特点，用折线来逼近压扩特性，压缩在量化过程中实现。

设在直角坐标系中 X 轴与 Y 轴分别表示压缩器的输入信号与输出信号的值域，并假定输入信号与输出信号的最大取值范围是$-E$～E。先将 X 轴的信号正向取值区间$(0,E)$不均匀地分为 8 段，各段的起始电平如图 2-8 所示，前面一段的起始电平是后面一段起始电平的$\frac{1}{2}$。然后将每段均匀地分为 16 个量化级，这样，在 0～E 范围内共有 8×16=128 个量化级，各段之间量化电平差是不相同的，而同一段内各量化级的量化电平差是相同的。第 8 段的量化电平差最大，$\xi_8=\frac{E}{2}\div 16=\frac{E}{32}$，第 1 段和第 2 段的量化电平差最小，$\xi_{1,2}=\frac{E}{128}\div 16=\frac{E}{2048}$，设 $\Delta=\frac{E}{2048}$，则 X 轴上各量化电平如表 2-2 所示。

表 2-2 各段的起始电平、量化电平与量化电平差（基本单位为 Δ）

段	1	2	3	4	5	6	7	8
起始电平	0	16	32	64	128	256	512	1024
量化电平	0、1、2……15	16、17……31	32、34……62	64、68……124	128、136……248	256、272……496	512、544……992	1024、1088……1984
量化电平差	1	1	2	4	8	16	32	64

① 归一化输入值是信号与该信号的最大值之比，即 $x=\dfrac{u_i}{\max(u_i)}$。

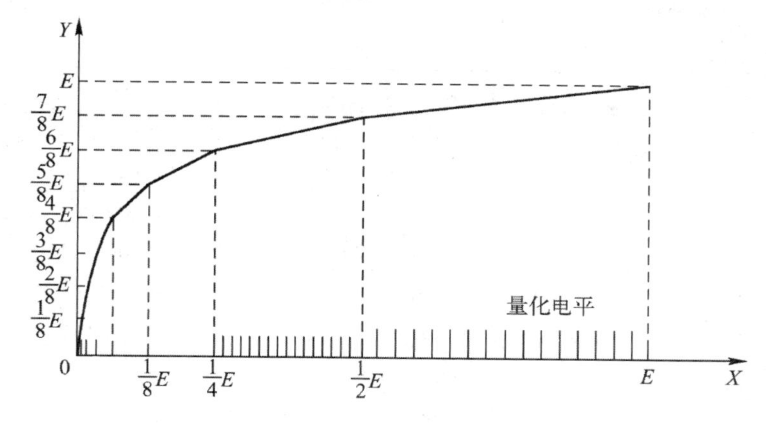

图 2-8　13 折线 A 律压扩特性曲线

先将 Y 轴的信号正向取值区间$(0,E)$均匀地分为 8 段，再将每段均匀地分为 16 等份，这样就得到均匀的 128 个量化级。如果将 X 轴上各段的起始电平作为横坐标，将 Y 轴上对应段的起始电平作为纵坐标，则可在坐标系的第一象限中得到 9 个点（包括第 8 段的终点）。将两个相邻的点用直线连接起来，便可得到 8 条折线。实际上第 1 条和第 2 条折线的斜率是相同的，考虑到$(-E,0)$区间，总共可得到 13 条折线。由这 13 条折线构成的压扩特性曲线具有式（2-2）所表示的 A 律压扩特性，称为 13 折线 A 律压扩特性曲线。我国规定采用 13 折线 A 律压扩特性 PCM 编码器。

（3）编码码型

采用 13 折线 A 律压扩特性 PCM 编码器，每个样值脉冲用 8 位二进制码表示。8 位二进制码共有 256 种组合，分别代表 256 个量化电平。采用的码型是折叠二进制码，信号电平与码组的对应关系如表 2-3 所示。

表 2-3　PCM 编码码型

量化电平序号	信号电平范围	码组	量化电平序号	信号电平范围	码组	量化电平序号	信号电平范围	码组	量化电平序号	信号电平范围	码组
		$P_1P_2P_3P_4$ $P_5P_6P_7P_8$			$P_1P_2P_3P_4$ $P_5P_6P_7P_8$			$P_1P_2P_3P_4$ $P_5P_6P_7P_8$			$P_1P_2P_3P_4$ $P_5P_6P_7P_8$
	2048		114	1152	11110010	100	640	11100100	86	352	11010110
127	1984	11111111	113	1088	11110001	99	608	11100011	85	336	11010101
126	1920	11111110	112	1024	11110000	98	576	11100010	84	320	11010100
125	1856	11111101	111	992	11101111	97	544	11100001	83	304	11010011
124	1792	11111100	110	960	11101110	96	512	11100000	82	288	11010010
123	1728	11111011	109	928	11101101	95	496	11011111	81	272	11010001
122	1664	11111010	108	896	11101100	94	480	11011110	80	256	11010000
121	1600	11111001	107	864	11101011	93	464	11011101	79	248	11001111
120	1536	11111000	106	832	11101010	92	448	11011100	78	240	11001110
119	1472	11110111	105	800	11101001	91	432	11011011	77	232	11001101
118	1408	11110110	104	768	11101000	90	416	11011010	76	224	11001100
117	1344	11110101	103	736	11100111	89	400	11011001	75	216	11001011
116	1280	11110100	102	704	11100110	88	384	11011000	74	208	11001010
115	1216	11110011	101	672	11100101	87	368	11010111	73	200	11001001

续表

量化电平序号	信号电平范围	码组	量化电平序号	信号电平范围	码组	量化电平序号	信号电平范围	码组	量化电平序号	信号电平范围	码组
		$P_1P_2P_3P_4$ $P_5P_6P_7P_8$			$P_1P_2P_3P_4$ $P_5P_6P_7P_8$			$P_1P_2P_3P_4$ $P_5P_6P_7P_8$			$P_1P_2P_3P_4$ $P_5P_6P_7P_8$
72	192	11001000	54	88	10110110	36	40	10100100	18	18	10010010
71	184	11000111	53	84	10110101	35	38	10100011	17	17	10010001
70	176	11000110	52	80	10110100	34	36	10100010	16	16	10010000
69	168	11000101	51	76	10110011	33	34	10100001	15	15	10001111
68	160	11000100	50	72	10110010	32	32	10100000	14	14	10001110
67	152	11000011	49	68	10110001	31	31	10011111	13	13	10001101
66	144	11000010	48	64	10110000	30	30	10011110	12	12	10001100
65	136	11000001	47	62	10101111	29	29	10011101	11	11	10001011
64	128	11000000	46	60	10101110	28	28	10011100	10	10	10001010
63	124	10111111	45	58	10101101	27	27	10011011	9	9	10001001
62	120	10111110	44	56	10101100	26	26	10011010	8	8	10001000
61	116	10111101	43	54	10101011	25	25	10011001	7	7	10000111
60	112	10111100	42	52	10101010	24	24	10011000	6	6	1000110
59	108	10111011	41	50	10101001	23	23	10010111	5	5	10000101
58	104	10111010	40	48	10101000	22	22	10010110	4	4	10000100
57	100	10111001	39	46	10100111	21	21	10010101	3	3	10000011
56	96	10111000	38	44	10100110	20	20	10010100	2	2	10000010
55	92	10110111	37	42	10100101	19	19	10010011	1	1	10000001
									0	0	10000000

注：表中电平的基本单位为 Δ。

表 2-3 中每个码组的第 1 位码 P_1 代表极性，其余 7 位码 P_2～P_8 代表幅度。表 2-3 中所列的信号电平在 0～2048Δ 范围内，因此 P_1 均为“1”。如果信号电平在-2048Δ～0 范围内，则 P_1 均为“0”。采用折叠二进制码的好处在于，无论信号电平是正还是负，当第 1 位码（极性码）确定后，后面 7 位码的编码方式就是相同的，因此可以简化编码器。

除第 1 位码外，后面 7 位码是按自然码规律编排的。这种码型有利于采用逐次反馈比较的编码方法。

表 2-3 中与量化级对应的码组表示相应的信号电平范围。例如，当信号样值在 496～512Δ 范围内时，量化电平序号为 95，码组为 11011111；当信号样值在-108～-104Δ 范围内时，量化电平序号为-58，码组为 00111010。

（4）编码过程

图 2-9 所示为逐次反馈比较型 PCM 编码器的原理框图，它由取样器、整流器、保持电路、比较器和本地译码器等组成。

设模拟信号波形如图 2-10（a）所示，当该信号通过一个取样器（也称为取样门电路）时，受如图 2-10（b）所示的取样脉冲控制，可以得到如图 2-10（c）所示的 PAM 信号波形。取样脉冲的频率为 8000Hz，取样脉冲的间隔为 125μs。由于在取样门电路开启时间内信号的幅度在变化，因此要求取样时间尽量短，也就是取样脉冲要很窄。

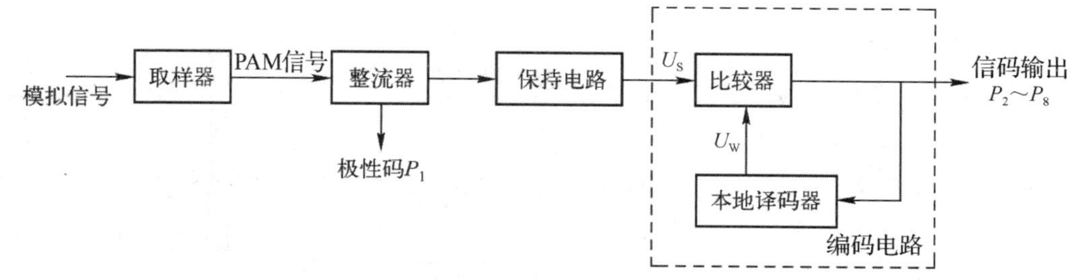

图 2-9　逐次反馈比较型 PCM 编码器的原理框图

由于 PCM 编码采用折叠二进制码，因此只要确定了取样脉冲的极性，其余编码就只需对脉冲的幅度进行转换即可得到，因此电路中设置了一个整流器。整流器将负极性的取样脉冲转换成正极性的脉冲，同时输出一位标志该脉冲极性的码（P_1 码），如图 2-10（d）所示。

为了使编码电路有足够的时间进行量化编码，取样以后的信号要通过保持电路进行保持，如图 2-10（e）所示，这样每个脉冲的宽度就可达到 125μs。

比较器和本地译码器构成编码电路，按顺序通过逐次比较完成对 P_2～P_8 的编码。

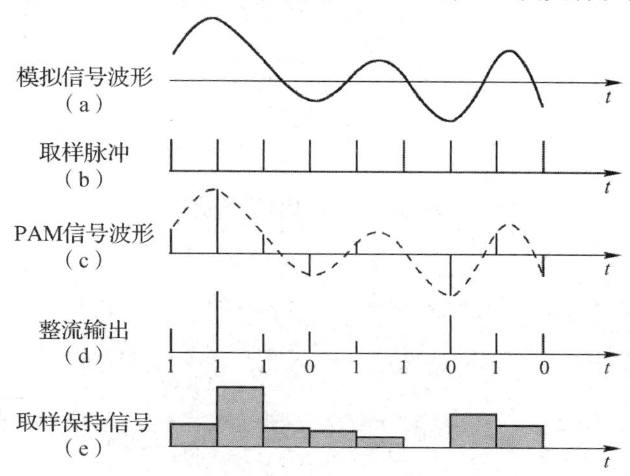

图 2-10　取样保持电路输出波形

从表 2-3 中可以看到，如果信号电平大于 128Δ，则 P_2=1；如果信号电平小于 128Δ，则 P_2=0。当 P_2=1 时，如果信号电平大于 512Δ，则 P_3=1；如果信号电平小于 512Δ，则 P_3=0。以此类推，可以画出编码流程图，如图 2-11 所示。其中，圆内的数字是本地译码器输出的比较电平（单位为 Δ），直线指明在比较结果确定后（信号电平大于比较电平为 1，小于比较电平为 0）下一个比较电平的取值路径。本地译码器只要根据前面若干位码就可按程序确定比较电平，经比较确定下一位码，直到编完全部 7 位码为止。

【例 2-1】　设一个 PCM 编码器的最大输入信号电平范围为−2048～2048mV，试对一个电平为 1270mV 的取样脉冲进行编码。

解：设取样脉冲电平为 U_S 且 U_S=1270mV。

∵ U_S＞0，∴ P_1=1；

∵ U_S＞128mV，∴ P_2=1；

∵ U_S＞512mV，∴ P_3=1；

∵ U_S＞1024mV，∴ P_4=1；

∵ U_S＜1536mV，∴ P_5=0；

∵ U_S＜1280mV，∴ P_6=0；

∵ U_S＞1152mV，∴ P_7=1；

∵ U_S＞1216mV，∴ P_8=1。

因此，PCM 编码器的输出为 11110011。PCM 编码器的编码过程示意图如图 2-12 所示，其中，两个阴影块分别表示样值为 1270mV 和 881mV 的取样脉冲，粗线波形表示本地译码器的输出波形，最左边的波形为 PCM 编码器的输出波形。

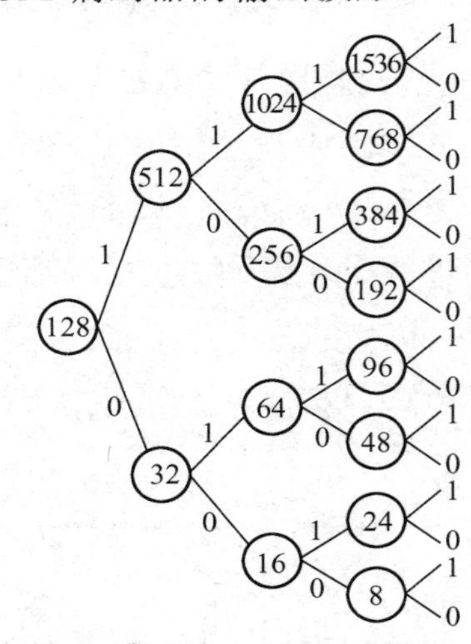

图 2-11　编码流程图

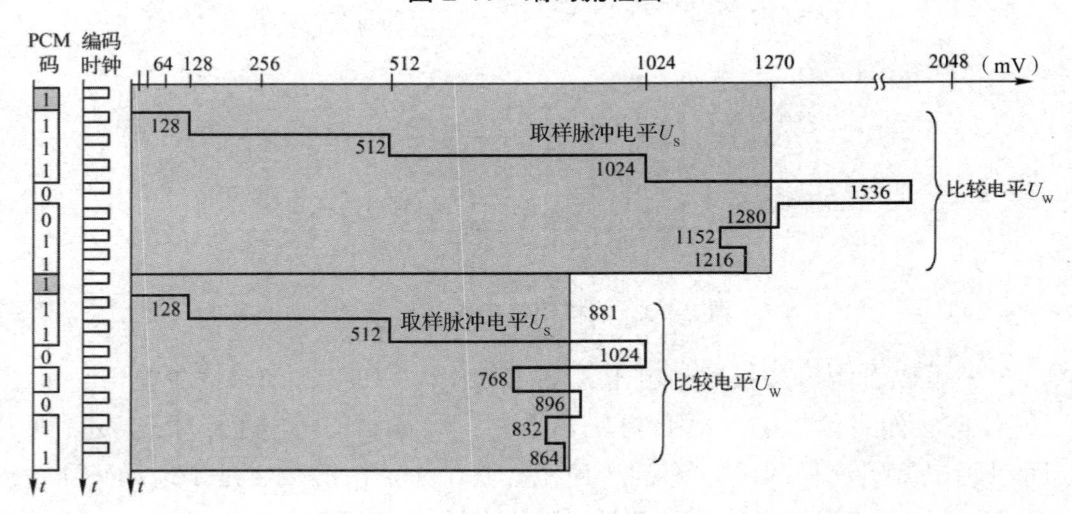

图 2-12　PCM 编码器的编码过程示意图

（5）PCM 译码

由例 2-1 可知，本地译码器在确定 P_8 时输出的比较电平（1216mV）已经接近信号样值，它是根据 P_2～P_7 的结果得到的。对于编码器来说，P_8 确定后就可以结束一个取样脉冲的编码，本地译码器的输出回到 128mV，准备进行下一个取样脉冲的编码。P_8=1 说明信号样值在 1216mV 和 1280mV 之间，因此可以设想，在 PCM 译码器内也采用与本地译码器类似的电路，并且译码器在接收到 P_8=1 后将输出增加半个量化电平差（32mV），这样可使译码输出与原信号样值的差别减小到±32mV 范围内。在例 2-1 中，译码器的最终输出为 1216+32=1248（mV），量化误差为 1270−1248=22（mV）。

图 2-13 所示为 PCM 译码器的原理框图。其中，极性控制电路从 8 位二进制码组中取出 P_1（极

性码）用于控制电子开关。译码电路在写入脉冲（与码元周期相同的时钟脉冲）的作用下依次将后 7 位码输入，并进行译码，当第 7 位码进入译码器后在控制脉冲的作用下将译码结果输出。控制脉冲由帧同步电路产生，它与编码器取样脉冲的周期相同，都是 125μs。当 P_1=1 时，放大器同相放大，输出正脉冲；当 P_1=0 时，放大器反相放大，输出负脉冲。译码输出信号经过同相或反相放大后变成 PAM 信号，由低通滤波器滤除高频分量后得到的解码信号即恢复的模拟信号。

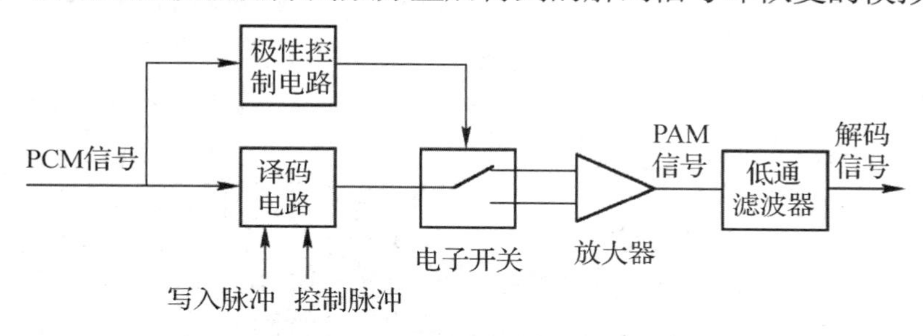

图 2-13　PCM 译码器的原理框图

2.2.3　增量调制

增量调制（ΔM）用 1 位二进制码表示相邻两个取样脉冲的电平高低。图 2-14 所示为简单增量调制器和解调器的原理框图。其中，增量调制器中的极性转换电路和积分器称为本地译码器，解调器与增量调制器中的本地译码器基本相同，只是多了一个低通滤波器。

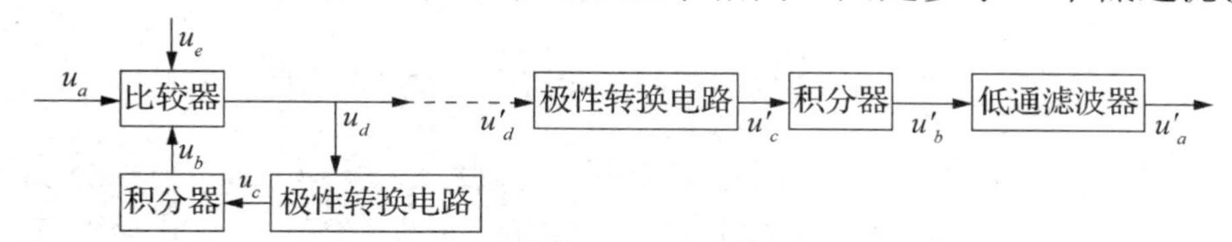

图 2-14　简单增量调制器和解调器的原理框图

图 2-15 所示为增量调制的原理波形示意图。设 a、b、c、d、e 点分别对应输入信号 u_a 在取样时刻 t_1、t_2、t_3、t_4、t_5 的样值，a'对应积分器输出信号 u_b 在 t_2 时刻的值，且它与 a 点电平相等，对应 u_a 在 t_1 时刻的样值。比较器用于对输入信号 u_a 和积分器输出信号 u_b 进行比较。很短一段时间后，在 t_2 时刻，b 点电平高于 a'点电平，比较器输出信号 u_d 为高电平，代表信码“1”。t_2 时刻之后，比较器输出零电平。极性转换电路将窄脉冲的 u_d 转换成双极性 NRZ（非归零）波形的 u_c，且 u_c 幅度远大于信号电平范围。积分器对 u_c 进行积分，其输出信号线性增加，经过一段时间 T 后，在 t_3 时刻积分器输出信号增加了一个固定的量 σ，达到 b'点电平。b'点电平被近似地看作 b 点电平，两者的误差 $\delta=\sigma-\Delta u_a$，这就是量化误差。

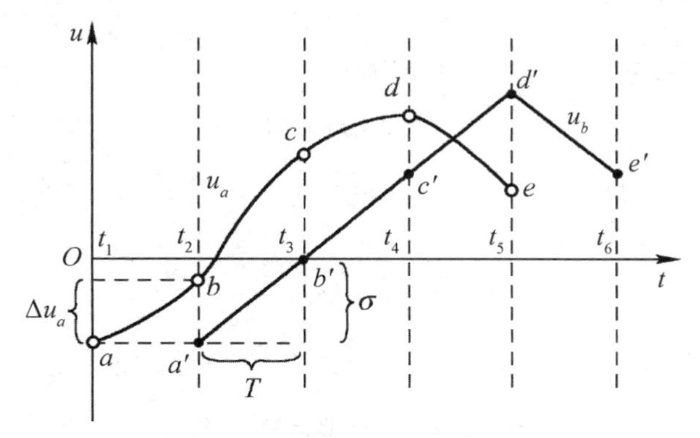

图 2-15　增量调制的原理波形示意图

当积分器输出信号大于输入信号时（如 t_5 时刻），比较器输出零电平，代表信码“0”，极性转换电路将这个信码转换成从 t_5 时刻到 t_6 时刻时间内的负电平，积分器在这段时间内的输出信号下降 σ。

由此可见，用积分器当前时刻的输出替代输入信号前一取样时刻的样值，可以使积分器输出信号一直紧跟输入信号的变化，如图 2-16 所示。从图 2-16 中可以看到，当输入信号上升的斜率小于积分器输出信号上升的斜率时，$|\delta|\leqslant\sigma$。

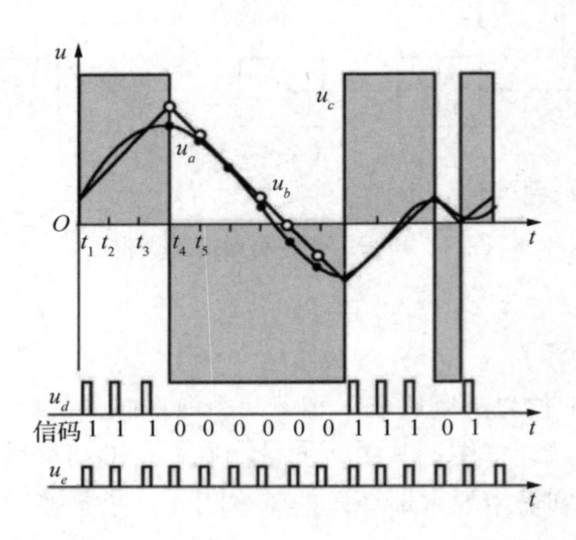

图 2-16　增量调制器各点的工作波形示意图

如果积分器输出信号跟不上输入信号的变化，就会出现输入信号与积分器输出信号相差很大的情况，量化误差不能被控制到足够小的范围内，这种现象称为过载失真。

对于实际的信号（如语音信号），其频率和幅度都是变化的，最大斜率发生在频率很高且幅度很大时。为此，如果对输入信号进行积分，积分后信号的斜率就可以不受信号频率的影响。取 σ 小于积分后信号的最大幅度，可保证不出现过载失真。但这种方法必须在译码器中加一个微分电路，用于恢复原信号。这种先积分、编码，再译码、微分的增量调制称为增量总和调制。图 2-17（a）所示为增量总和调制系统框图，其中译码器中的积分器与微分器可以相互抵消，而编码器中的两个积分器可以合并成一个，置于比较器之后，如图 2-17（b）所示。

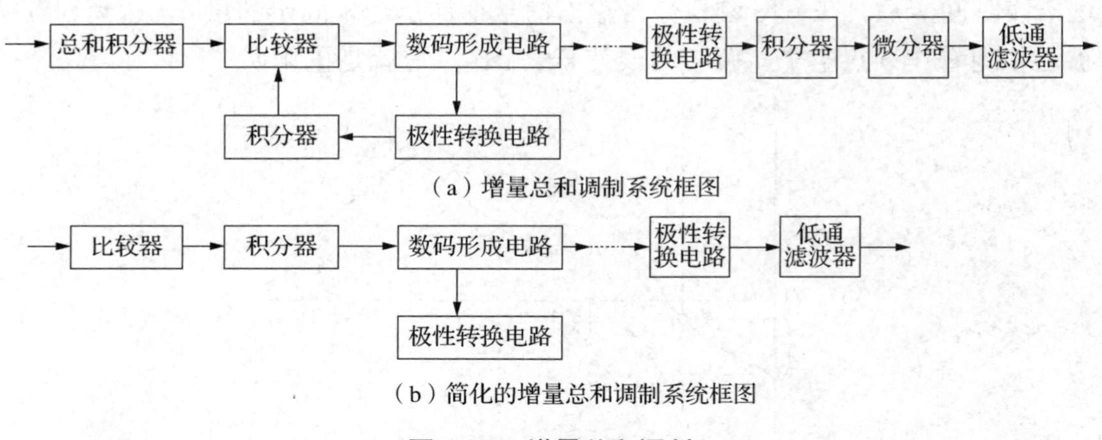

图 2-17　增量总和调制

2.2.4　自适应差分脉冲编码调制

PCM 采用的是绝对的编码方式，每个组码表示的是取样信号的值。换句话说，只要得到一组代码，就可以知道一个取样脉冲的值。但实际上，语音信号的相邻样值之间有一定的相关性，也就是说，后一个取样脉冲与前一个取样脉冲，甚至前面若干个取样脉冲的值不会相差太大。这样，如果根据前些时刻所编的码（或码组）进行分析与计算，预测出当前时刻的样值，并将其与实际样值进行比较，对差值进行编码，就可以用较少的码对每个样值编码，从而降低编码率，这就是自适应差分脉冲编码调制（ADPCM）的基本原理。

实际的 ADPCM 编码一般先对输入信号进行 PCM 编码，然后按一定的算法在数字信号处理器（DSP）内进行运算，得到 ADPCM 信号。同样，ADPCM 解码是先将接收到的 ADPCM 信号通过数字信号处理器的运算转换成 PCM 信号，再进行 PCM 译码。在实际应用中，ADPCM 信号的编码与解码电路集成在一个芯片中，称为 ADPCM 编解码器。图 2-18 所示为 ADPCM 编解码器的组成框图。

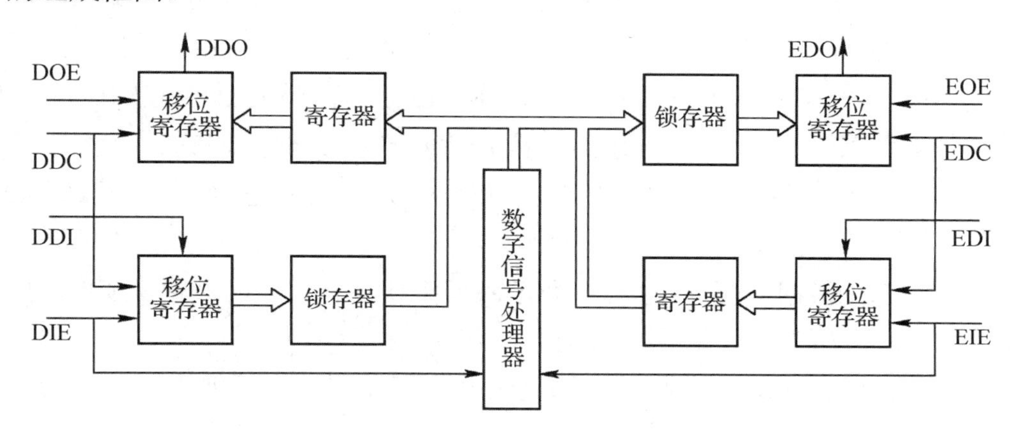

图 2-18　ADPCM 编解码器的组成框图

整个电路实质上是一个数字信号处理系统，由数字信号处理器及外围电路（包括锁存器、寄存器和移位寄存器等）组成。在图 2-18 中，右边部分执行 ADPCM 编码功能，左边部分执行 ADPCM 译码功能，中间的数字信号处理器既用于 ADPCM 编码，又用于 ADPCM 解码。在编码时，从 EDI 端串行输入的 PCM 码由移位寄存器变为并行码后被送入寄存器，数字信号处理器在适当的时间从寄存器中取出 PCM 码，根据编码算法将其转换为并行的 ADPCM 码，送到锁存器，最后由移位寄存器从 EDO 端串行输出。解码时，串行的 ADPCM 码从 DDI 端串行输入，经移位寄存器变为并行码被送至锁存器，数字信号处理器从锁存器中取出 ADPCM 码，按解码算法恢复出并行的 PCM 码并将其送入寄存器，再由移位寄存器变为串行码从 DDO 端输出。

2.3　差错控制编码

差错控制编码也称为检错与纠错编码。由于数字通信系统中存在码间串扰和各种干扰，因此数字信号在传输过程中必然会产生误码。以一个传码率为 1200bit/s 的二进制数字通信系统为例，如果信号在信道中受到时间长度为 0.01s 的电脉冲干扰，就会有 12 个码元受到影响。

这种连续多个码元受到干扰的现象称为突发性误码。实际上，数字通信中更常见的误码是单比特误码和多比特误码，它们统称为随机误码。误码的类型如图 2-19 所示。

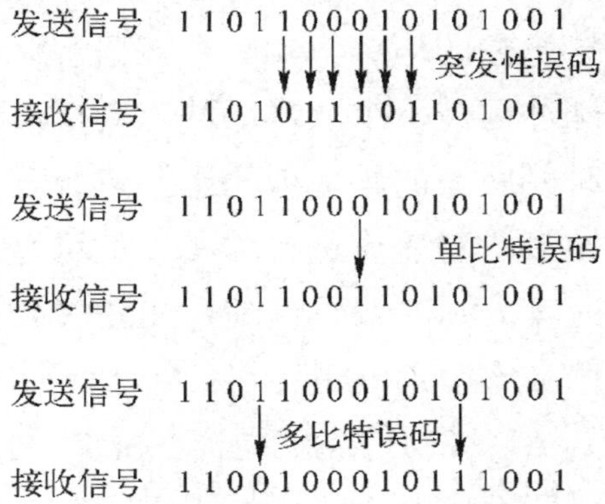

发送信号 1101100010101001
突发性误码
接收信号 1101011101101001

发送信号 1101100010101001
单比特误码
接收信号 1101100110101001

发送信号 1101100010101001
多比特误码
接收信号 1100100010111001

图 2-19 误码的类型

产生误码的原因是在传输过程中信号的波形发生了变化，以致接收端不能做出正确判断。信号的波形发生变化的原因有两种：一种是受到信道传输特性的影响，如码间串扰；另一种是受到通信系统外部的干扰和噪声的影响。由信道传输特性引起的码间串扰可以采用均衡的方法加以消除，而由干扰引起的误码则除从选择合理的调制、解调方式及发送功率等方面加以控制之外，通常还可以采用以下两种方式对信号进行处理，以保证信息的正确传递。

① 前向纠错（FEC）：由发送端对信号进行编码使其具有一定的规律，接收端按照这个规律进行检测，确定误码所在的位置，并自动进行纠正。

② 自动重发请求（ARQ）：接收端检测到信号中有误码，但不能确定其位置，通过反向信道通知发送端重发。

也有的通信系统采用两者混合的方式，即对少量的接收差错进行自动纠正，对超过纠正能力的差错则向发送端请求重发。无论采用哪种方式，都需要在发送端对信号进行差错控制编码，使发送的信号具有一定的规律，以便接收端在接收到信号后核对其是否遵循了这个规律，从而判断传输是否出现错误。当然，在接收端需要进行相应的解码（检错与纠错），以恢复编码前的信号。本节介绍几种通过对信号进行编码来检测或纠正误码的方法。

2.3.1 奇偶校验编码

发送端将二进制信息码序列分成长度（码元个数）相等的码组，并在每个码组之后添加一个二进制码元，该码元称为监督码。监督码取“1”还是“0”，要根据信息码组中“1”的个数而定。例如，对于奇校验法，要求每个码组（包括监督码）中“1”的个数为奇数，因此当信息码组中“1”的个数为奇数时，监督码取“0”，否则监督码取“1”。对于偶校验法，要求每个码组中添加的监督码能使该码组中“1”的个数为偶数。接收机中的计数器对接收到的码组进行检验，若发送端采用奇校验法而接收端判定码组中“1”的个数为偶数，则认为该码组中有误码。通过奇偶校验编码，可以检测出每个码组中的奇数个误码，若码组中出现偶数个误码则不能检测出来。

2.3.2　二维奇偶校验编码

二维奇偶校验编码采用二维奇偶监督码。二维奇偶监督码又称方阵码，它将要传送的信息码按一定的长度分组，每个组码后面加一位监督码，在若干码组结束后再加一组与信息码组加监督位等长的监督码组。以英文单词“code”为例，其 ASCII 码组如表 2-4 所示。其中，最右边一列数码是每个 ASCII 码组的监督码，采用奇校验法，即每行（包括监督位）中“1”的个数为奇数，将每行的 8 位码进行模 2 相加后结果为“1”，这个结果可作为行校验码；最下面一行为监督码组，也采用奇校验法，每列（包括监督码组中对应的位）中 1 的个数为奇数，将每列的 5 位码进行模 2 相加后结果也为“1”，这个结果可作为列校验码。

表 2-4　二维奇偶校验编码示例

c	1	1	0	0	0	1	1	1
o	1	1	0	1	1	1	1	1
d	1	1	0	0	1	0	0	0
e	1	1	0	0	1	0	1	1
监督码组	1	1	1	0	0	1	0	0

在接收端，误码检测器将接收到的码组排列成矩阵，逐行、逐列进行校验。在正常情况下，每行、每列的校验码均为“1”。如果产生误码，以表 2-4 中阴影位为例，“0”码在传输过程中变为“1”码，则第三行和第三列中“1”码的个数会变成偶数，相应的校验码都会变成“0”，误码检测器可以知道误码的位置并纠正这个误码。

二维奇偶监督码可以检测出整个码组矩阵中的奇数个误码，还有可能检测出偶数个误码。因为每行的监督位虽然不能用于检测出本行中的偶数个误码，但按列的方向有可能由监督码组检测出偶数个误码。一些试验测量结果表明，二维奇偶校验编码可使误码率降低至原来的 1‰～1%。

2.3.3　恒比码

在恒比码中，每个码组均含有相同数目的“1”和“0”。由于“1”的数目与“0”的数目保持恒定，故得此名。恒比码在检测时，只要计算接收码组中“1”的数目是否对，就知道有无错误。

当在邮电系统中用电传机传输汉字电码时，每个汉字用 4 位阿拉伯数字表示，而每位阿拉伯数字又用 5 位二进制数字表示，即每个码组的长度为 5，其中有 3 个“1”。这时可能编成的不同码组数目等于从 5 中取 3 的组合数，即 5!/(3!×2!)=10。这 10 种许用码组恰好可用来表示 10 位阿拉伯数字的电码，因为长度为 5 的码组共有 32 种，其余的 22 种称为禁用码组。许用码组中如果出现奇数个错码就会变成禁用码组，很容易识别。当出现偶数个误码时，若是一个“1”变为“0”同时一个“0”变为“1”（或两个“1”变为“0”同时两个“0”变为“1”），则误码不能被检测出来，在其他情况下误码可能被检测出来 。

在国际无线电报通信中，目前广泛采用的是“7 中取 3”恒比码，这种码组中规定总是有 3 个“1”，因此共有 35 种许用码组，它们可用来代表 26 个英文字母和符号。

恒比码的主要优点是简单且适合用来传输电传机或其他键盘设备产生的字母和符号。对于从信源来的二进制随机序列，恒比码就不适用了。

信号的传输采用差错控制编码方法后可靠性可以提高，但由于在信码中增加了不带有信息的码元，因此开销会增加，系统的有效性会下降。以上介绍的是几种常用且较简单的差错控制编码方法，实际上差错控制编码还有很多种形式，如BCH码等，其编码方式更为复杂，但检错与纠错能力也更强。这些编码方式在信道的干扰较小时对随机误码有较好的检测与纠正能力，但当信道中出现突发性误码（连续多比特的误码）时检测与纠正能力都会下降。为了检测与纠正突发性误码，有些通信系统会在差错控制编码之前对信码进行交织编码。

2.3.4 交织编码

处理突发性误码的一种有效方法是对编码数据进行交织，先把短时间内集中出现的误码分散，使其成为随机误码，再用差错控制编译码器对随机误码进行检测与纠正，这样就可以使用前面所介绍的各种编码方法以产生最佳效果。

采用交织器的数据传输系统框图如图2-20所示。在发送端，从信道编码器出来的数据经交织器重新排序后在信道中传输。在接收端，去交织器将数据复原到正确的顺序后送入信道解码器。图2-21所示为分块交织器的工作原理图。分块交织器实际上是一个特殊的存储器，它先将数据逐行输入并排成 m 列 n 行的矩形阵列，再逐列输出。去交织是交织的逆过程，去交织器将接收到的数据逐列输入、逐行输出。在传输过程中如果产生突发性误码，如某一列全部受到干扰，实际上相当于交织前每行有一位码受到干扰，经去交织处理后集中出现的误码转换成每行有一位误码，如图2-22所示，这样就可以由信道解码器对其进行纠正。

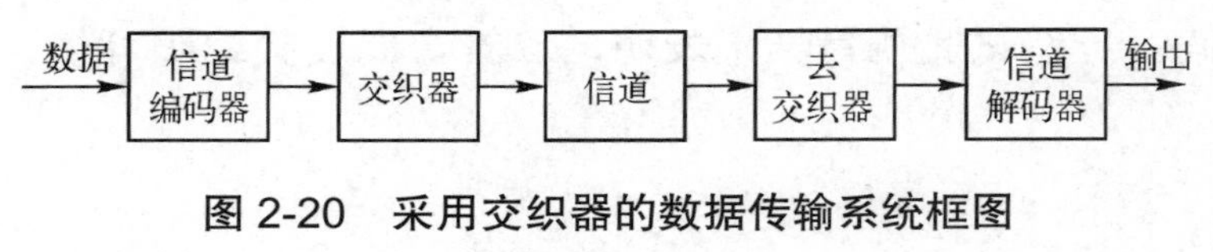

图2-20 采用交织器的数据传输系统框图

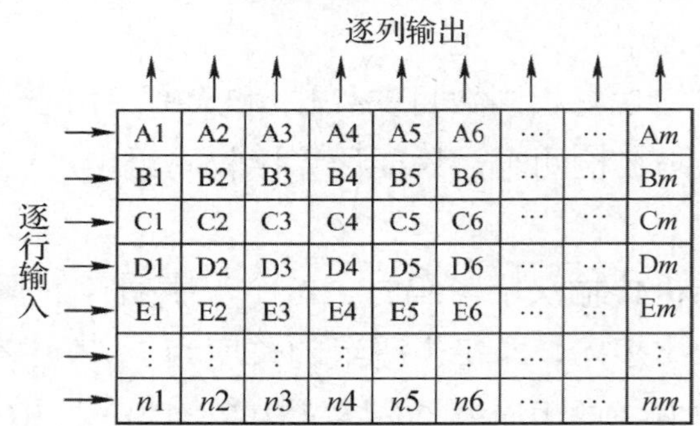

图2-21 分块交织器的工作原理图

突发性误码

随机误码 随机误码 随机误码 随机误码

○—信码 ●—误码

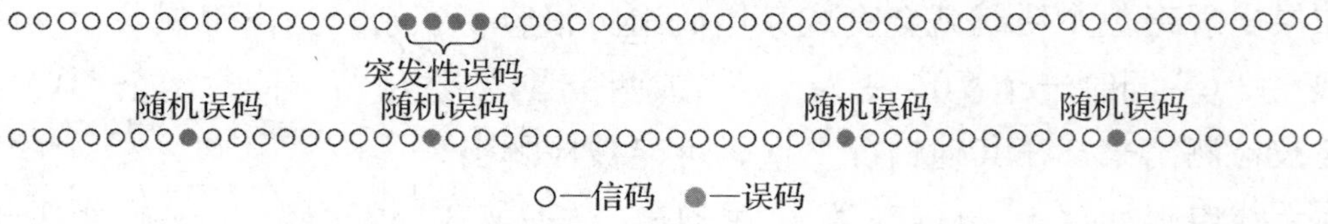

图2-22 突发性误码经去交织处理后成为统计独立的随机误码

2.4　时分多路复用

2.4.1　时分多路复用的基本概念

一个大型的数字通信系统具有较高的信息传输速率，而单个用户所需要的传码率往往并不是很高，因此在数字通信中也存在多路信号使用同一个通信系统（或传输信道）的问题。人们常说的一个信道可以同时传输上百个、上千个甚至上万个话路，指的就是这种情况。所谓时分多路复用（TDM），是指将信道的工作时间按一定的长度分段，每一段称为一帧，一帧又分为若干个时隙，用户信号在每一帧中各自占用一个预先分配的时隙，这样就可以实现多路信号在同一个信道中的不同时间段进行传输。图 2-23 所示为时分多路复用的示意图。

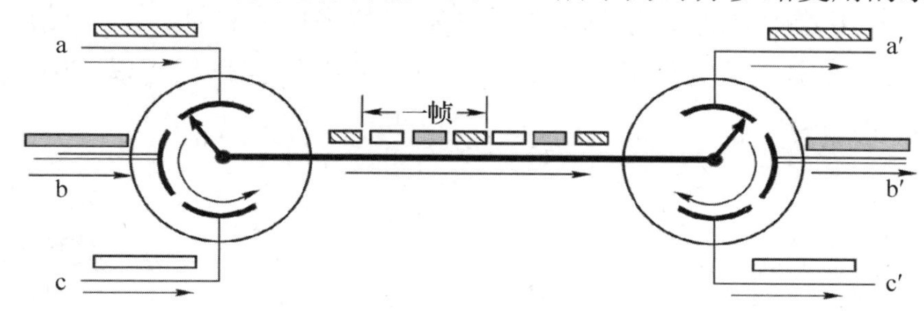

图 2-23　时分多路复用的示意图

在图 2-23 中，左边机构为复用器（MUX），右边机构为解复用器（DEMUX），两者之间由导线（粗实线）连接，圆弧段表示导电片，通过导电簧片（带箭头的粗实线）与导线连接，两个导电簧片以相同的角速度、相反的方向旋转。设 a、b、c 为三个发送信号的用户，a′、b′、c′为对应的接收信号的用户，当导电簧片旋转时，a、b、c 三个用户发送的信号会按一定的时间间隔依次传送到 a′、b′、c′三个用户，实现了三路信号通过一条导线传送。

实际的复用器和解复用器都是由电子线路实现的。复用器和解复用器与用户相连的线路称为用户线，复用器和解复用器之间的线路称为中继线。各用户线与中继线上信号的波形示意图如图 2-24 所示。

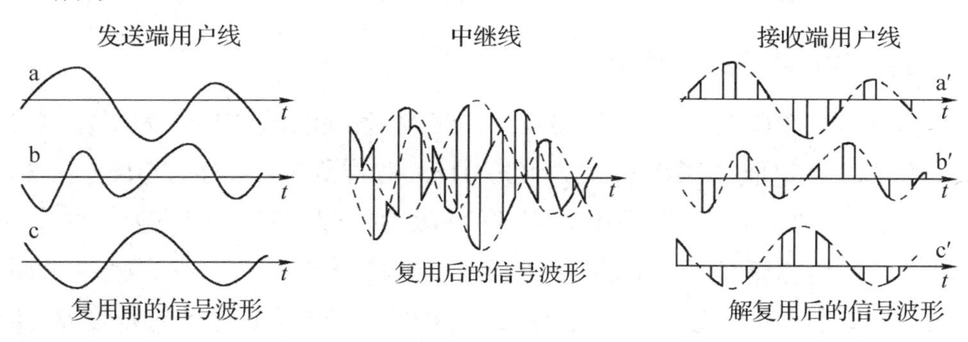

图 2-24　时分多路复用系统的波形示意图

从图 2-24 中可以看出，复用器对发送端的每路信号进行取样，使其成为 PAM 信号，各路信号的取样频率（帧频）是相同的，但取样的时刻不相同，每路信号样值各自占用自己的时隙，因此当各路信号合路时在时间上不重叠，接收端的解复用器可以将它们分路，使其互不干扰。只要取样频率满足取样定理的要求，解复用后的各路信号通过一个低通滤波器后就可重建原信号。

对于PCM的数字电话来说，采用时分多路通信是很合适的。前面已提到，对每路语音信号的取样频率为8000Hz，也就是每隔1/8000s=125μs取样一次，但取出的样值脉冲很窄，只占这段时间中很小的一个时隙，因此完全可以在其余时间内插入若干路语音信号的样值脉冲（见图2-24）。通信系统将这些多路脉冲进行PCM编码后一起传输。在接收端，对译码后的脉冲用选通门分别选出各路的样值信号，这样就实现了时分多路通信。在这里，一帧对应的时间是125μs。有关PCM信号的时分多路复用将在2.4.2节重点介绍。

来自多个数字信源的信号在进行时分多路复用时，可以采用比特交错法、字符交错法和码组交错法，其中最为常用的是字符交错法，如图2-25所示。在这种方法下，每个复用帧中包含每个数字信源的1B数据。设数字信源的信息速率为64kbit/s，1B长8bit，传送1B数据的时间是125μs。复用器中含有多个缓冲器，分别与数字信源相连。数字信源以每125μs 8bit的速度将数据存入缓冲器，而复用器在125μs内将所有的数据读出。以32路复用器为例，读每路数据的时间约为3.9μs。

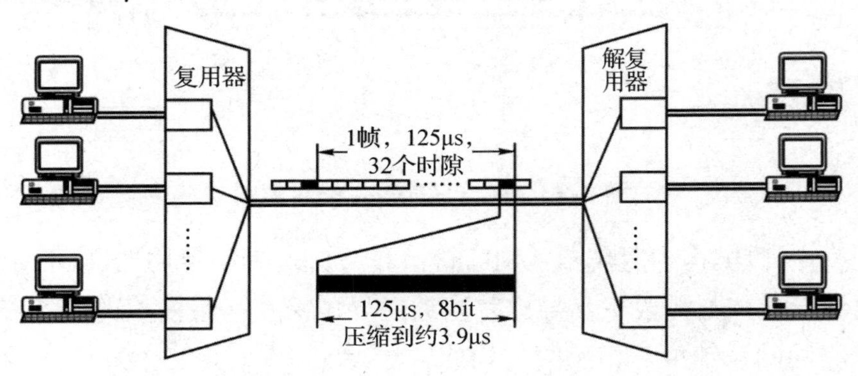

图2-25　来自多个数字信源的信号的时分多路复用示意图

解复用器将接收到的数据按时隙分路到各个缓冲器，读入1B数据的时间约为3.9μs，读出1B数据的时间为125μs，这样每个终端都可以接收到连续的、信息速率为64kbit/s的数据。

2.4.2　30/32路PCM系统的帧结构与终端组成

（1）30/32路PCM系统的帧结构

图2-26所示为ITU-T G.732规定的30/32路PCM系统的帧结构。为了传输带宽为300～3400Hz的语音信号，设定取样频率f_S定为8000Hz，取样周期T_S为125μs。在30/32路PCM系统中，要依次传送32路信息码组，故将每帧划分为32个时隙，每个时隙的宽度t=125μs/32≈3.9μs。每路语音信号的码组（代表一个取样脉冲）都只在一帧中占用1个时隙。如果每路语音信号都采用字长为8个码元的二进制码组，则每个码元的宽度是t/8≈0.49μs。

在30/32路PCM系统中，每32个时隙内只有30个时隙用于消息的传送。第1个时隙（T_{S0}）在偶数帧时用于传送同步码，码组固定为*0011011，其中*为备用码元，不用时暂定为1。T_{S0}在奇数帧时用于传送监视码、对告码等，码型为*1A_1SSSSS，其中A_1为对端告警码，A_1=0时表示帧同步，A_1=1时表示帧失步；S为备用比特，可用来传送业务码，不用时暂定为1；*为备用码元，不用时暂定为1。第17个时隙（T_{S16}）用于传送信令，每个信令用4位码组表示，因此每帧的 T_{S16} 可以传送两个信令。每 16 帧构成一个复帧，每个复帧的第 16 帧中 T_{S16} 的前 4 位码组用于传送复帧同步码，码组固定为 0000。30/32 路 PCM 系统的总码率为

$$f_A=8000\times32\times8=2048\ (\text{kbit/s})$$

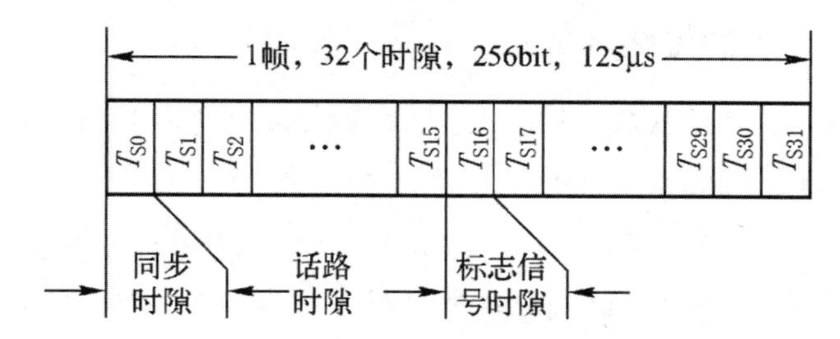

图 2-26　ITU-T G.732 规定的 30/32 路 PCM 系统的帧结构

图 2-27 所示为一个周期的时分多路复用数字码组流，在通信中称为 1 帧，包括若干个时隙，每个时隙中有一组 8 位二进制码，表示一个字（在计算机通信系统中）或一个样值（在 PCM 系统中）。为了保证接收端能正确接收，两端要有相同的帧起止时间、字起止时间及每个码元的起止时间，即收、发两端必须保持同步。

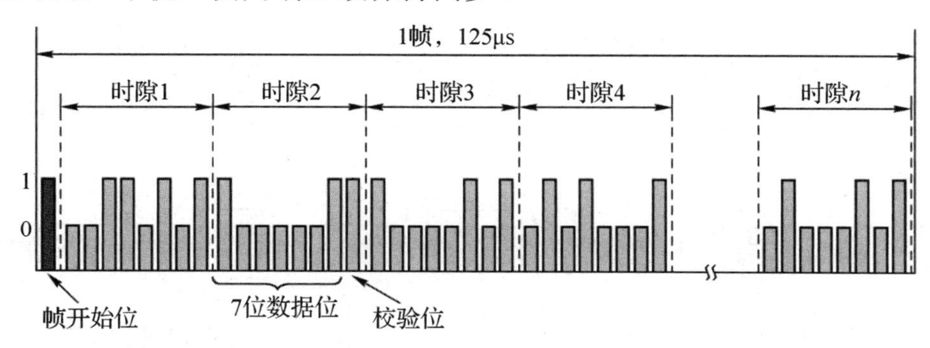

图 2-27　一个周期的时分多路复用数字码组流

（2）时分多路复用的同步技术

同步技术是时分多路复用的关键技术。时分多路复用的同步技术主要是指位同步（也称码元同步）和帧同步。在绝大多数情况下，信源输出的是码元长度相同的码元流，码元流被分成若干个帧，帧定义了数据码元和控制码元在码元流中的格式，包括起始位、数据位、控制位和停止位等码元，因此接收端必须先识别这些位上的码元信息，判断是“1”还是“0”（在二进制信息传输时）。

位同步的基本含义是收、发两端的时钟必须同频、同相，这样才能保证相同时间内发送端发送的码元数与接收端接收的码元数相同，否则就会出现错误。同时接收端还必须在一个码元长度内最合适的时刻进行接收判决，这样才能使系统对码元传输的不利影响（如外界干扰、码间串扰等）降到最低。为了使收、发两端的时钟同频、同相，收、发两端需要有共同的时钟。通常情况下，在设计传输码型时，一般要考虑传输的码型中应含有发送端的时钟频率成分。这样，接收端从接收到的信码中提取出发送端的时钟频率来控制接收端时钟，就可做到位同步。

帧同步用于保证接收端对每一帧的起止位有一个正确的判断。因为一帧内不同的码元位有不同的含义，有的代表要传送的数据，有的用于控制，接收端不仅要知道这一位是“1”还

是“0”，还要知道它在一帧中处在哪一位，这样才能确定它的含义。为了实现收、发两端的帧同步，发送端需要在每一帧（或几帧）中的固定位置处插入具有特定码型的帧同步码，接收端用专门的识别电路来提取帧同步码。

（3）30/32路PCM系统的终端组成

图2-28所示为30/32路PCM系统终端的原理框图。在图2-28（a）中，各取样器的开关频率相同（为8kHz），但取样时刻不同，它们分别在各自规定的时间内进行取样和编码，另外也可以在有些时隙内传送数据，如计算机数据或传真；在T_{S0}、T_{S16}时刻分别插入同步信号和信令信号；汇总器将各种信号汇总，其输出已是一个完整的30/32路PCM复用信号，经码型变换后（如变换为HDB_3码）即可送入调制信道。在图2-28（b）中，调制信道输出的信号经再生整形后进行码型反变换；分离器将语音信码与其他码元分离；语音信码经PCM解码后由分路器分别送至各用户。

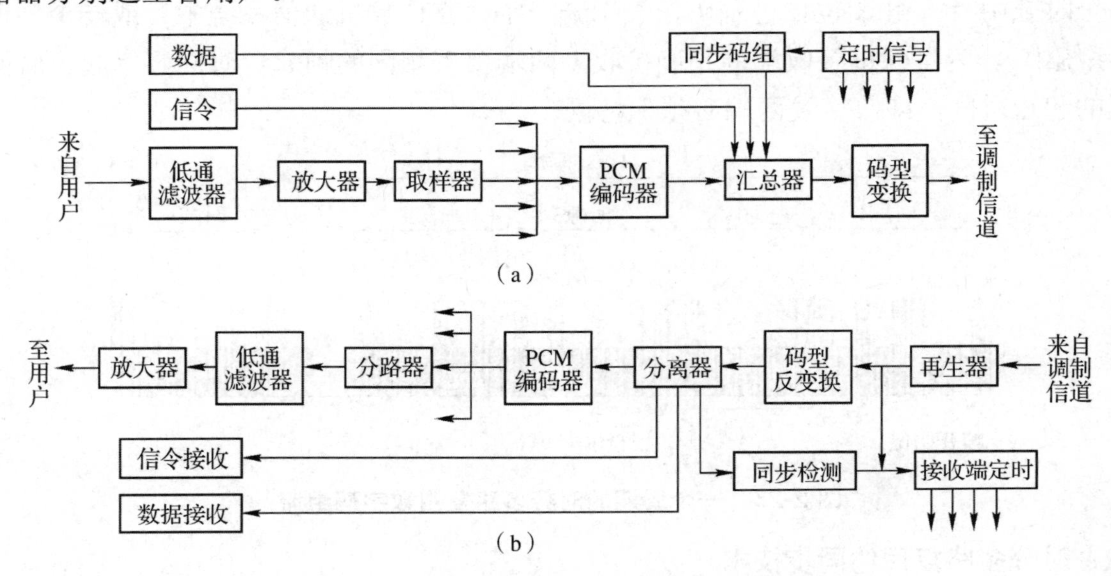

图2-28　30/32路PCM系统终端的原理框图

2.4.3　数字复接的基本原理

（1）数字复接的基本概念

在数字通信系统中，为了扩大传输容量和提高传输效率，常常需要将若干个低速数字信号合并成一个高速数字信号流，以便在高速、宽带信道中传输。数字复接技术就是解决PCM信号由低次群到高次群的合成问题的技术。

（2）数字复接系统的组成

数字复接系统由数字复接器和数字分接器组成，如图2-29所示。数字复接器是把两条或两条以上支路的低次群数字信号按时分多路复用方式合并成一个单一的高次群数字信号的设备，它由定时系统、码速调整单元和复接单元等组成。数字分接器的功能是把已合路的高次群数字信号分解成原来的低次群数字信号，它由帧同步单元、定时系统、数字分接单元和码速恢复单元等组成。

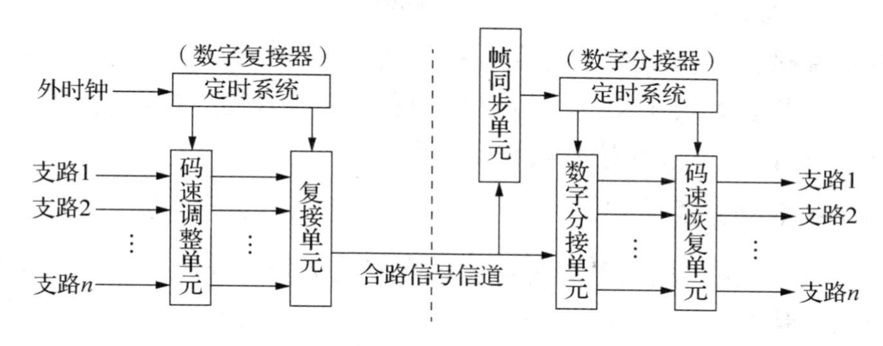

图 2-29　数字复接系统的组成框图

（3）数字复接系列

为了使 DTE 实现通用化，原 CCITT 推荐了两类准同步数字复接系列，如表 2-5 所示。其中，北美洲和日本采用以 1.544Mbit/s（T1）为基群（一次群）的数字复接系列；欧洲采用以 2.048Mbit/s（E1）为基群的数字复接系列。由于以 2.048Mbit/s 为基群的数字复接系列的帧结构与目前数字交换用的帧结构是统一的，便于向数字传输和数字交换统一化方向发展，并且原 CCITT 关于以 2.048Mbit/s 为基群的数字复接系列的建议比较单一且比较完善，其性能比较好，因此我国统一采用以 2.048Mbit/s 为基群的数字复接系列。

表 2-5　原 CCITT 推荐的两类准同步数字复接系列

系列	内容	一次群	二次群	三次群	四次群	五次群
美日体制	码率/（Mbit/s）	1.544	6.312	32.064（日）	97.728（日）	397.200（日）
				44.736（美）	274.176（美）	
	话路数/ch	24	24×4=96	96×5=480（日）	480×3=1440（日）	1440×4=5760（日）
				96×7=672（美）	672×6=4032（美）	
欧洲体制	码率/（Mbit/s）	2.048	8.448	34.368	139.264	564.992
	话路数/ch	30	30×4=120	120×4=480	480×4=1920	1920×4=7680

随着数字通信业务的不断发展及网络管理的现代化要求不断提高，准同步数字系列暴露出一些不足，因此原 CCITT 于 1988 年通过了新的同步数字系列，采用同步转移模式，它的第一级速率为 155.2Mbit/s（STM-1），高一级速率均采用同步复接方法，解决了准同步数字系列的若干问题。

（4）数字复接的分类

根据数字复接器输入端各支路数字信号与本机定时信号的关系，可将数字复接分为两类，即同步复接与异步复接。

① 同步复接。如果数字复接器输入端各支路数字信号与本机定时信号是同步的，那么只需进行相位调整（有时无须进行任何调整）就可以实施复接，这种复接称为同步复接。同源信号（各信号由同一主时钟产生）的复接就是同步复接。

② 异步复接。如果数字复接器输入端各支路数字信号与本机定时信号是异步的，那么需要先对各支路数字信号进行频率和相位调整，使其成为同步的数字信号，然后实施同步复接，

这种复接称为异步复接。异源信号（各信号由不同主时钟产生）的复接就是异步复接。

在异步复接中，只要解决了将非同步信号变成同步信号的问题，就可实施同步复接（实际做法正是这样）。因此，同步复接是数字复接的基础。

（5）数字信号的复接方式

在数字信号复接过程中，根据参与复接的各支路信号每次交织插入的码元数字结构情况，可把复接方式分为三种。

① 按位复接。按位复接也称为比特单位复接，这种复接方式每次复接1位码。如果要复接4个基群信号，则先取第1个基群的第1位码，然后依次取第2个基群、第3个基群、第4个基群的第1位码，接下来取第1个基群的第2位码，再依次取第2个基群、第3个基群、第4个基群的第2位码，以此类推，循环往复。复接后每位码的宽度只有原来的1/4。

按位复接设备简单，只需容量很小的缓冲存储器，较易实现，是目前用得最多的复接方式。

② 按字复接。这种复接方式每次复接取一条支路的8位码，各条支路的码轮流被复接。在其他3条支路复接期间，必须把另一条支路的8位码存储起来，因此这种复接方式需要容量较大的缓冲存储器。但它有利于进行多路合成处理和交换，因此将会有更多的应用。

③ 按帧复接。这种复接方式以帧为单位进行复接，即依次复接每个基群的一帧码。这种复接方式的优点是不破坏原来各个基群的帧结构，有利于进行数据交换。但是，与第二种复接方式相似，它需要容量更大的缓冲存储器，目前尚无实际应用。

本章小结

数字型的信源信息用信息码描述，最常用的信息码之一是ASCII码，它用8位二进制码组表示字符；模拟型的信源信息通过A/D转换变成数字信号，常用的A/D转换方式有PCM、增量调制及它们的各种改进型调制方式。

A/D转换需要有三个过程，即取样、量化和编码。取样使信号在时间上离散，取样频率应不小于信号最高频率的两倍。量化使信号的电平离散，量化级数越多，量化噪声就越小，但编码率会越高。非均匀量化可以较好地解决量化噪声与编码率之间的矛盾。我国的PCM编码采用13折线A律压扩特性的非均匀量化方法，每个样值都是用8位二进制码组表示的。

上述将信源信息用二进制码组表示的过程属于信源编码，在接收端可以通过相应的解码（或D/A转换）恢复出文字符号或模拟信号。为了使信号码组能够在信道中有效、可靠地传输，有时还会对信号码组再进行一次编码，如加密编码、差错控制编码等，这些属于信道编码。

将数字码组增加一定的比特并对其进行适当的变换，使其具有一定的规律，接收端就可以根据这个规律判断所接收的码组中是否有误码，甚至可以判断出误码的位置，这种变换就是差错控制编码。常见的差错控制编码方法有（二维）奇偶校验编码、恒比码等，这些编码方法对随机误码有较好的检测与纠正能力。对于突发性误码，可以采用交织编码的方法将其转换成随机误码。

通过差错控制编码，接收端可以发现误码，从而对其进行纠正。纠正的方式可分为前向纠错、自动重发请求和混合纠错三种。

数字信号根据时间上离散的特点可以进行时分多路复用。实施时分多路复用必须将信号码组（或码元）在时间上进行压缩，留出的时间用于插入另一路信号的码组，这样在一条线路上就能分时传送多路数字信号。

我国采用的 E1 线标准是 32 路 PCM 复用，其中 30 路用于传送语音或数据，总码率为 2.048Mbit/s。

思考与练习题

2.1　查 ASCII 码表写出英文单词“Data”的数字代码。

2.2　波形编码的三个基本过程是什么？

2.3　电视图像信号的最高频率为 6MHz，根据取样定理，取样频率至少应为多少？

2.4　电话语音信号的频率被限制在 300～3400Hz，根据取样定理，其最低的取样频率应为多少？如果按 8000Hz 进行取样，且每个样值编 8 位二进制码，请问编码率是多少？

2.5　试述 PCM 编码采用折叠二进制码的优点。

2.6　设 PCM 编码器的最大输入信号电平范围为±2048mV，最小量化电平差为 1mV，试对一个电平为+1357mV 的取样脉冲进行 13 折线 *A* 律压扩特性 PCM 编码，并分析其量化误差。

2.7　试对码组为 10110101 的 PCM 信号进行译码，已知最小量化电平差为 1mV。

2.8　试比较 PCM 与 ADPCM，指出二者之间的不同。

2.9　当数字信号传输过程中出现误码时，通信系统采用哪些手段来减小误码的影响？

2.10　现有 64bit 二进制码帧，共分为 8 个码组，每组 8bit，采用二维偶校验法，每组的第 8 位和最后一组是校验码（组），试问其中是否有误码？是哪一位？

11001100′10111010′10001101′11110101′00101101′10101010′01000010′11011011

2.11　数字信号经过交织编码实际上解决了什么问题？

2.12　什么是 PCM？什么是增量调制？它们有何异同？

2.13　T1 线标准的总码率是多少？E1 线标准的总码率是多少？它们是怎样构成的？

2.14　什么叫量化和量化噪声？为什么要进行量化？

2.15　什么叫 13 折线法？它是怎样实现非均匀量化的？

2.16　采用非均匀量化的优点有哪些？

2.17　什么是时分多路复用？它在数字电话中是如何应用的？

2.18　数字信号有哪几种复接方式？

第3章　数字信号的基带传输

数字信号的传输通常分为基带传输和频带传输两种。由信源产生的原始信号所固有的频带称为基本频带，简称基带。通过话筒转换得到的语音信号、数字摄像机产生的视频信号、计算机等数字设备产生的数字信号都是基带信号。不经过调制而直接进行信号传输的方式称为基带传输。

3.1　数字基带信号

未经调制的数字信号称为数字基带信号，主要包括计算机等数字设备产生的信号及模拟信号经过 A/D 转换得到的信号。

3.1.1　数字基带信号的波形

信号的波形反映了信号的电压（或电流）随时间变化的情况。用于传输的数字基带信号的波形可以是各种各样的，本节介绍几种应用较广泛的数字基带信号的波形。

（1）单极性 NRZ 波形

设数字信号是二进制信号，每个码元分别用“0”或“1”表示，则该信号的波形可以是如图 3-1（a）所示的形式，即单极性 NRZ 波形。这里，基带信号的零电平及正电平分别与二进制码元“0”“1”对应。容易看出，这种信号在一个码元时间内，不是有电压（或电流）就是无电压（或电流），电脉冲无间隔，极性单一。这种信号比较适合使用常用的数字电路进行处理。

（2）双极性 NRZ 波形

双极性 NRZ 波形是指二进制码元“1”“0”分别与正、负电平对应的波形，如图 3-1（b）所示。它的电脉冲也无间隔。

与单极性 NRZ 波形相比，双极性 NRZ 波形有两个优点：一个是当“0”“1”码元等概率出现时，它将无直流成分；另一个是当接收端有正、负电平时，可以直接用零电平作为判决电平。

（3）单极性归零（RZ）波形

单极性 RZ 波形也称占空码，它的特点是电脉冲的宽度小于码元长度，每个电（电压、电流）脉冲在一个码元时间内总是要回到零电平，如图 3-1（c）所示。一个码元时间内正电平的宽度与零电平的宽度之比称为占空比。单极性 RZ 波形的主要缺点是由于脉冲宽度变窄，因此信号带宽增加，传输时会占用更宽的信道带宽。

（4）双极性 RZ 波形

双极性 RZ 波形是双极性 NRZ 波形的归零形式，如图 3-1（d）所示。此时对应每个码元都有零电平的间隙，即便是连续的“1”或“0”，都能很容易地分辨出每个码元的起止时间，因此接收机在接收这种波形的信号时，很容易从中获取码元同步信号。

（5）差分波形

差分波形是一种将信码“0”和“1”反映在相邻码元的相对极性变化上的波形。例如，以相邻码元的极性改变表示信码“1”，而以相邻码元的极性不改变表示信码“0”，如图 3-1（e）所示。这样的波形在形式上与单极性 NRZ 波形或双极性 NRZ 波形相同，但它所代表的信码与码元本身极性无关，而仅与相邻码元的极性变化有关。差分波形也称为相对码波形，而相应地称前面的几种波形为绝对码波形。

（6）曼彻斯特波形

如图 3-1（f）所示，每个码元被分成高电平和低电平两部分，前一半代表码元的值，后一半是前一半的补码。例如，图 3-1（f）中的 1 码，前半个码元是高电平，后半个码元是低电平，0 码则反之。从这个波形中可以看到，无论信码如何分布，其高、低电平的延续时间不会超过一个码元长度，因此很适合从这种信号中提取码元同步信号，但曼彻斯特波形也有跟 RZ 波形一样的缺点，即由于脉冲宽度变窄，因此信号带宽增加。这种码常被用作数字信令码。

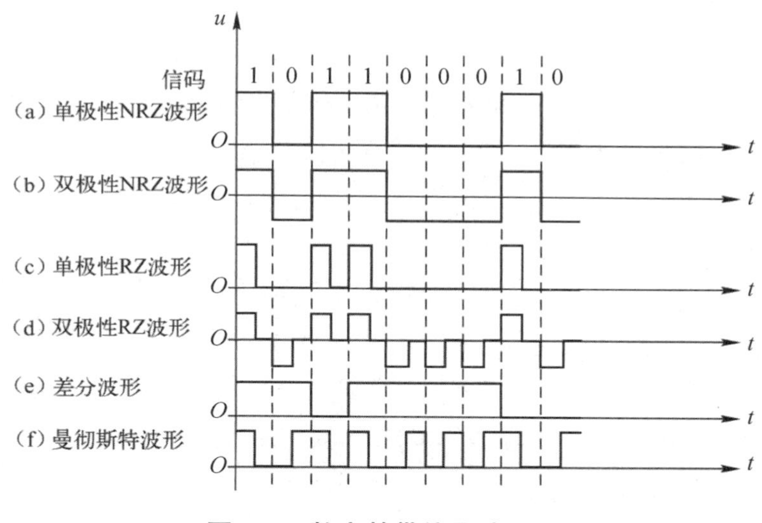

图 3-1　数字基带信号波形图

3.1.2　数字基带信号常用信道编码码型

数字信号能否在数字通信系统中有效且可靠地传输，与数字信道的传输特性和数字信号的码型有很大的关系。受各种条件的制约，数字信道的传输特性往往不易控制，因此选择合适的信号码型以与信道相匹配显得非常重要。

信道编码必须根据信道的传输特性和通信系统的工作条件进行，一般所选码型的结构应满足以下几个方面的条件。

① 直流分量为零（对光纤传输为直流平衡度好），低频和高频分量小。

② 含有时钟分量或经过简单变换就含有位定时时钟分量。

③ 码型变换过程应与信源的统计特性无关，要便于进行时钟提取。例如，当信源信码中出现多个连续“1”码或“0”码时，接收端不会因此而失去同步。

④ 具有一定的误码检测能力。

⑤ 不应因编码而使通信系统的信息传输速率下降，也就是不应增加额外的码元。

⑥ 设备不能过于复杂，应避免生产成本增加。

在数字电话通信中，信道编码码型有很多种，包括信号交替反转（AMI）码、三阶高密度双极性（HDB_3）码、编码传号反转（CMI）码和差分模式反转（DMI）码、mBnB 码等，其中 AMI 码和 HDB_3 码是较为常用的码型。

（1）AMI 码

AMI 码又称双极性码，是一种 1B1T 码，即将一个二元码变换为一个三元码，一般用 3 个电平+E、0、−E 表示。变换规则是：0 电平表示“0”码；+E 电平和−E 电平都表示“1”码（传号）。但+E 电平与−E 电平要交替出现，如图 3-2（a）所示。

由于+E 电平与−E 电平交替出现，因此功率谱中没有直流分量，低频分量也很小。如果传输过程中发生单个错误，则会违反传号交替反转规则，因此 AMI 码可用于进行误码检测。

AMI 码的发送与接收电路实现简单，在电缆数字传输等场合得到广泛应用。但是 AMI 码有一个缺点，即当它用来获取定时信息时，如果出现长时间的“0”码，则接收端会出现长时间的 0 电平，这会造成提取码元同步信号的困难。

（2）HDB_3 码

HDB_3 码是 AMI 码的改进码型，解决了 AMI 码在长时间为“0”码时可能出现的位同步信息丢失问题。当输入信号中有 4 个连续“0”码时，就将它们替换为另外的 4 个码，其中包括违反极性交替规则的码，使接收端能识别出来。这样，HDB_3 码中连续“0”码的个数最多为 3。它的编码原理如下。

① 如果信码中没有 4 个及以上连续“0”码，则按 AMI 码的编码规则对信码进行编码。

② 当信码中出现 4 个及以上连续“0”码时，将 4 个连续“0”码看作一个连 0 段，将第 4 个“0”码改成非 0 符号（相当于“1”码），称为 V 码，如果 V 码之后紧接着再出现 4 个及以上连续“0”码，则将第二个连 0 段的第 4 个“0”码也改为 V 码。

③ 所有 V 码的极性必定与其前一个非 0 符号的极性相同。在编码过程中，当相邻两个 V 码的极性可能相同时，就在第二个 V 码所在的连 0 段中将第一个“0”码改为非 0 符号，其极性与前一个非 0 符号的极性相反，这个码称为 B 码，其后 V 码的极性仍与该 B 码的极性相同。

从图 3-2（b）中可以看出，HDB_3 码中连续“0”码的个数不会超过 3，相邻 V 码的极性必定相反，V 码与其前面相邻的非 0 符号之间的极性必定相同，同一连 0 段中 B 码与 V 码之间有两个“0”码。

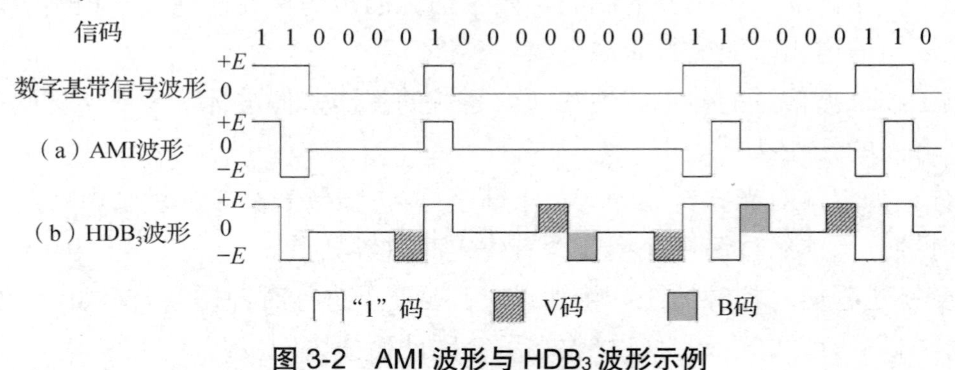

图 3-2　AMI 波形与 HDB_3 波形示例

虽然 HDB_3 码的编码规则比较复杂，但其译码却相当简单，只要相邻两个非 0 符号的极性相同，后一个码就一定是 V 码，可译作“0”码；V 码前一定有 3 个“0”码，其中可能存在的 B 码就可以转换成“0”码；其余的非 0 符号无论是正电平还是负电平都译作“1”码，这样 HDB_3 码的译码就完成了。

HDB_3 码的优点是明显的，除保持了 AMI 码的优点以外，还增加了使连续“0”码减少到至多 3 个的优点，而不管信源的统计特性如何，这对于码元同步信号的提取是十分有利的。

（3）CMI 码和 DMI 码

CMI 码是一种二电平 NRZ 码，其编码规则为：NRZ 码中的“0”码编为“01”码；“1”码交替地编为“00”码或“11”码；编码后每位码占单位时隙的一半。

DMI 码也是一种二电平 NRZ 码，其编码规则为：NRZ 码中的“1”码交替地编为“00”码或“11”码；对“0”码，若前两个码为“01”码或“11”码则编为“01”码，若前两个码为“10”码或“00”码则编为“10”码。

CMI 波形和 DMI 波形示例如图 3-3 所示。二者共有的优点是，因为编码状态交替，所以具有误码检测能力；“0”码与“1”码变换频繁，连续“0”码和连续“1”码的个数最多为 3，有利于时钟的提取。

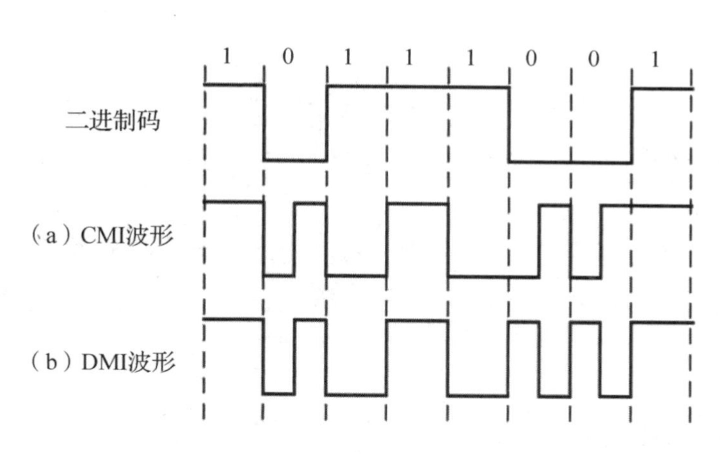

图 3-3　CMI 波形与 DMI 波形示例

（4）*m*B*n*B 码

尽管 HDB_3 码有许多优点，但它实际上是一个三电平码，因为在接收端必须判别正电平、零电平和负电平，给信号的接收带来了很大的不便，而在有些情况下必须用二电平信号。例如，在光通信中，由于光只适合用来表示两种状态，因此可采用 *m*B*n*B 码。

*m*B*n*B 码又称分组码。上面介绍的 CMI 码和 DMI 码等属于 1B2B 码。用 2 位代表 1 个二电平码，要求线路的传输速率升高一倍，所需信道带宽也要增大。把 1B2B 码推广到一般的 *m*B*n*B 码，即 m 个二电平码按一定规则变换为 n 个二电平码，且 $m<n$。这样变换后的码流就有了冗余，除传送原来的信息外，还可以传送与误码检测等有关的信息，并且改善定时信号的提取和直流分量的起伏问题。m、n 越大，编码器与解码器就越复杂。在光纤通信中，5B6B 码被认为在编码复杂性和比特冗余度之间有最合理的折中，在国内外三次、四次群光通信系统中应用较多。它的编译码电路较简单，并且具有一定的误码检测能力。

3.2 基带传输系统

3.2.1 基带传输系统的基本组成

基带传输是数字信号传输的基本形式。如果信道具有低通传输特性，则数字基带信号可以直接在信道中传输。这种情况一般发生在数字设备之间近距离的有线传输过程中，如计算机 LAN、计算机与外部设备之间的通信。基带传输系统的基本构成框架如图 3-4 所示。

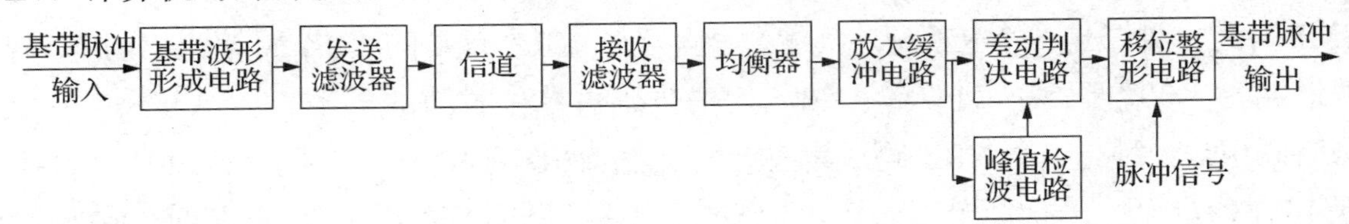

图 3-4 基带传输系统的基本构成框图

发送滤波器用于将原始的数字信号序列变换为适合信道传输的信号，即形成适合在信道中传输的信号波形。

接收滤波器用于滤除信号频带以外的噪声，避免带外噪声进入接收系统，以提高判决点的信噪比。

均衡器用于对信道的特性进行补偿，均衡信道畸变。从图 3-5 中可以看出，经过均衡以后，信号的波形已比较接近发送信号的波形，但仍然是非矩形波，还需要进行差动判决和移位整形。

峰值检波电路用于提取信号的平均值作为判决电平，差动判决电路用于对信号电平与判决电平进行比较，当信号电平高于判决电平时输出高电平，当信号电平低于判决电平时输出低电平。

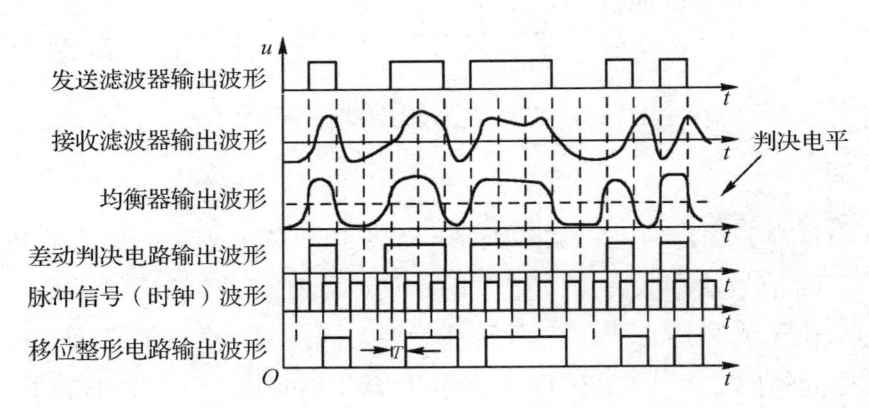

图 3-5 基带传输过程中的波形图

图 3-5 所示为基带传输过程中的波形图。差动判决后的信号波形虽然已是矩形波，但其脉冲的前、后沿时刻是随机的，发生在放大缓冲电路的输出电平与判决电平相交的时刻，这个时刻受信道传输特性与噪声的影响，每个码元的长度也是随机变化的，需要由脉冲信号（时钟）重新定时，并进行移位整形。这个脉冲信号与发送端的时钟是严格同步的，在它的控制下，每个码元的长度与发送端相同，如果不产生误码，那么移位整形电路将输出与发送端完

全一样的信号。

从图 3-5 中还可以看出，由于每个码元在中间时刻受信道传输特性的影响最小，因此重新定时的时间（脉冲信号的上升沿）选在这个时刻可以使误码产生的可能性减小，这样，信号在传输过程中除有信号传播时延之外，还要加上半个码元长度的处理时延 T。

3.2.2　无码间串扰的基带传输系统

（1）码间串扰及其产生原因

基带传输系统要获得良好的性能，必须使码间串扰和噪声的综合影响足够小，使系统总的误码率达到规定的要求。

码间串扰（或干扰）简单来讲是指相邻码元间的互相影响。它的产生是因为信道频率特性不理想引起波形畸变，当将一个矩形脉冲输入一个带宽有限的系统中时，其输出会延续比脉冲宽度更长的时间，从而导致每个码元的实际取样判决值是本码元脉冲波形的值与同一信号中前面所有码元脉冲波形拖尾的叠加。码间串扰会导致系统抗干扰能力下降，严重时会使接收端判决困难进而直接产生误码。

为了使基带脉冲传输获得足够低的误码率，必须最大限度地减小码间串扰和噪声的影响。这也是研究数字基带信号传输的基本出发点。

（2）码间串扰的消除

无码间串扰是基带传输系统设计的基本目标。由于信道的传输频带不可能无限宽，因此前一个码元脉冲必定会出现拖尾现象。如果在特定的时刻（取样时刻）前一码元对后一码元的影响正好为零，那么仍然可以准确无误地恢复后一个码元。这就是所谓的奈奎斯特第一准则的本质。

设基带传输系统具有理想的低通传输特性，其截止频率为 B，则该系统无码间串扰时最高的传输速率为 $2B$（Baud）。这个速率通常被称为奈奎斯特速率，它是系统的最高码元速率。相应地，$T_b=1/(2B)$为系统无码间串扰时的最小码元间隔，称为奈奎斯特间隔。

反之，输入的码元序列若以 $1/T_b$ 的码元速率进行无码间串扰传输，则所需的最小传输带宽为 $1/(2T_b)$（Hz）。通常称 $1/(2T_b)$为奈奎斯特带宽。

单位频带所能传输的码元速率称为频带利用率，理想基带传输系统的频带利用率为 2Baud/Hz，这是最大的频带利用率。实际上，理想基带传输系统并不存在，因此码间串扰也不可能完全消除，通常在基带传输系统中会附加一个可调的补偿电路以改变系统的传输特性，通过观察眼图的方式进行调试，以尽可能在取样时刻获得最小的码间串扰。

数字信号在基带传输系统中传输时除受到码间串扰的影响以外，还会受到各种噪声的影响。在单极性基带传输系统与双极性基带传输系统波形的峰值相等、噪声均方根也相等时，单极性基带传输系统的抗噪声性能不如双极性基带传输系统。因此，基带传输系统多采用双极性信号进行传输。

3.2.3　眼图

眼图观测是衡量码间串扰最直观的方法，也是对基带传输系统进行调试以消除码间串扰的有效手段。眼图由示波器显示。示波器采用外同步方式，扫描周期为码元周期 T_B 或 T_B 的整数倍，多个波形叠加在一起会在示波器上显示出类似人眼的图形，故得名眼图。

当输出码元之间无码间串扰时，每个波形都是规则的，多个波形完全重叠，这时在示波器上可以看到一个理想的图形，如图 3-6（a）所示。这里示波器的扫描周期为码元周期 T_B，图中显示一个完全张开的“眼睛”，其特点是“眼睛”大而清晰。

当输出码元之间有码间串扰时，各波形不能完全重叠，“眼眶”会明显减小且模糊，如图 3-6（b）所示。由此可以看出，眼图的“眼睛”张开的大小反映了码间串扰的程度。眼图可以简化为一个模型，如图 3-7 所示。

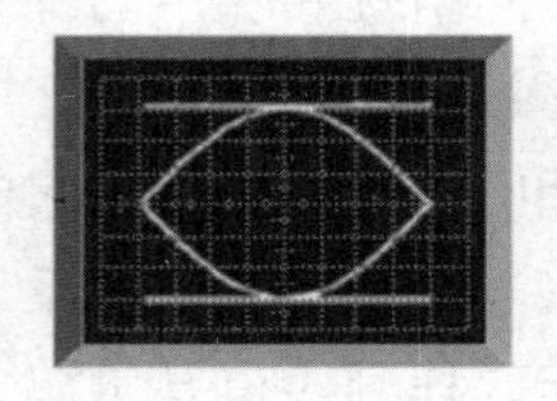

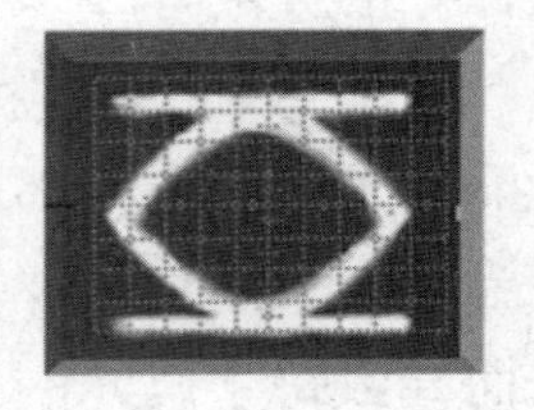

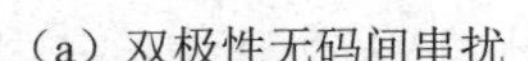

（a）双极性无码间串扰　　（b）双极性有码间串扰

图 3-6　眼图

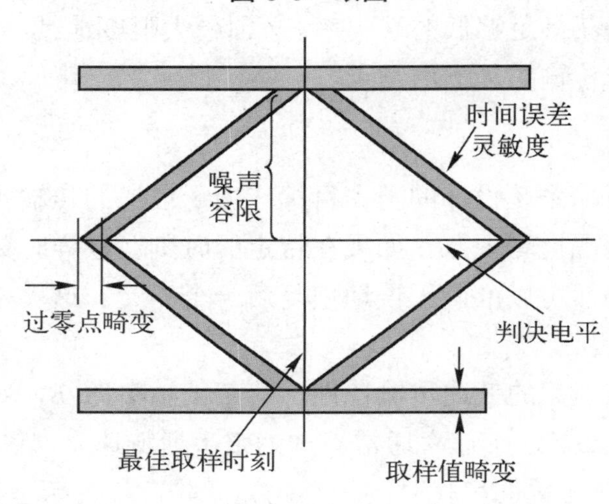

图 3-7　理想眼图模型

图 3-7 的特性如下。

（1）最佳取样时刻应是“眼睛”张开得最大的时刻。

（2）眼图斜边的斜率表示对取样时刻误差的灵敏度，称为时间误差灵敏度，斜率越大，表示时间误差灵敏度越高，在定时不稳定的情况下产生误码的概率就越大，通信质量就越容易下降。

（3）图中阴影区的垂直高度表示信号的畸变范围。

（4）图中央的横轴位置应对应判决电平。

（5）在取样时刻，上、下两阴影区之间距离的一半称为噪声容限（或称噪声边际），若噪声瞬时值超过它，则可能发生错误判决。

3.2.4　再生中继

当数字信号在信道中以基带方式传输时，由于信道传输特性不理想，且存在噪声和干扰，因此传输的信号波形会失真、幅度会减小、信噪比会下降，并且随着传输距离的增加，这种情况会越来越严重，以至于传输了一定距离后，接收端无法识别接收到的信码是“1”码还是“0”码，从而导致通信无法进行。为了确保信号的正常接收，信号的传输距离不能太长。

如果要延长通信距离，则可以采用每隔一定距离加一个再生中继器的方式，由再生中继器对已经失真和受到干扰的信号进行再生处理，在码间串扰和干扰尚未造成误码时恢复原来的数字信号，继续向下传送。

再生中继器由均衡放大、定时提取和再生判决三部分功能电路组成。在延长通信距离后信号虽然有失真和衰减，但因为程度较低，所以经过均衡放大、定时提取和再生判决后还可以完全恢复原来的数字信号。能够再生中继是数字通信与模拟通信相比最大的优点之一，即数字通信可以消除传输过程中的噪声积累。

3.3　数字通信的基本方式

3.3.1　并行传输与串行传输

数字通信系统在传输信号时有两种方式：一种是使用 8 条信号线和 1 条公共线（地线）同时传送 8 位二进制码，这种方式称为并行传输；另一种是使用 1 条信号线和 1 条地线依次传送 8 位二进制码，这种方式称为串行传输。图 3-8 所示为数据的并行传输与串行传输示意图。

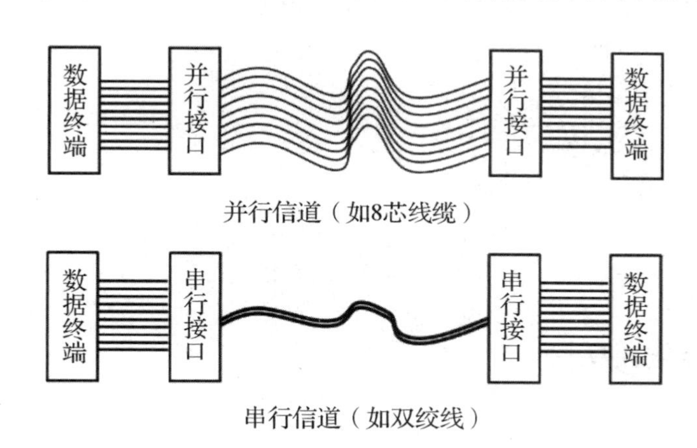

图 3-8　数据的并行传输和串行传输示意图

并行传输的特点是各数据位同时传输，传输速度快、效率高，设备简单，但由于要用到多条信号线（信道）和收发设备，因此传输成本高，且只适合进行近距离传输，常用于计算机主机与外部设备之间的连接及室内计算机之间的联网。

串行传输的特点是数据一位一位地按顺序传输，最少只需一对传输线（一个信道）即可完成，传输成本低但传输速度慢，在远距离有线通信和无线电通信场合串行传输几乎是唯一的选择。

3.3.2　单工传输与双工传输

数据通常在两个站（如 DTE 和微机）之间进行相互传输，按照数据流的方向可分为三种基本的传输方式：全双工传输、半双工传输和单工传输。

如果在通信过程中的任意时刻信息只能由一方传到另一方，则这种传输方式称为单工传输。采用单工传输方式的典型发送设备有早期计算机的读卡器，典型接收设备有打印机。单工传输方式目前已很少采用。

如果通信系统中使用同一条传输线既进行接收又进行发送，虽然数据可以在两个方向上传输，但通信双方不能同时收、发数据，则这种传输方式称为半双工（Half Duplex）传输，如图3-9所示。当采用半双工传输方式时，通信系统每一端的发送器和接收器通过收/发开关转接到通信线上，收/发开关用于进行信号传输方向的切换。例如，很多手持对讲机就是半双工设备，发送数据和接收数据使用同一个信道，在同一时刻只能有一方说话。

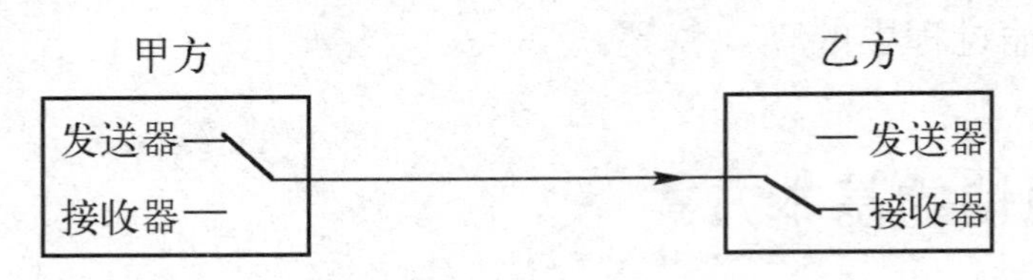

图3-9　半双工传输示意图

如果通信系统中数据的发送和接收分别由两个传输通道进行传输，通信双方能在同一时刻进行发送和接收操作，则这种传输方式称为全双工（Full Duplex）传输，如图3-10所示。这种传输方式要求通信双方的发送器和接收器同时工作，数据同时在两个方向上传输，且没有切换操作产生的时间延迟，这对那些不能有时间延误的交互式应用（如远程监测和控制系统）十分有利。例如，电话是全双工设备，通信双方可同时说话和接听。

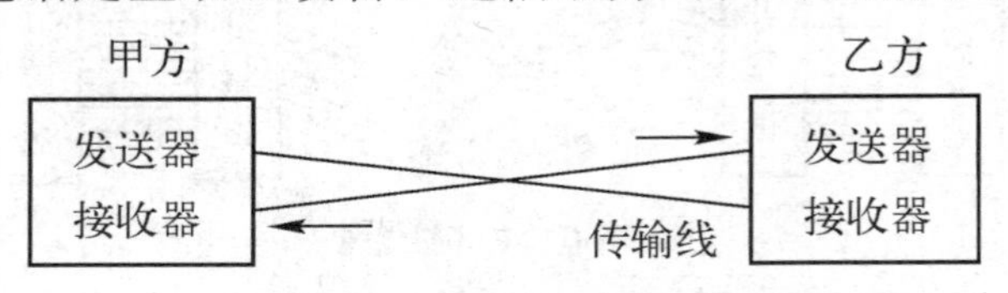

图3-10　全双工传输示意图

3.3.3　同步传输与异步传输

（1）同步的含义

在数字通信过程中，当发送器通过传输介质向接收器传输数字信号时，如每次发出一个字符（或一个数据帧），接收器必须识别出该字符（或数据帧）的起始位和停止位，以便在适当的时刻正确地读取该字符（或数据帧）每一位的信息，这就是接收器与发送器之间的基本同步问题。

因此，当以数据帧传输数字信号时，要求发送器对所发送的数字信号采取以下两种措施：在每帧数据的前面和后面分别添加有别于数字信号的起始位和停止位；在每帧数据的前面添加时钟同步信号，以控制接收器的时钟同步。

接收端一般可通过三种方式获得时钟同步信号：①由一个主时钟为收、发双方提供码元定时脉冲，这种方式称为主时钟方式，如图3-11所示；②接收端从发送端获得码元定时脉冲，这种方式称为引导时钟方式，如图3-12所示；③接收端自行产生码元定时脉冲。前两种方法接收端与发送端的码元定时脉冲保持同步，相应的数据传输称为同步传输（Synchronous Transmission）；后一种方式接收端与发送端各自采用两个互不相关的时钟电路，其频率与相位总会有一些差异，不能同步，相应的数据传输称为异步传输（Asynchronous Transmission）。

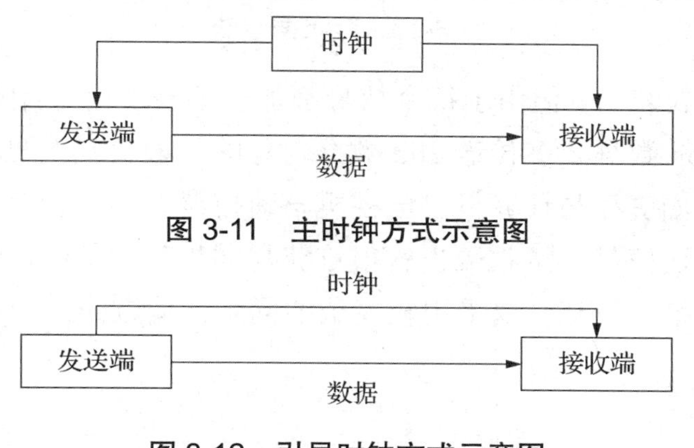

图 3-11　主时钟方式示意图

图 3-12　引导时钟方式示意图

（2）同步传输

在同步传输模式下，通信双方需要有一个公共的时钟。在主时钟方式下，接收端从单独的时钟通道中获取码元定时脉冲；在引导时钟方式下，接收端与发送端之间可以用专用的通道传送码元定时脉冲，也可以由接收端直接从接收的信号中提取码元定时脉冲，这种方法称为自同步。

在进行同步传输时，为了使接收端能判定数据块的开始和结束，还必须在每个数据块的开始及结束处各加一个帧头和一个帧尾，加有帧头和帧尾的数据称为一帧数据。

同步传输以数据帧为单位传输数据，可采用字符形式或位组合形式的帧同步信号（后者的传输效率和可靠性高），由发送器或接收器提供专用于同步的时钟信号。

同步传输模式由于传输效率高、可靠性好，因此被广泛应用于业务量较大的通信系统。

（3）异步传输

异步传输以字符为单位传输数据，它将比特数据分成小组进行传送，小组可以是 1 个 8bit 的字符或更长的字符，采用位形式的字符同步信号，发送器和接收器具有相互独立的时钟（频率相差不能太大），并且两者中任一方都不向对方提供时钟同步信号。异步传输的发送器与接收器在数据可以传输之前不需要协调：发送器可以在任意时刻发送数据，而接收器必须处于随时准备接收数据的状态。异步传输的一个常见例子是键盘与计算机的通信，按下一个字母键、数字键或特殊字符键，就发送一个 8bit 的 ASCII 码。键盘可以在任意时刻发送 ASCII 码，这取决于用户的输入速度，内部的硬件必须能够在任意时刻接收键入的字符。

常见的码组同步方法是起止同步法，它将数据流以 5 个或 8 个码元为单位分组，每组之前加一位起始码，固定为低电平，每组之后加 1 位或 2 位停止码，固定为高电平，所有空闲时间也均为高电平，如图 3-13 所示。起始码用来通知接收端数据已经到达，这就给了接收端响应、接收和缓存数据比特的时间；在传输结束时，停止码表示该次传输信息的终止。例如，按键盘上的数字 1 键，按照 8bit 的扩展 ASCII 码，将发送“00110001”，同时需要在 8bit 数据的前面加一个起始位，后面加一个停止位。

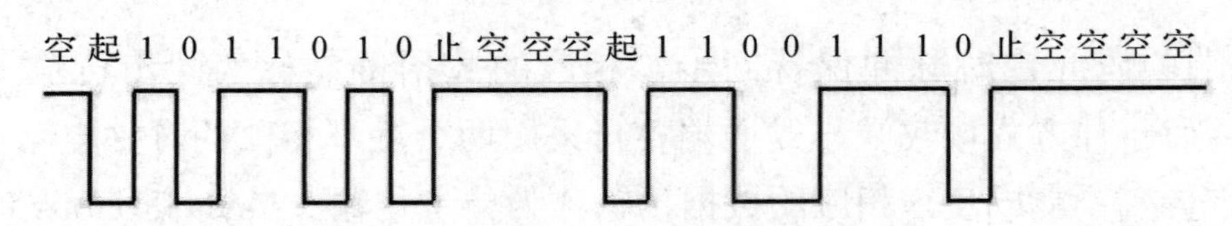

图 3-13　起止同步法

异步传输的实现比较容易，但由于每个信号都加上了同步信号，因此产生了较大的开销。在上面的例子中，每 8bit 数据要多传送 2bit 数据，总的传输负载就要增加 25%。因此，异步传输常用于低速设备，如键盘与计算机、电视机与遥控器之间的通信，因为在这种情况下，发送端并不是一直在发送信号，接收端也就很难获得同步时钟信号。另外，这类通信不要求具有过高的数据传输速率，没有必要采用较复杂的同步传输方式。

本章小结

未经调制的数字信号称为数字基带信号，数字基带信号可以直接在基带传输系统中进行传输。数字基带信号有很多种波形，常见的有单（双）极性 NRZ 波形、单（双）极性 RZ 波形等。为了使信号能同时携带时钟同步信号、消除信号中的直流分量，在进行基带传输时往往会对信号的码型进行一些变换，常用的信道编码码型有 AMI 码和 HDB_3 码。

用于数字信号基带传输的介质一般都是双绞线，数字基带信号在信道中传输时会衰减、失真并受到各种干扰和噪声的影响。如果信道的带宽与码元速率相近，则会出现同一个信号相邻码元之间的相互串扰，称为码间串扰。根据数字信号的特点在基带传输系统的接收端合理地设计均衡器以补偿信道传输特性，可以减少甚至消除码间串扰。衡量码间串扰最直观的方法是眼图观测。为了消除码间串扰及各种干扰和噪声的影响，基带传输系统在接收到信号后一般都要进行码元的判决和整形。为了延长通信距离，可以每隔一定距离加一个再生中继器。

数字基带信号可以并行传输，通常传输距离在几米的范围内，也可以串行传输，传输距离与双绞线的规格有关，一般在几千米的范围内。

信号只单向传输的方式称为单工传输。双工传输有半双工传输和全双工传输两种方式，在半双工传输方式下，传输系统两端只占用一个信道，分时进行正向和反向数据传输；在全双工传输方式下，传输系统两端占用两个不同方向的信道同时进行双向的数据传输。

传输系统的两端可以用同一个时钟进行信号的发送与接收判决，这种传输方式称为同步传输，常用于连续的数据传输；也可以用两个不同的时钟（频率相差不能太大）进行发送和接收判决，这种传输方式称为异步传输，常用于偶发性的数据传输。

思考与练习题

3.1　选择线路码型应考虑哪些问题？

3.2　从传输角度考虑，AMI 码有何特点？

3.3　设 NRZ 码为 0100001000000001100000，画出相应的 AMI 码、HDB_3 码、CMI 码和 DMI 码的波形。

3.4　码间串扰是如何形成的？

3.5　无码间串扰传输的条件是什么？

3.6　眼图的作用是什么？理想的眼图模型是怎样的？

3.7　串行传输和并行传输有什么不同？

3.8　在数字通信中，为什么要实现同步？什么是同步传输？

3.9　什么是异步传输？

第 4 章　数字信号的频带传输

数字基带信号可以直接在具有低通特性的信道中传输，但这种信道一般都是近距离有线信道。在很多情况下，传输信道具有带通的特性，信号中频率超出信道通带的成分不能被有效地传输。图 4-1 所示为模拟电话用户线中的信号传输频谱搬移示意图。模拟电话用户线是指从交换机到电话终端的线路，包括交换机中的用户电路和双绞线，专用于传送语音信号。尽管双绞线本身的传输特性可以使低频分量甚至直流分量通过，但由于在交换机用户端口处设置了一个通带范围为 300～3400Hz 的滤波器，总的信道传输频率范围被限制为 300～3400Hz，因此数字基带信号中包含的低频分量（频率低于 300Hz 的部分）无法通过这个信道，导致接收的信号与发送的信号频率成分不同，出现失真，最终导致产生误码。可以设想，如果将信号的频谱搬移一下，如图 4-1（b）所示，将基带信号变成频带信号，这个问题就可以得到解决。

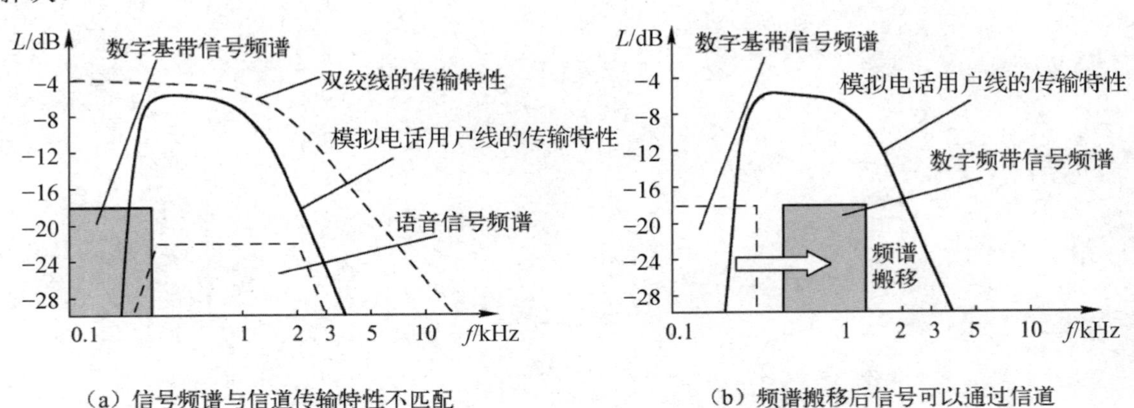

（a）信号频谱与信道传输特性不匹配　　（b）频谱搬移后信号可以通过信道

图 4-1　模拟电话用户线中的信号传输频谱搬移示意图

有的信道有很宽的频率范围，但用户的信息带宽却很窄，用这样的信道传输用户的信号显然会造成频率资源的浪费。这时可以将一个信道按频率划分成多个子信道，为每个子信道分配一个载波，用于传送一个用户的信号，这种方式称为 FDM。数字基带信号必须通过调制将频谱搬移到对应的子信道上。

综上所述，数字基带信号在很多场合下要通过频谱搬移以满足信号传输的要求，这种频谱搬移可以通过正弦波调制实现。

本章将重点介绍数字调制与解调的基本原理，并在此基础上介绍基于调制与解调技术实现的 FDM 技术和扩频技术。

 4.1　数字调制与解调

调制（Modulation）是用基带信号控制正弦波的参数的过程。用于调制的基带信号称为调

制信号（Modulating Signal），被调制的正弦波称为载波（Carrier），调制以后的信号称为已调信号（Modulated Signal）。

调制在传输系统的发送端进行，数字基带信号通过调制器对载波进行调制。在接收端，接收设备要将原来的数字基带信号从已调信号中恢复出来，这个过程称为解调（Demodulation）。因此，接收设备中包括解调器。在很多情况下，信号的传输是双向的，接收端同时也是发送端，双向传输系统中的传输设备既要完成调制，又要完成解调，因此称为调制解调器（Modem）。图 4-2 所示为调制与解调示意图。

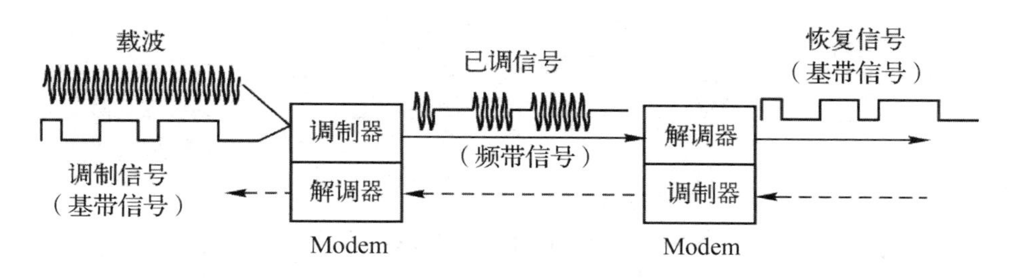

图 4-2　调制与解调示意图

一个载波有三个参数，分别是幅度、频率与相位，它们都可以受调制信号的控制而发生变化，对应有幅度调制（AM）、频率调制（FM）和相位调制（PM）三种调制类型。

数字调制是指调制信号为数字信号的正弦波调制。数字调制可分两种类型：①利用模拟方法实现数字调制，即把数字基带信号当作模拟信号的特殊情况进行处理；②利用数字信号的离散取值特点键控载波的参数，从而实现数字调制。后一种方法通常称为键控法。常见的数字调制方式有幅移键控（ASK）、频移键控（FSK）、相移键控（PSK）及它们的组合或改进型调制方式。

基带信号经过调制后不仅频率会发生变化，其带宽和抗干扰能力也会发生变化。通常用频带利用率来衡量不同调制方式对带宽的影响大小，用尽可能窄的带宽去获得尽量高的传码率和尽量低的误码率，这是数字调制技术研究的主要目标。

4.1.1　二进制幅移键控

（1）ASK 信号波形

图 4-3 所示为 ASK 信号波形示例，给出了载波在受到信码控制时的波形。当信码为“1”时，ASK 信号波形是若干个周期的高频等幅波（图中为两个周期）；当信码为“0”时，ASK 信号波形是零电平，因此 ASK 信号中包含数字基带信号所携带的信息。

（2）ASK 调制与解调

ASK 信号的产生方法（调制方式）有两种，如图 4-4 所示。图 4-4（a）所示为采用模拟方法的 ASK 调制方式，数字基带信号采用单极性 NRZ 波形，用一个恒定的电平代表“1”码，用零电平代表“0”码，当它与高频载波相乘时，“1”码期间输出高频等幅载波，“0”码期间输出零电平，得到 ASK 信号。图 4-4（b）所示为采用键控法的 ASK 调制方式，由数字基带信号控制一个开关 S。当出现“1”码时，开关 S 闭合（置于载波端），有高频载波输出；当出现“0”码时，开关 S 断开（置于接地端），无高频载波输出。

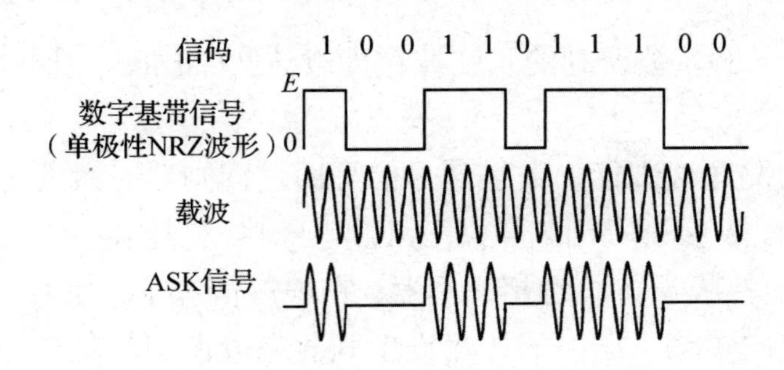

图 4-3　ASK 信号波形示例

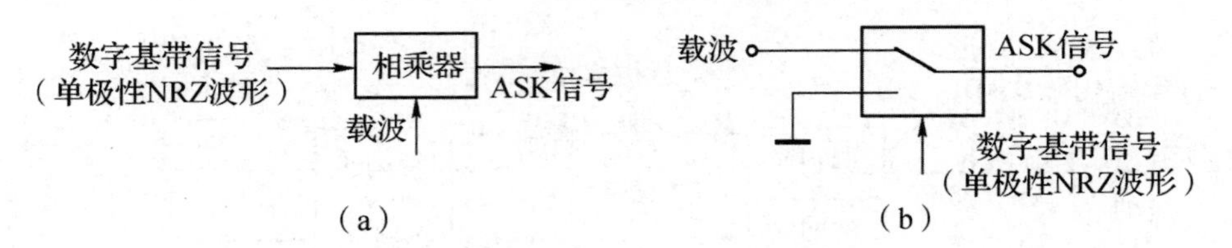

图 4-4　ASK 调制器的组成框图

在接收端，只要对 ASK 信号进行包络检波和取样判决就可以恢复原来的调制信号。图 4-5 所示为 ASK 解调器的组成框图与工作波形。其中，带通滤波器的中心频率与载波频率一致，其带宽与信号的带宽相同，可以滤除通带以外的、在传输过程中引入的干扰与噪声；包络检波器用于提取信号的幅度值；取样判决器与基带传输系统中的取样判决器一样，用于对检波后的信号进行重新定时和整形。

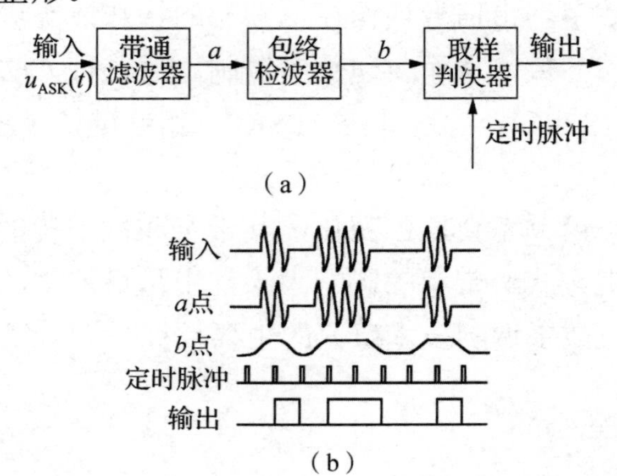

图 4-5　ASK 解调器的组成框图与工作波形

包络检波可以采用相干检波或非相干检波方法。由于相干检波需要与信号载波同步地插入载波，会使接收电路复杂化，因此这种方法在 ASK 解调中用得较少。

（3）ASK 信号的频谱

分析图 4-3 中 ASK 信号波形与数字基带信号波形之间关系可以发现，ASK 信号波形实际上是信码的单极性 NRZ 波形与载波相乘的结果。已知一个二进制 NRZ 波形的频谱如图 4-6（a）所示，相乘器可以使信号的频谱搬移到载波的两边，因此可得到 ASK 信号的频谱，如图 4-6（b）所示。由此可以得到一个重要的结论：ASK 信号的带宽是基带信号的 2 倍。

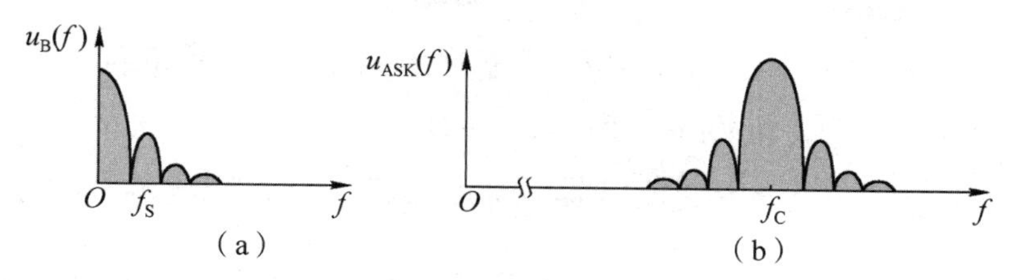

图 4-6　ASK 信号的频谱

【例 4-1】　假设电话信道具有理想的带通特性，其频率范围为 300～3400Hz，试问该信道在单向传输 ASK 信号时的最高传码率为多少？

解：电话信道的带宽为

$$B=3400-300=3100\ (\text{Hz})$$

该信道在单向传输 ASK 信号时，由于 ASK 信号的带宽是基带信号的 2 倍，因此该信道的等效基带带宽为

$$B/2=1550\ (\text{Hz})$$

根据无码间串扰条件，基带带宽为 1550Hz 的信道的最高传码率为

$$f_B=2\times1550=3100\ (\text{Baud})$$

4.1.2　二进制频移键控

（1）FSK 信号波形

FSK 是指用两种不同频率的载波来表示要传送信码的“1”和“0”两种状态，而载波的幅度则保持不变。

图 4-7 所示为 FSK 信号波形示例。当信码为“1”时，数字基带信号为高电平，对应的 FSK 信号波形是一个频率为 f_1 的载波；当信码为“0”时，数字基带信号为低电平，对应的 FSK 信号波形是一个频率为 f_2 的载波。

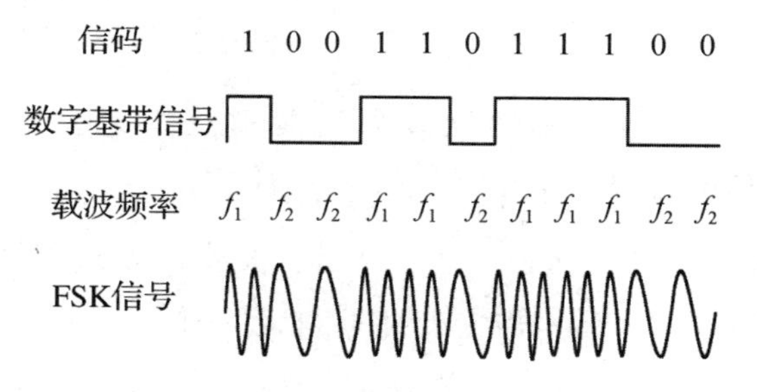

图 4-7　FSK 信号波形示例

（2）FSK 调制与解调

FSK 信号的产生可以直接用数字基带信号对一个载波进行调频实现，如同将其看作一个模拟基带信号，或者采用键控方法，用数字基带信号控制一个选通器，通过选通开关的转向输出不同振荡频率的信号，如图 4-8 所示。

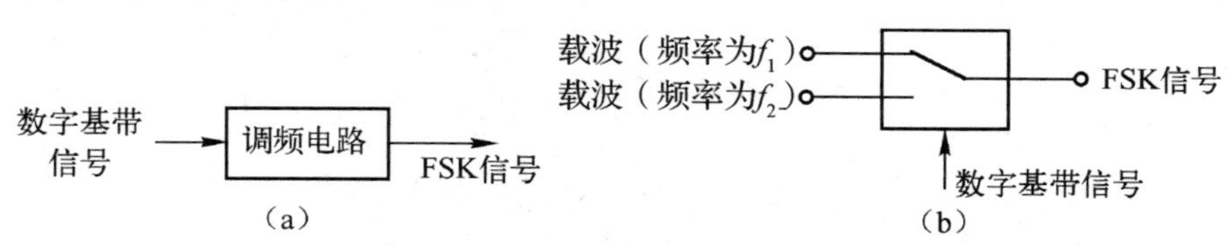

图 4-8　FSK 调制器的组成框图

如果用两个中心频率分别为 f_1 和 f_2 的带通滤波器对 FSK 信号进行滤波，则可以将其分离成两个幅度相同的 ASK 信号，如图 4-9 所示，即有

FSK 信号波形=带通滤波器 I 输出波形+带通滤波器 II 输出波形

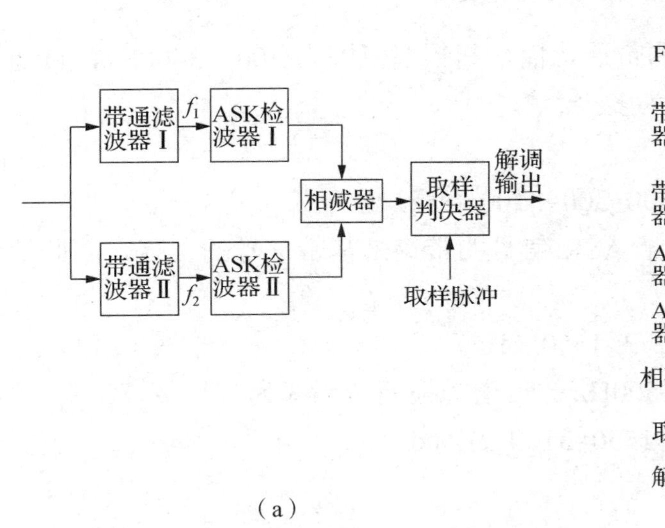

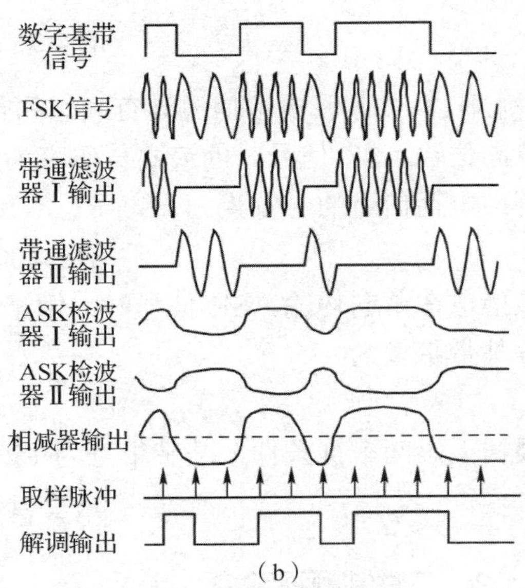

图 4-9　FSK 解调的组成框图与工作波形

对每个波形都进行 ASK 检波（可以采用相干检波或非相干检波方法），并将两个 ASK 检波器的输出送到相减器，相减后得到的信号是双极性信号，零电平自然作为判决电平，不再像 ASK 解调那样要从信号幅度中提取判决电平。在取样脉冲的控制下进行判决，就可完成 FSK 解调。

FSK 解调方法还有鉴频法、过零检测法及差分检波法等。

（3）FSK 信号的频谱

如前所述，FSK 信号可以看成是由两个频率分别为 f_1 和 f_2 的 ASK 信号合成的，因此它的频谱也是由这两个 ASK 信号的频谱合成的，如图 4-10 所示。其中，图 4-10（c）所示为 f_1 和 f_2 相差较大的情况，当 f_1 和 f_2 相差较小时，两个 ASK 信号的频谱曲线合到一起形成一个单峰，如图 4-10（d）所示。通常 FSK 信号的带宽可根据下式计算：

$$\Delta f = |f_2 - f_1| + 2f_S$$

式中，f_S 是数字基带信号的码元速率。与 ASK 信号相比，在同样的码元速率下，FSK 信号的带宽要大一个频差 $|f_2 - f_1|$。

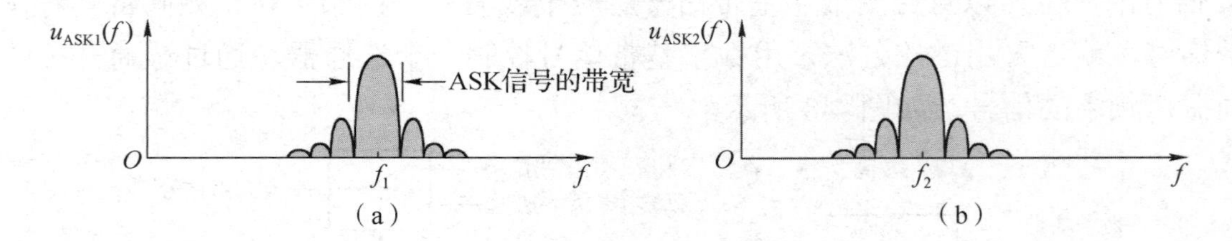

图 4-10　FSK 信号的频谱

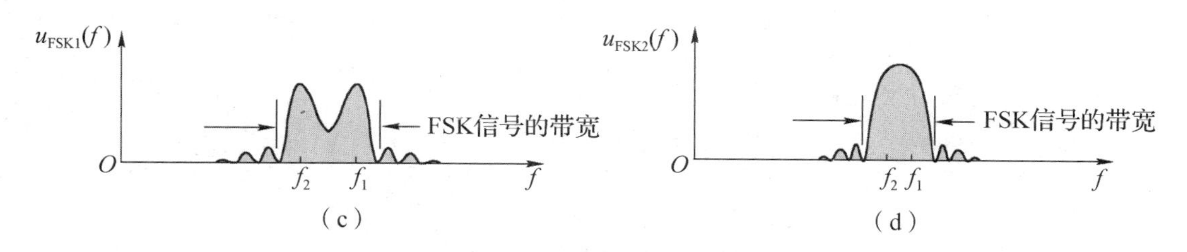

图 4-10　FSK 信号的频谱（续）

（4）FSK 应用

FSK 是数字通信中用得较广泛的一种调制方式，在音频信道内进行数据传输及在衰落信道内进行数字传输时普遍应用 FSK 调制方式。

ITU-T V.21 标准描述了用于在电话网中进行数据传输的、速率为 300bit/s 的 Modem 的技术参数。该标准规定，主呼端 Modem 的两个载波频率分别为 1270Hz（代表“1”码）和 1070Hz（代表“0”码），被呼端 Modem 的两个载波频率分别为 2225Hz（代表“1”码）和 2025Hz（代表“0”码）。V.21 标准规定的 Modem 的频谱分配图如图 4-11 所示。这样主呼端与被呼端各有一对不同频率的信号在同一条电话线路中双向传输而不会相互干扰。这种 Modem 主要用于传真机。

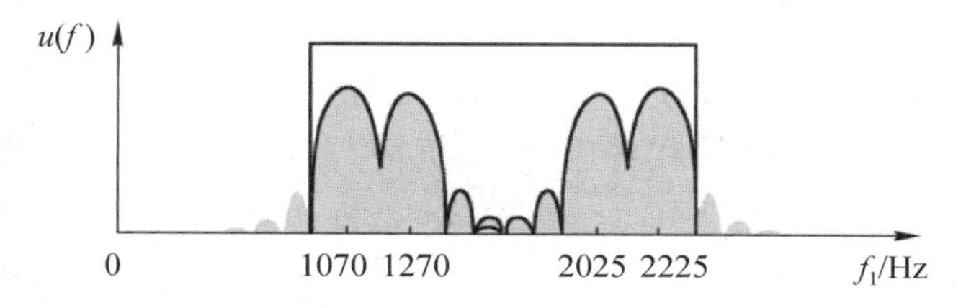

图 4-11　V.21 标准规定的 Modem 的频谱分配图

【例 4-2】　如果在电话信道中接入遵循 V.21 标准的 Modem，要求电话信道的带宽为多少（假设电话信道为具有理想传输特性的信道）？

解：根据 V.21 标准的规定，主呼端与被呼端的信号频谱分配如图 4-11 所示。因此，电话信道的带宽应为

$$B=300+(2225-1070)=1455\ (\text{Hz})$$

4.1.3　二进制相移键控和二进制差分相移键控

（1）PSK 信号和 DPSK 信号波形

PSK 和 DPSK（差分相移键控）是载波相位随要传送的信码变化而变化的一种数字调制方式。PSK 信号和 DPSK 信号波形示例如图 4-12 所示。

从图 4-12 中可以看到，在 T_1 时刻，信码为“1”（这里对应的数字基带信号为高电平），PSK 信号与载波基准的相位相反，而在 T_2 时刻，信码为“0”，PSK 信号与载波基准的相位相同。显然，如果接收端得到载波基准和 PSK 信号，只要对两者进行相位比较，就可以从信号中恢复出原来的信码。这种以信号与载波基准的不同相位差直接表示相应信码的方法，通常称为 PSK。

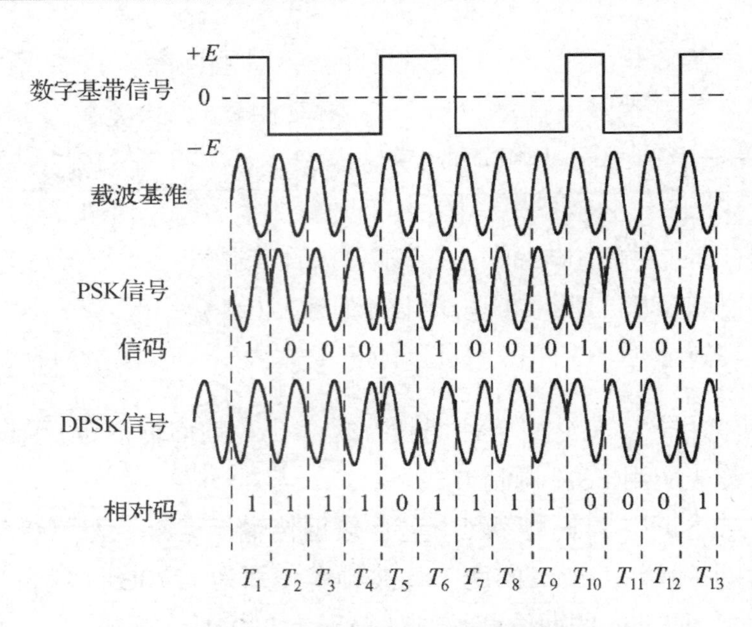

图 4-12　PSK 信号和 DPSK 信号波形示例

PSK 接收系统必须有一个与发送系统相同的基准相位（载波基准）作为参考。当判定接收到的信号与载波基准的相位差为 0 时，认为接收到的是“0”码；当相位差为 π 时，认为收到的是“1”码。

DPSK 是利用前后相邻码元的相对相位表示信码的一种方法。例如，从图 4-12 中可以看到，T_2 时刻与 T_1 时刻 DPSK 信号的相位发生了翻转，代表 T_2 时刻的信码为“1”；T_5 时刻与 T_4 时刻 DPSK 信号的相位相同，代表 T_5 时刻的信码为“0”。

需要说明的是，单纯从波形上看，是无法分辨 DPSK 信号与 PSK 信号的。例如，图 4-12 中的 DPSK 信号波形与信码之间有相位“逢 1 翻转、遇 0 不变”的 DPSK 关系，但它与相对码之间有相位“逢 1 π 相、遇 00 相”的 PSK 关系。也就是说，对信码来说的 DPSK 信号对相对码来说是 PSK 信号。这说明 DPSK 信号可以通过先把信码变换成相对码，再对相对码进行 PSK 调制而得到。

信码与 PSK 信号波形的相位关系也可以用向量图表示，如图 4-13 所示。其中，向量的长度代表正弦波的幅度，向量与正向水平轴的夹角代表正弦波的初相位。正向水平轴表示载波基准。因此 PSK 信号有两个等幅向量，相位分别是“0”和“π”，分别代表信码“0”和“1”。

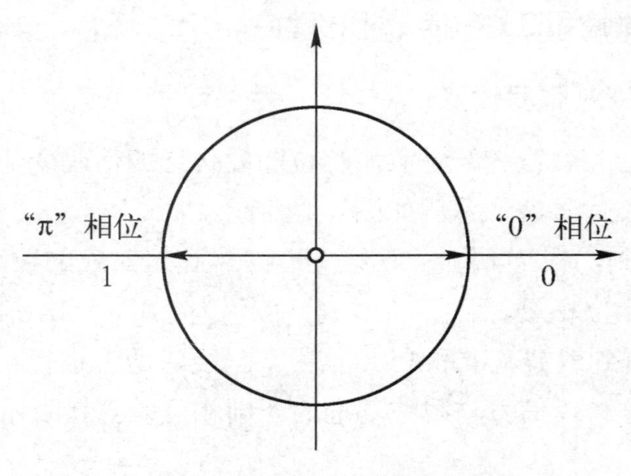

图 4-13　PSK 信号向量图

信码与 DPSK 信号波形的相位关系也可以用如图 4-13 所示的向量图来表示，但这时的正向水平轴代表的是前一个码元的相位，向量与正向水平轴之间的夹角代表当前码元的相位在前一码元基础上的相位增加量。

（2）PSK、DPSK 调制与解调

PSK 调制器与 DPSK 调制器的组成框图如图 4-14 所示。图 4-14（a）所示为 PSK 调制器的组成框图，载波发生器和移相电路分别产生两个同频、反相的正弦波，由信码控制电子开关进行选通，当信码是“0”时，输出“0”相位信号；当信码为“1”时，输出“π”相位信号。图 4-14（b）所示为 DPSK 调制器的组成框图，它比图 4-14（a）多了一个码变换电路，信码由码变换电路变换成相对码，用这个相对码对载波进行 PSK 调制得到 DPSK 信号。

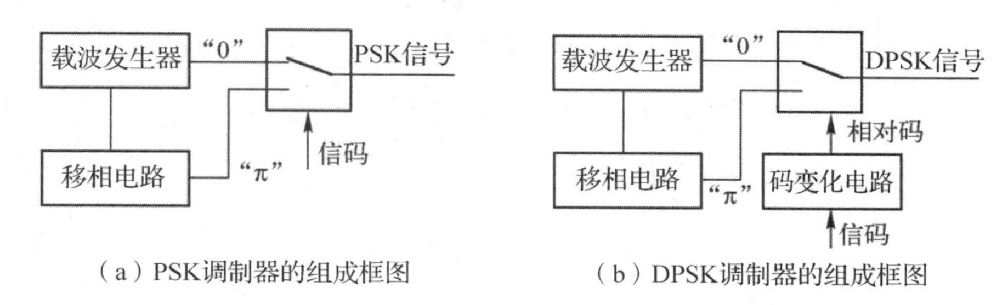

图 4-14　PSK 调制器与 DPSK 调制器的组成框图

PSK 解调方法有相干解调和非相干解调两种。PSK 相干解调器的组成框图与工作波形如图 4-15 所示。如果将相干解调器中的相乘器和低通滤波器用鉴相器代替，就构成了非相干解调器。相干解调过程实际上是输入已调信号与本地载波信号，并对其进行相位比较的过程，故常称为相位比较法解调。

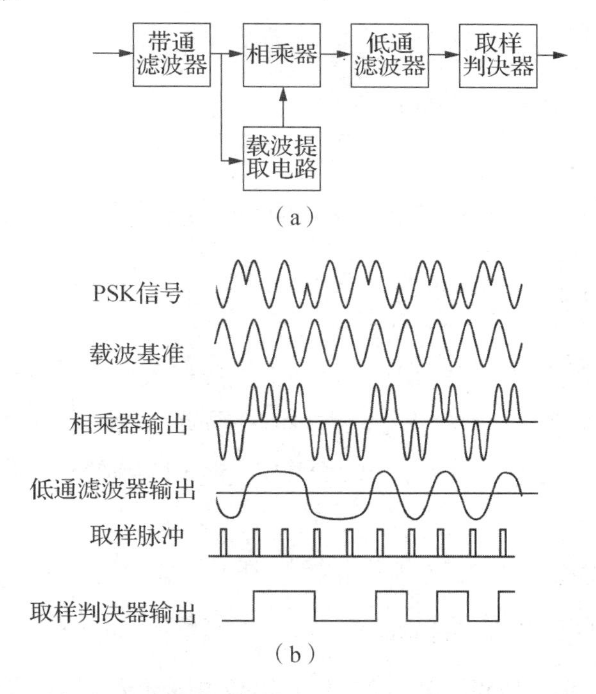

图 4-15　PSK 相干解调器的组成框图与工作波形

DPSK 信号的波形与 PSK 信号相同，因此也能用如图 4-15（a）所示的框图进行解调，但得到的只是相对码，还必须有一个码变换器将相对码变换为绝对码。此外，DPSK 解调还可采

用差分相干解调方法，直接对信号前后码元的相位进行比较，如图 4-16 所示。由于此时的解调已同时完成了码变换，因此无须再安排码变换器。这种解调方法由于不需要专门的相干载波，因此是一种很实用的方法。当然，它需要一个延迟电路，以精确地延迟一个码元长度（T_S），这是在设备上要付出的代价。

（3）PSK 信号与 DPSK 信号的频谱

PSK 信号与 DPSK 信号实际上都是一个双极性矩形脉冲序列与高频载波相乘的结果，因此其频谱与 ASK 信号的频谱相似，不同的是，ASK 调制时基带信号是单极性信号，含有直流分量，相乘后信号中就有载波分量；PSK（或 DPSK）调制时基带信号是双极性信号，如果信码“1”和“0”出现的概率相同，则基带信号中没有直流分量，已调波中也就没有载波分量，两者的带宽相同，都是基带信号带宽的 2 倍。

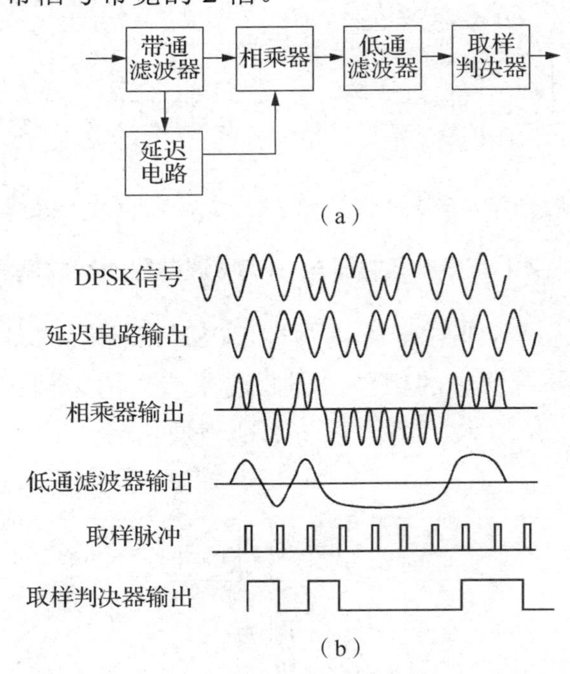

图 4-16　DPSK 差分相干解调器的组成框图与工作波形

4.1.4　多进制相移键控

在数据通信中，为了提高信息传输速率，可以用载波的一种相位代表一组二进制码元，也就是多进制码元。由于码组长度为 m 的二进制信码有 2^m 种排列方式，因此表示它们的载波相位在 0～2π 范围内也应有 2^m 个取值，这就是多进制相移键控（MPSK）（简称多相制）的基本概念。

目前用得较多的 MPSK 是四相制和八相制。下面以四相制为例介绍 MPSK 的原理。

（1）4PSK 信号与 4DPSK 信号波形

设载波基准的相位为 0，4PSK 信号的 4 个相位相隔 π/2，它们与载波基准的相位关系有两种情况，如表 4-1 所示，分别称为 π/4 系统和 π/2 系统。图 4-17 中画出了 4PSK 信号的相位与信码的关系。通常用 2 个二进制码元表示 1 个四进制码元，故图 4-17 中的信码是二进制形式的。

表 4-1　4PSK 信号相位排列表

信码（*A B*）	相位	
	π/4 系统	π/2 系统
0　0	π/4	0
0　1	3π/4	π/2
1　1	5π/4	π
1　0	7π/4	3π/2

图 4-17 中还画出了 4DPSK 信号波形。与 DPSK 信号一样，4DPSK 信号也用相邻码元（四进制码元）的相位差表示 4 种状态。例如，第一个码元为“01”，它与前一个码元（参考相位为 0）的相位差是 π/2；第二个码元为“00”，它与第一个码元的相位差是 0，与载波基准的相位差则是 π/2。

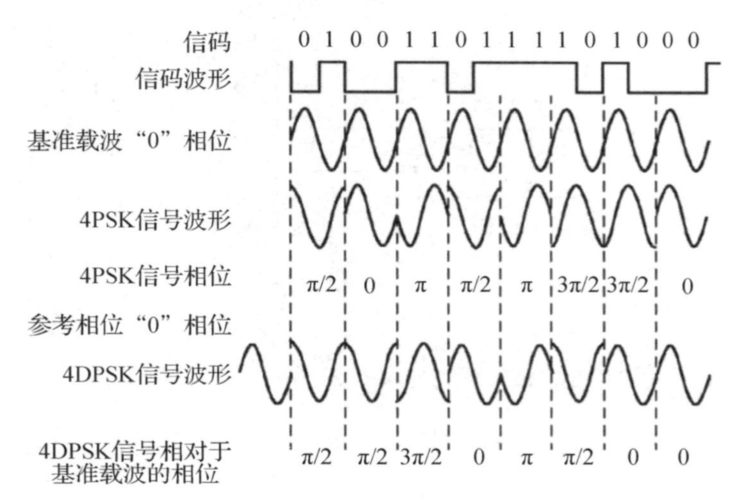

图 4-17　4PSK 信号与 4DPSK 信号波形示例

（2）4PSK 调制与解调

根据表 4-2 可以生成一个 4PSK 信号向量图，如图 4-18 所示。其中，实线向量代表的是 π/2 系统。对 π/2 系统来说，每一相可以用 $\sin\omega t$（代表信号“00”）、$-\sin\omega t$（代表信号“11”）、$\cos\omega t$（代表信号“10”）和$-\cos\omega t$（代表信号“01”）中的一个表示，因此 π/2 系统的 4PSK 调制器可以由一个产生 $\sin\omega t$ 波形的信号源加上移相器、反相器和四选一电路构成，如图 4-19 所示。

表 4-2　4PSK 信号的合成

相位	*A*	*B*	合成信号输出
0	0	0	$\sin(\omega t-\pi/4)+\cos(\omega t-\pi/4)$
π/2	1	0	$-\sin(\omega t-\pi/4)+\cos(\omega t-\pi/4)$
π	1	1	$-\sin(\omega t-\pi/4)-\cos(\omega t-\pi/4)$
3π/2	0	1	$\sin(\omega t-\pi/4)-\cos(\omega t-\pi/4)$

从图 4-18 中可以看到，4PSK 信号的每个向量都可以由两个相邻 π/4 的向量（用虚线表

示）合成。例如，信码为“10”的向量可以用$-\sin(\omega t-\pi/4)+\cos(\omega t-\pi/4)$表示。表 4-2 中列出了信码与合成向量的关系。对表 4-2 进行分析不难发现，两个合成向量$\sin(\omega t-\pi/4)$和$\cos(\omega t-\pi/4)$的极性分别与信码 A、B 有对应的关系，如果 A=1，则$\sin(\omega t-\pi/4)$的极性为“−”，否则其极性为“+”；如果 B=1，则$\cos(\omega t-\pi/4)$的极性为“−”，否则其极性为“+”。

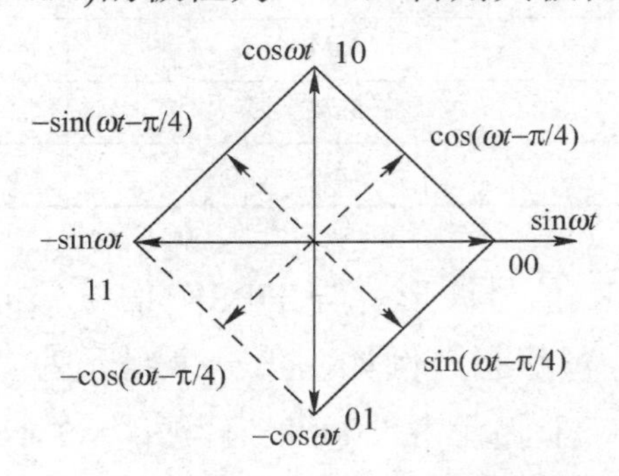

图 4-18　π/2 系统的 4PSK 信号向量图

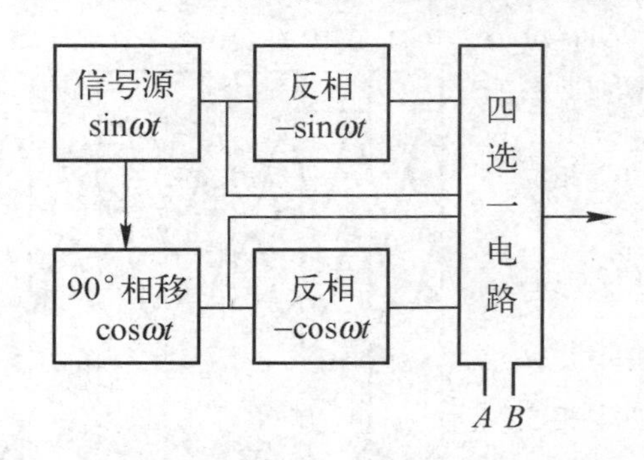

图 4-19　π/2 系统的 4PSK 调制器的组成框图

根据表 4-2 设计的 4PSK 调制器与相应的解调器的原理框图如图 4-20 所示。

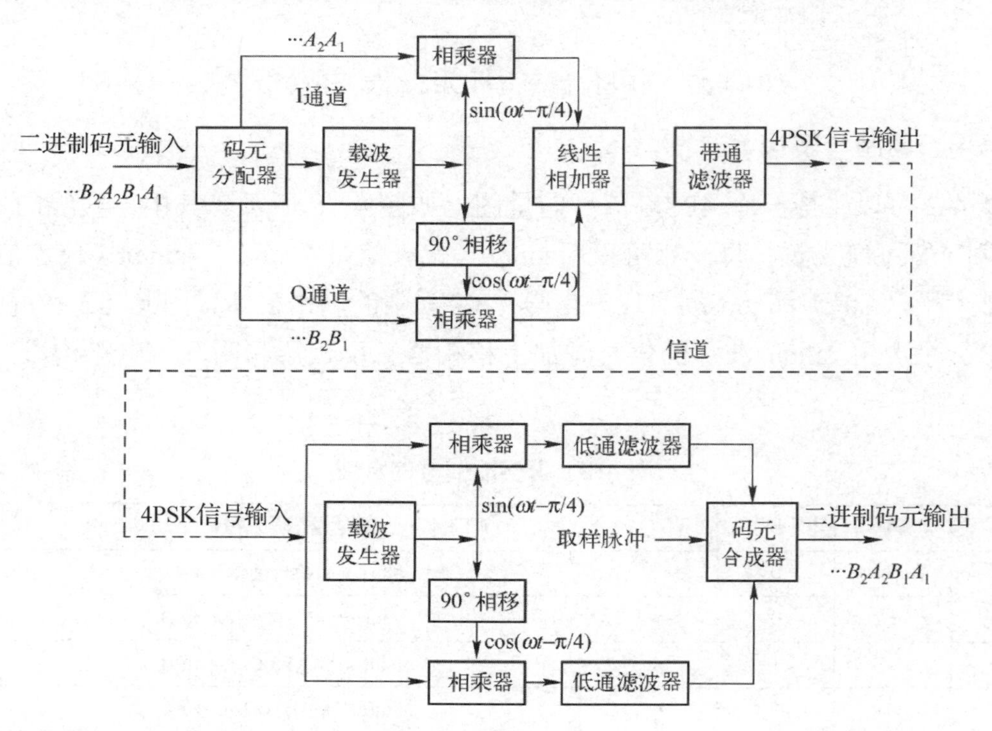

图 4-20　根据表 4-2 设计的 4PSK 调制器与相应的解调器的原理框图

4.1.5　多进制正交幅度调制

在同样的码元速率下，4PSK 的传信率是 PSK 的 2 倍，但是由于 4PSK 相邻状态之间的相位差（π/2）比 PSK 的相位差（π）小，因此解调时出现错误判决的可能性要大，同样，8PSK 的传信率更高，但误码率也更高。当信号的最大幅度相同时，4ASK 的误码率比 ASK 的误码率高。从图 4-13 和图 4-18 中分析这些信号的向量关系不难发现，接收端对这些信号相邻状态的分辨能力与它们的向量端点的间隔有关，间隔越大，越容易分辨，即越不易受干扰的影响。例如，PSK 两个相邻状态的相位差为π，当发送端发送“1”码时，信号的相位（相对于载波基准）为 π，尽管在传输过程中受干扰的影响其相位发生了变化，但只要相位在 π±π/2 的范围[图 4-21（a）中的阴影区]内，接收端就仍能将其正确地解调，因此 PSK 的噪声容限为±π/2，4PSK 的噪声容限为±π/4[见图 4-21（b）]，8PSK 的噪声容限为±π/8[见图 4-21（c）]，向量图上相邻端点的相位间隔越小，噪声容限就越小。ASK 信号也有同样的情况。设信号最大电平为 L，ASK 的噪声容限为±L/2[见图 4-21（d）]，4ASK 的噪声容限为±L/6[见图 4-21（e）]，8ASK 的噪声容限为±L/14，向量图上相邻端点的幅度间隔越小，噪声容限就越小。显然，向量图上各端点之间的平面距离决定了信号的噪声容限。PSK 和 ASK 只是从相位和幅度上将信号的各种状态区分开，它们的幅度和相位是相同的。如果既从相位上又从幅度上使信号相邻状态有区别，那么在相同的进制数下，可以得到较大的噪声容限，也就可以得到较低的误码率。这就是正交幅度调制（QAM）的基本概念。

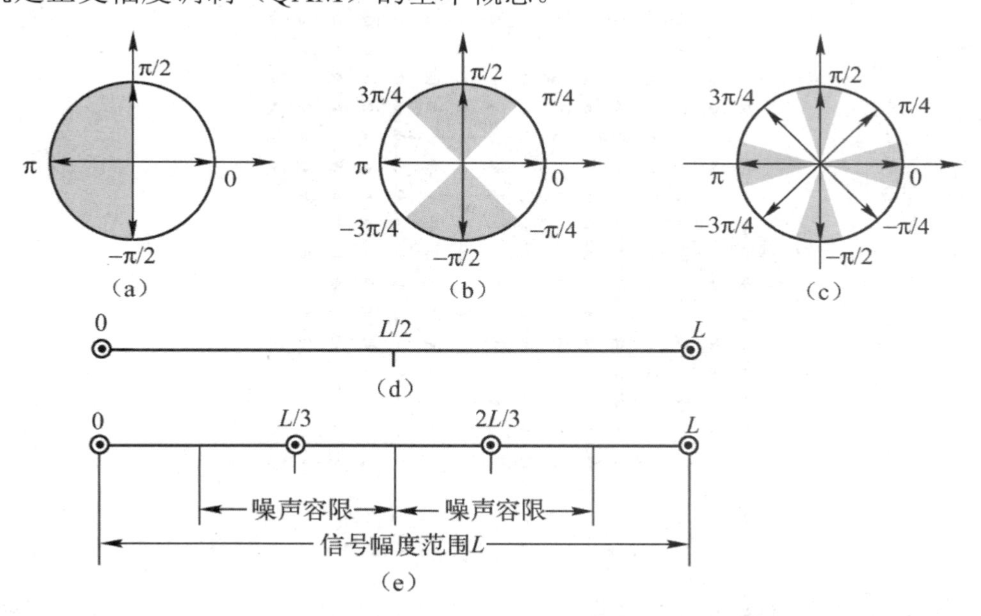

图 4-21　PSK 信号、ASK 信号的噪声容限示意图

若利用正交载波技术传输 ASK 信号，则可使频带利用率提高一倍。把多进制与正交载波技术结合起来，还可进一步提高频带利用率。能够完成这种任务的技术称为 QAM。

QAM 用两路独立的基带信号对两个相互正交的同频载波进行抑制载波双边带调幅，利用这种已调信号的频谱在同一带宽内的正交性，可实现两路并行数字信号的传输。该调制方式通常有二进制 QAM（4QAM）、四进制 QAM（l6QAM）、八进制 QAM（64QAM）等。256QAM 的频带利用率可达 8bit/s/Hz，是 ASK 的 8 倍。未来将采用 16KQAM，频带利用率有望达到 40bit/s/Hz。

QAM 的调制效率高，要求传送途径的信噪比高，适用于有线电视电缆传输，早期美国的地面微波链路和欧洲的电缆数字电视均采用 QAM。

为了便于观察，可以在向量图上只画出各向量的端点，这种图称为星座图。图 4-22 所示为 16PSK、16QAM、16APK（幅相键控）的星座图，其中 16APK 各星点的分布更合理，被推荐作为国际标准星座图，用于在语音频带（300～3400Hz）内传送 9600bit/s 的数据。

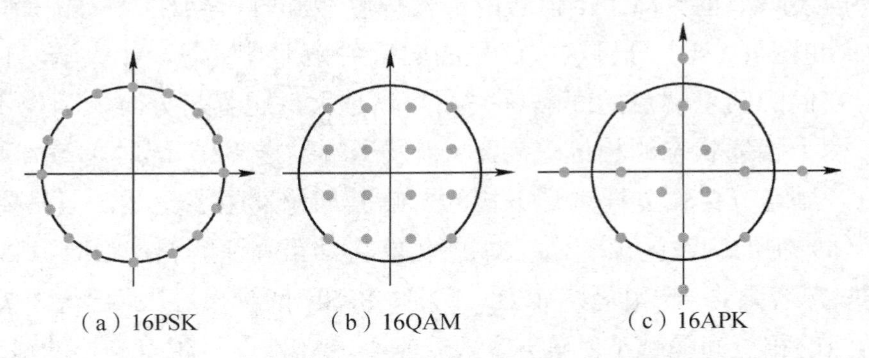

图 4-22　16PSK、16QAM、16APK 的星座图

多进制正交幅度调制（MQAM）得到了广泛的应用，其星座图常为矩形或十字形，如图 4-23 所示。其中，当 m=4、m=16、m=64、m=256 时，其星座图为矩形（实线正方形框内）；当 m=32、m=128 时，其星座图为十字形（虚线十字形框内）。前者 m 为 2 的偶次方，即每个符号携带偶数比特信息；后者 m 为 2 的奇次方，即每个符号携带奇数比特的信息。

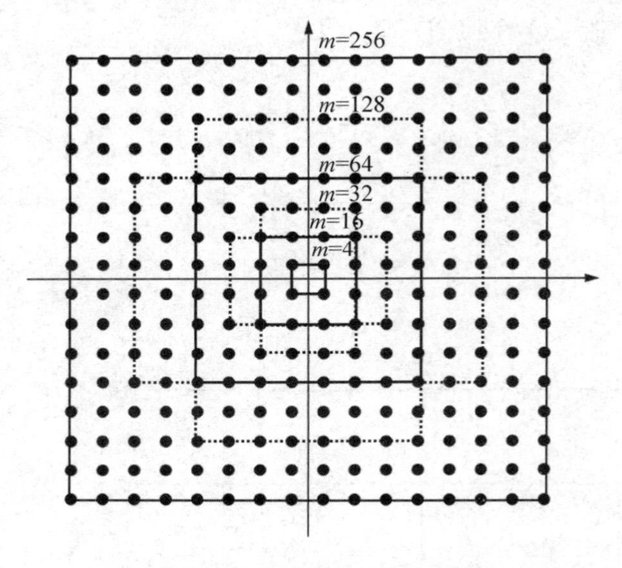

图 4-23　MQAM 的星座图

MQAM 调制器与解调器的组成框图如图 4-24 所示。其中，串并转换电路将速率为 R_b 的输入二进制码序列分成速率为 $R_b/2$ 的两个双电平序列；2—L 电平变换器将每个速率为 $R_b/2$ 的双电平序列变成速率为 $R_b/\log_2 M$ 的 L 电平信号；两个 L 电平信号分别与两个正交载波相乘，再相加即可得到 MQAM 信号。由于调制器中采用了由载波基准电路产生的两个正交载波（0°和 90°），并且调制信号的幅度是多电平的，故称为 MQAM。

实际上，MPSK 信号也可用正交调制的方法产生，不同的是，在 $m>4$ 时，MPSK 的同相与正交两路基带信号的电平不是互相独立的而是互相关联的，以保证合成向量点落在一个圆上，而 MQAM 的同相和正交两路基带信号的电平是互相独立的。

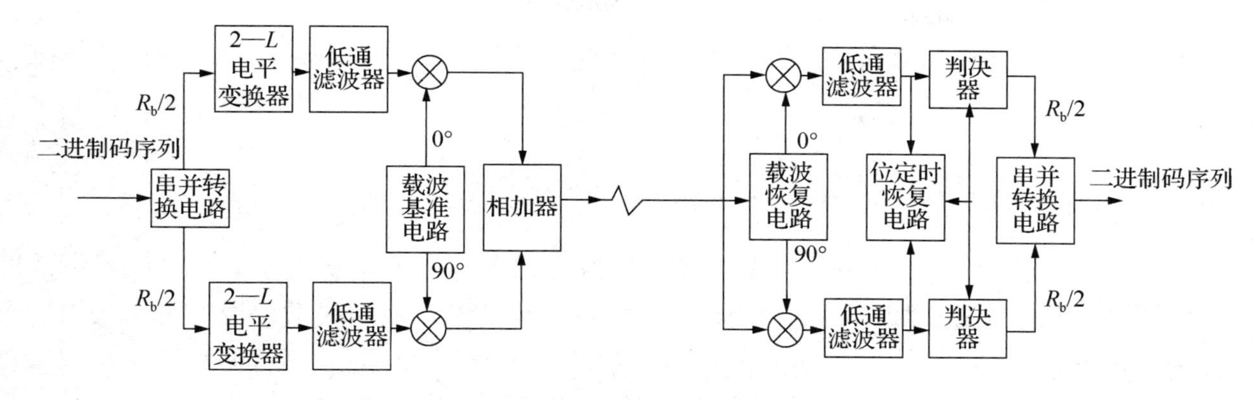

图 4-24　MQAM 调制器与解调器的组成框图

MQAM 解调采用正交的相干解调法，如图 4-24 所示。同相和正交的 L 电平基带信号经过有 L-1 个门限电平的判决器判决后，分别恢复出速率为 $R_b/2$ 的两个二进制码序列，最后经串并转换电路将两个二进制码序列合成一个速率为 R_b 的二进制码序列。

调制过程表明，MQAM 信号可以看成是由两个正交的抑制载波双边带调幅信号相加得到的，因此，MQAM 信号的功率谱取决于同相和正交两路基带信号的功率谱，其带宽是基带信号带宽的两倍。在理想情况下，MQAM 与 MPSK 的频带利用率[①]均为 $\log_2 M$（bit/s/Hz）。例如，16QAM（或 16PSK）的最高频带利用率为 4bit/s/Hz。由此可见，MQAM 是一种高速率的调制方式。

另外，在多电平正交调制中，同相和正交两路基带信号都采用部分响应信号[②]（通常采用第Ⅰ类和第Ⅳ类部分响应信号），由此产生的多电平的幅度和相位联合调制构成一类特殊的调制方式，叫作正交部分响应幅度调制。

4.1.6　最小频移键控

最小频移键控（MSK）是 FSK 的一种改进型调制方法。在 FSK 调制方式中，相邻码元的频率不变或跳变一个固定值，两个相邻的、频率跳变的码元，其相位通常是不连续的。MSK 是对 FSK 信号进行某种改进，使其相位始终保持连续不跳变的一种调制方式。

与其他形式的 FSK 相比，MSK 具有一系列优点，如传输带宽窄，信号是恒包络信号，功率谱性能好，具有较强的抗噪声和干扰能力，特别是 MSK 的几种改进型调制方法，大量用于移动无线通信，抗衰落性能好。

4.1.7　高斯最小频移键控

高斯最小频移键控（GMSK）是基于 MSK 发展起来的一种调制方法。为了抑制 MSK 的带外辐射、压缩其信号功率，可在 MSK 调制器前加高斯低通预调制滤波器，让基带信号先经过高斯低通预调制滤波器进行滤波，形成高斯脉冲，然后进行 MSK 调制，这就是 GMSK 调制的原理。

---

① 频带利用率定义为单位频带所能传送的信息速率。它是衡量数字调制、编码有效性的一个重要指标。

② 参见《现代通信原理》第九章，曹志刚、钱亚生编，清华大学出版社出版。

GMSK 提高了数字移动通信的频谱利用率和通信质量，是欧洲新一代移动通信的标准调制方式。

4.1.8 Modem

如果要利用公共交换电话网（PSTN）进行计算机数据、传真数据等的传输，比较经济的方法是借助数据 Modem，如图 4-25 所示。其中，PSTN 的两个双绞线端口原用于接入固定电话机，适合进行频率在 300～3400Hz 范围内的语音信号传输。Modem 是将调制器与解调器合二为一的通信设备，它的基本功能是将数字信号通过调制变成频率在 300～3400Hz 范围内的信号进行传输，在接收端进行相应的解调。除此之外，Modem 还具有定时、波形形成、位同步与载波恢复及相应的接口控制功能，有的 Modem 还要求具有自动增益控制（AGC）和线路群时延特性均衡器等单元，以提高数据传输的质量和可靠性。

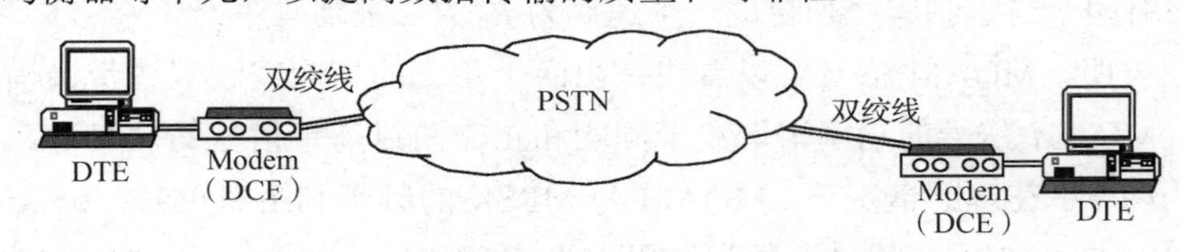

图 4-25　Modem 在拨号网络中的应用示意图

Modem 有很多种类，其最基本的参数是数据传输速率、工作方式和对信道的要求。表 4-3 所示为 ITU-T 关于 Modem 的建议及相应的 BELL 标准。

表 4-3　ITU-T 关于 Modem 的建议及相应的 BELL 标准

ITU-T 建议	数据传输速率/（bit/s）	调制方式	工作方式	信道	相应的 BELL 标准
V.21	～200/300	FSK	双工	交换电路	103
V.22	1200	4DPSK	双工	交换电路和租用电路	212
V.23	～600/1200	FSK	半双工	交换电路	202
V.26	2400	4DPSK	全双工	四线租用电路	201
V.26bis	2400/1200	4/2DPSK	半双工	交换电路	201
V.27	4800	8DPSK	全、半双工	租用电路（手动均衡）	208
V.27bis	4800/2400	8/4DPSK	全、半双工	四/二线租用电路（自动均衡）	208
V.27ter	4800/2400	8/4DPSK	半双工	交换电路（自动均衡）	208
V.29	9600	16A-PSK	全、半双工	租用电路（自动均衡）	209
V.32	9600/4800	32/16QAM	全双工	二线交换或租用电路（自动均衡）	
V.33	14.4k/1.2k	128/64QAM	全双工	四线租用电路	
V.35	48k	抑制边带 AM	半双工	宽带电路（60～108kHz）	
V.36	64k	抑制边带 AM	半双工	宽带电路（60～108kHz）	

4.2　频分多路复用

基带信号对载波进行调制后其频谱被搬移到载波的两边，载波频率不同，调制后频谱的位置就不同。利用调制的这一特点，我们可以先将多个基带信号（如语音信号或数字基带信号）对不同频率的载波进行调制，使它们在频率轴上处于不同的位置，然后将它们叠加在一起进行处理（如调制、放大等），并使其在一个信道中传输。在接收端，先用不同中心频率的带通滤波器对信号进行分离，再用各自的解调器解调后恢复原来的基带信号。以这种方式实现多路信号在一个信道中传输的技术称为频分多路复用（FDM）。

图 4-26 所示为 FDM 系统的组成框图。图 4-26（a）所示为发送部分，N 路基带信号先分别通过低通滤波器限制带宽，然后进入相应的调制器，对频率分别为 $f_1, f_2,\cdots, f_N$ 的载波进行调制。各载波之间有一定的频率间隔，以保证已调波的频谱不发生重叠。合路器将多个已调波混合成一路，并将这个多路复用信号当作一路基带信号对高频载波 f_C 进行调制，最终将已调信号送入信道。

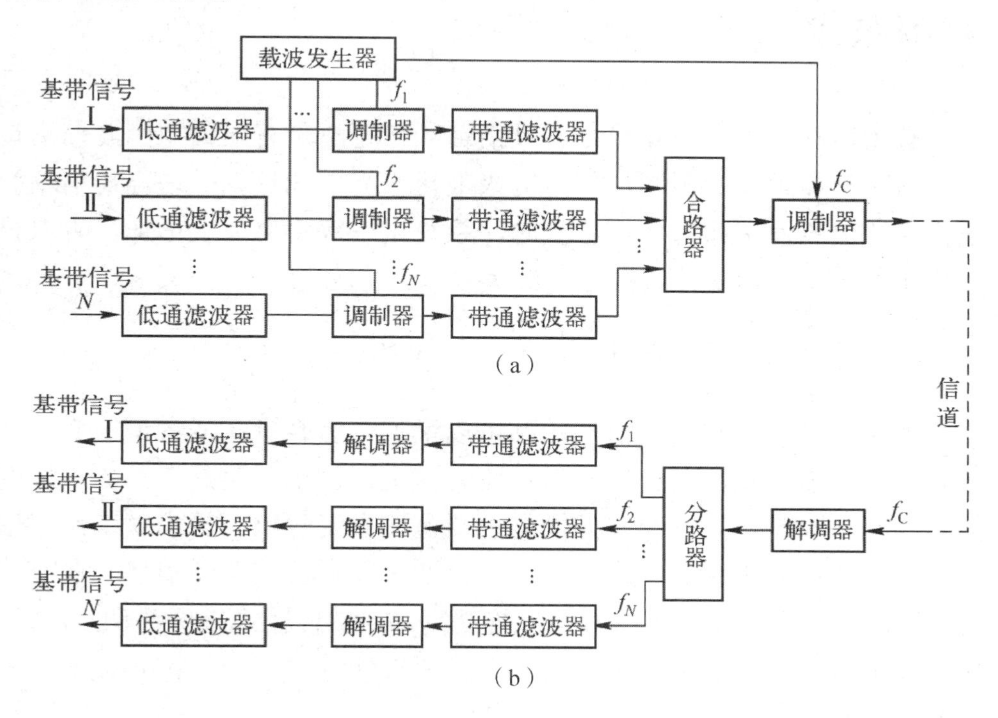

图 4-26　FDM 系统的组成框图

图 4-26（b）所示为接收部分，它与发送部分是对应的。来自发送端的已调信号先经过一个解调器进行解调，得到频分复用信号，由分路器将频分复用信号送入中心频率分别为 $f_1, f_2,\cdots, f_N$ 的带通滤波器。带通滤波器的中心频率与发送端各载波的频率是一致的，它将其他各路信号及传输过程中引入的干扰滤除，输出较为纯净的单路已调信号。最终各个解调器对每路信号进行解调，恢复出原基带信号。

FDM 更多地用于模拟通信系统，并且可以进行多层的频分复用。图 4-27 所示为用于卫星通信的 ITU-T 900 路主群各级频分复用的情况。一个 ITU-T 900 路主群由 15 个超群构成，每个超群由 5 个基群构成，每个基群由 12 个语音基带信号复合而成，总的信号数为 15×5×12=900 路。每路信号的频率范围为 300～3400Hz，900 路主群的频率范围为 308～4028kHz，带宽约为 4MHz。

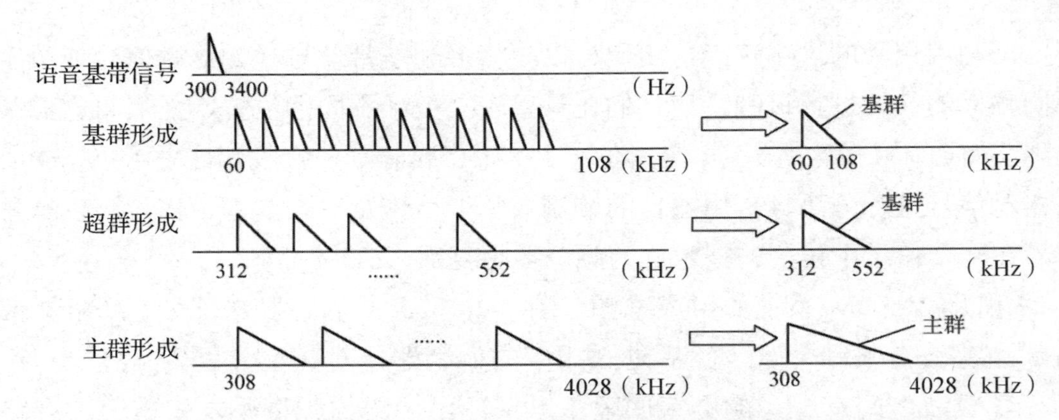

图 4-27　用于卫星通信的 ITU-T 900 路主群各级频分复用的情况

4.3　扩频技术

信道中不可避免地存在干扰与噪声，并且信道的带宽总是有限的，因此信道传输信码的能力会受到干扰与噪声和带宽的限制。信道的极限传输能力（也就是最高传信率）称为信道容量，当系统传输的信息速率超过信道容量时，系统误码率将会大大增加。香农公式指出了信道容量 C 与信道带宽 B、信噪比 S/N 之间的关系：

$$C=B\log_2\left(1+\frac{S}{N}\right)\ (\text{bit/s})$$

上式表明，增加信道带宽和提高信噪比都可以增加信道容量，或者说，为了达到一定的信道容量，要么增加信道带宽，要么提高信噪比。但是，由于噪声是在外界产生的，受客观条件的限制很难改变，因此提高信噪比的措施主要是增大发射机的输出功率，但增大发射机的输出功率不仅会对其他通信系统产生干扰，还会增加发射机的能源消耗，在有些情况下是不可取的。从信号的角度看，如果将信号的频带展宽（当然传输系统要提供相应的带宽），就可以在信号功率较小而干扰或噪声较大的情况下获得较低的误码率。扩频技术正是基于香农公式发展起来的一种通信技术。

扩频技术是扩展频谱技术的简称，它是一种伪噪声编码通信技术。扩频可以直接对基带信号进行，称为直接序列扩频（DSSS）；也可以对已调信号进行，称为跳频扩频（FHSS）。无论是直接序列扩频还是跳频扩频，都要用到一种特别的码，即 PN 码。

4.3.1　伪噪声码

伪噪声（PN）码序列是一种人为制造的、特性与白噪声类似的信号，它是一种具有特殊规律的周期信号。图 4-28 所示为周期为 31 的 PN 码序列，在一个周期内“1”码和“0”码的出现似乎是随机的。PN 码序列的这种特性称为伪随机性，故 PN 码也称为伪随机码。PN 码序列既具有随机序列的特性，又具有一定的规律，可以人为地产生与复制。

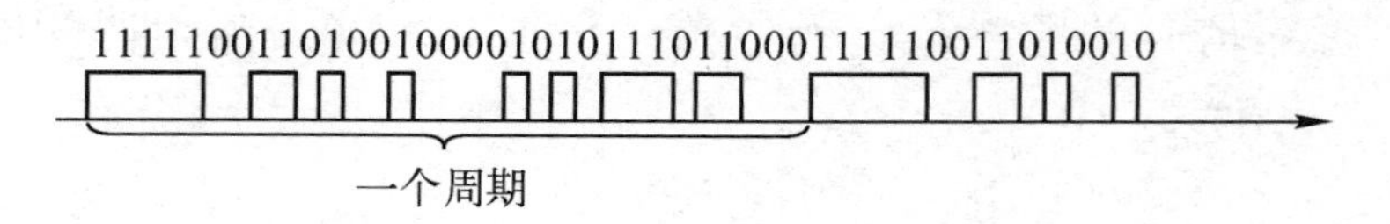

图 4-28　周期为 31 的 PN 码序列

图 4-29 所示为由 5 级移位寄存器通过线性反馈组成的 PN 码序列发生器。其中，每级移位寄存器的输入码（“1” 或 “0”）在 CP 脉冲到来时被转移到输出端，而 D1 的输入是 D2 的输出与 D5 的输出的模 2 加的结果。表 4-4 所示为各个 CP 脉冲周期内每级移位寄存器的输出状态。

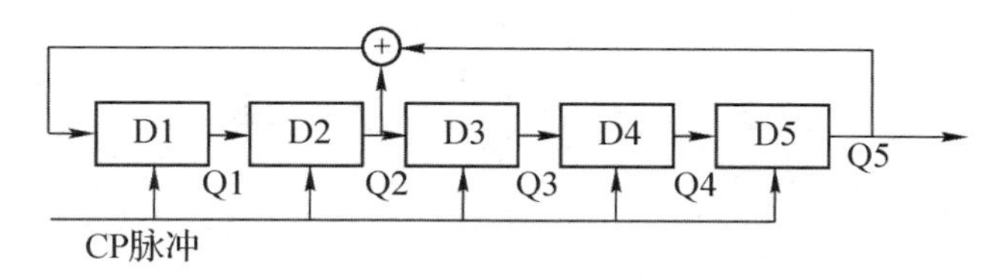

图 4-29　由 5 级移位寄存器通过线性反馈组成的 PN 码序列发生器

表 4-4　各个 CP 脉冲周期内每级移位寄存器的输出状态

CP 脉冲周期	移位寄存器输出					CP 脉冲周期	移位寄存器输出					CP 脉冲周期	移位寄存器输出				
	Q1	Q2	Q3	Q4	Q5		Q1	Q2	Q3	Q4	Q5		Q1	Q2	Q3	Q4	Q5
1	1	1	1	1	1	12	0	0	1	0	0	23	1	0	1	1	1
2	0	1	1	1	1	13	0	0	0	1	0	24	1	1	0	1	1
3	0	0	1	1	1	14	0	0	0	0	1	25	0	1	1	0	1
4	1	0	0	1	1	15	1	0	0	0	0	26	0	0	1	1	0
5	1	1	0	0	1	16	0	1	0	0	0	27	0	0	0	1	1
6	0	1	1	0	0	17	1	0	1	0	0	28	1	0	0	0	1
7	1	0	1	1	0	18	0	1	0	1	0	29	1	1	0	0	0
8	0	1	0	1	1	19	1	0	1	0	1	30	1	1	1	0	0
9	0	0	1	0	1	20	1	1	0	1	0	31	1	1	1	1	0
10	1	0	0	1	0	21	1	1	1	0	1	1	1	1	1	1	1
11	0	1	0	0	1	22	0	1	1	1	0	2	0	1	1	1	1

PN 码序列与普通的数字序列相比更易于从其他信号或干扰中分离出来，并且具有良好的抗干扰特性。

PN 码序列的类型有多种，其中最大长度线性移位寄存器序列（简称 m 序列）性能最好，在通信中被普遍使用。m 序列的最大长度决定于移位寄存器的级数，若级数为 n，则所能产生的 m 序列的最大长度为 2^n-1 位。m 序列的码结构决定于反馈抽头的位置和数量。不同的抽头组合可以产生不同最大长度和不同码结构的 m 序列，但也有一些抽头组合并不能产生最大长度的 m 序列。现在已经得到 3～100 级 m 序列发生器的连接图和所产生的 m 序列的码结构。

4.3.2　直接序列扩频

直接序列扩频是一种应用较多的扩频技术，简称直扩，它直接用具有高码元速率的 PN 码序列在发送端扩展基带信号的频谱，在接收端用相同的 PN 码序列进行解扩，把展宽的扩频信号还原成原始信号。图 4-30 所示为直接序列扩频系统的组成框图。其中，信码（数字基带信号）先与 PN 码序列相乘，得到被扩频的信号（仍为数字基带信号），然后与载波相乘并通过带通滤波器，得到射频宽带信号。在接收端，信号经带通滤波器滤波后先与本地载波相乘进行相干检波，然后经滤波后得到基带扩频信号，再与 PN 码序列相乘进行解扩，最后通过积分判决恢复出原始数字基带信号。

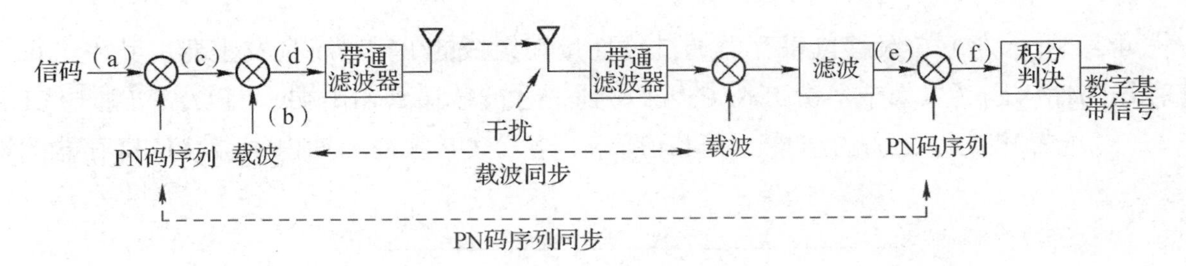

图 4-30 直接序列扩频系统的组成框图

图 4-31 从波形的角度描绘了利用 PN 码序列对信号进行扩频的过程。图 4-31（a）所示为要传输的信码，其码元长度为 T_b；图 4-31（b）所示为 PN 码序列，它的每个码元称为码片，码片之间的间隔为 T_c；图 4-31（c）所示为扩频码，它是信码与 PN 码序列相乘的结果。

经过扩频的信码每个码元由多个码片构成（图 4-31 中是 12 个，实际上更多），从波形上看，脉冲的宽度变窄，信号的频谱展宽，因此将这种技术称为扩频技术。

图 4-31（c）所示的扩频码如果传送到接收端，接收端用完全相同的 PN 码序列对它进行解调（只要再相乘一次），就可以恢复出如图 4-31（a）所示的信码。

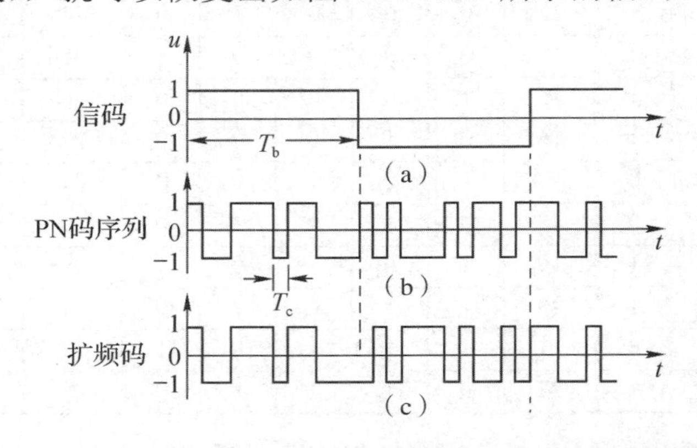

图 4-31 利用 PN 码序列对信号进行扩频的原理波形图

由于直接序列扩频基带信号采用双极性 NRZ 波形，因此实际上直接序列扩频基带信号与载波相乘就是 PSK 调制。图 4-30 中载波、信码与 PN 码序列三者之间是相乘关系，相乘次序的变化不影响结果，因此实际的发送设备可能先对信码进行 PSK 调制得到窄带的射频信号，再进行扩频，同样，接收设备也可能先解扩，再进行 PSK 解调。

图 4-32 从频谱的角度对直接序列扩频系统的工作过程进行了描述。图 4-32（a）所示为信码的频谱，这是一个窄带信号；图 4-32（b）所示为 PN 码序列的频谱，其带宽要比信码的带宽大得多；前两者相乘后信码的频谱被展宽，但频谱密度大大降低，如图 4-32（c）所示；正弦波调制后基带信号的频谱被搬移到载波的两边，如图 4-32（d）所示。在接收端，解调后得到原扩频信号，其频谱与图 4-32（c）一致；解扩后得到信码，其频谱恢复成如图 4-32（a）所示的形状。

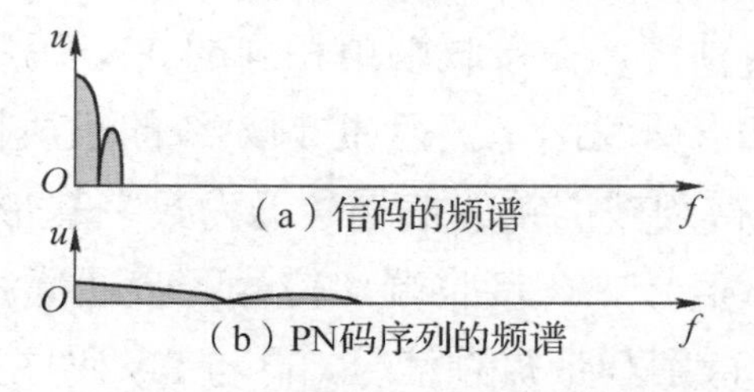

图 4-32 直接序列扩频的频谱描述

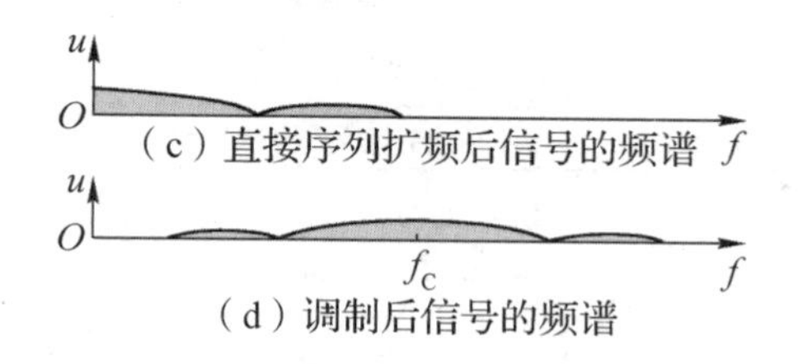

图 4-32　直接序列扩频的频谱描述（续）

扩频技术最显著的特点是具有很强的抗干扰性能，图 4-33 从频域的角度解释了直接序列扩频系统的抗干扰原理。实际上，通信系统中必定存在各种各样的干扰与噪声，图 4-33（a）画出了三种主要的干扰与噪声，分别是窄带干扰、背景噪声和其他用户干扰。窄带干扰主要由其他窄带通信系统产生，特点是频带窄、幅度大；背景噪声来自多种干扰源，其频谱分布均匀，在所有频率上都存在；其他用户干扰指的是来自相近频率的其他扩频系统的干扰，或者同一系统中其他用户发送的信号。

① 对窄带干扰的抑制：窄带干扰通过接收机的解调器后，其频谱被搬移到较低处，它与 PN 码序列相乘后频谱被展宽，但频谱密度大大降低，经过低通滤波器后只有极少部分的干扰能进入解扩后的系统。

② 对背景噪声的抑制：背景噪声经过解调器后变成低频的噪声，其频谱仍然是均匀分布的。与 PN 码序列相乘后其频谱密度变化不大，因此只有在低通滤波器带宽内的噪声能进入解扩后的系统。

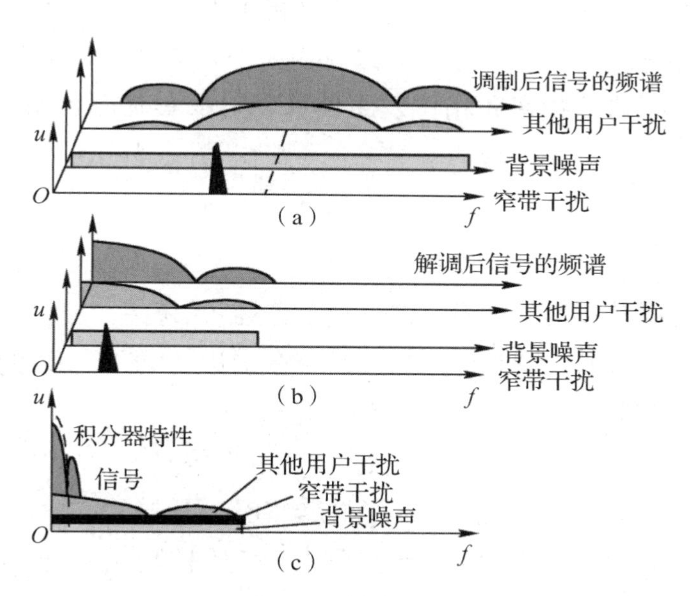

图 4-33　直接序列扩频系统的抗干扰原理示意图

③ 对其他用户干扰的抑制：以同一系统中其他用户发送的信号为例，当接收机接收到来自其他用户的信号时，该信号使用的 PN 码序列与接收机产生的 PN 码序列相同但相位不同，两者相乘并积分后的输出很小，如图 4-34 所示，对信号的正常接收几乎不产生影响。由此可见，采用扩频技术的通信系统，发送端与接收端之间必须使用相同的 PN 码序列（相位也相同）。如果每个接收端使用预先规定的不同相位的 PN 码序列，发送端改变 PN 码序列的相位就可与不同的接收端进行通信，因此实际系统中可以用每种 PN 码序列作为数字终端的地址进行多址通信，这种多址技术称为 CDMA。

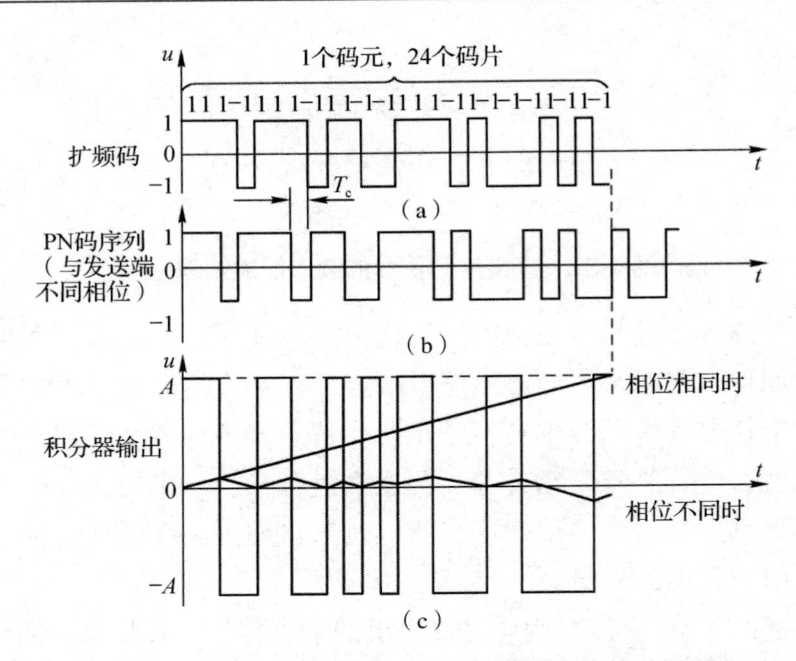

图 4-34 用不同相位的 PN 码序列解扩的结果分析示意图

直接序列扩频系统接收端与发送端必须实现信息码元同步、PN 码元和序列同步、射频载波频率同步，只有实现了这些同步，系统才能正常地工作。PN 码同步系统的作用是实现本地产生的 PN 码与接收到的信号中的 PN 码同步，在频率上相同、在相位上一致。同步过程包含两个阶段，即搜索阶段和跟踪阶段。搜索是指把对方发送过来的信号与本地信号在相位上的差异纳入同步保持范围，在一个 PN 码元内，一旦完成搜索阶段的任务，就进入跟踪阶段，无论何种因素使两端的频率和相位发生偏移，同步系统都要加以调整，使收、发信号保持同步。

4.3.3 跳频扩频

另一种常用的扩频技术是跳频扩频。在二进制 FSK 系统中，“1”码与“0”码表现为两个不同频率的载波，频率分别记为 f_1 和 f_2，跳频系统在二进制 FSK 系统的基础上使 f_1 和 f_2 以相同的规律随机跳变，也就是说，实际的发送频率是

$$f_i=f_N+f_1\text{（当发送“1”码时）}$$

$$f_i=f_N+f_2\text{（当发送“0”码时）}$$

式中，f_N 是按伪随机性规律变化的频率，通常可由 PN 码控制频率合成器产生。图 4-35 所示为跳频信号产生电路与接收电路的组成框图。图 4-35（a）所示为一个发射机，信码经 FSK 调制器调制后送到混频器进行混频，与普通发射机不同的是，用于混频的本振信号是由频率合成器产生的、频率随机变化的正弦波信号，其变化规律受 PN 码的控制；图 4-35（b）所示为一个超外差接收机，其本振信号也是一个随机变化的正弦波信号，其变化规律受与发射机同步的 PN 码控制。这样，尽管接收到的信号是一个载波频率随机跳变的信号，但由于本振信号以相同的规律跳变，因此两者在混频器中相减的结果是一个固定的中频（f_1 或 f_2）信号。

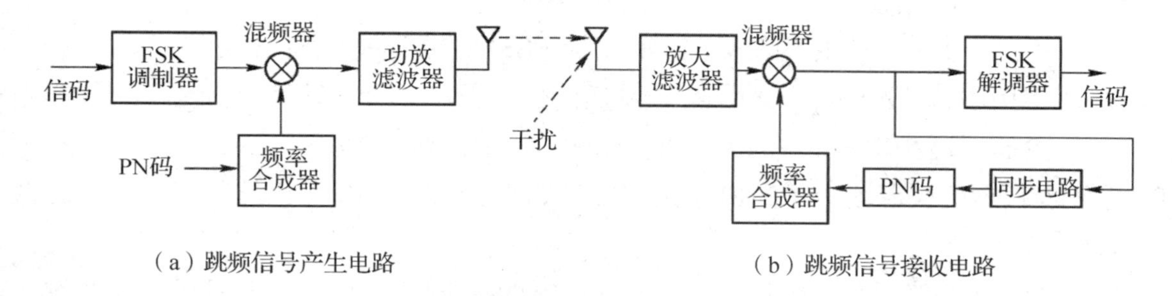

（a）跳频信号产生电路　　（b）跳频信号接收电路

图 4-35　跳频信号产生电路与接收电路的组成框图

频率合成器是一种能产生多个频率点、稳定度高的正弦波信号源，在通信系统中被广泛应用。频率合成器的输出频率可以受并行输入的二进制码控制，如图 4-36 所示。串行输入的 PN 码经过移位寄存器后并行输出，每输入一位 PN 码就有一组二进制码输出，控制频率合成器输出一个频率。设频率合成器的输入码组长度为 4 位，其输出频率有 16 种，若用时钟周期为 31 的 PN 码，则各个时钟周期内 PN 码与频率合成器的输出频率的对照表如表 4-5 所示。

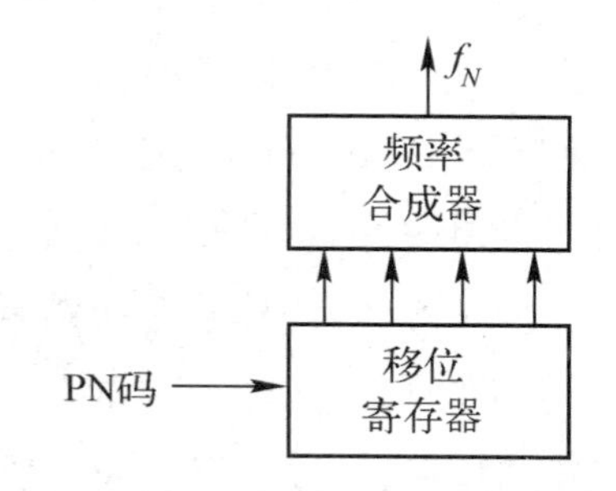

图 4-36　PN 码对频率合成器的控制示意图

表 4-5　各个时钟周期内 PN 码与频率合成器的输出频率的对照表

时钟周期	移位寄存器输出				f_N	时钟周期	移位寄存器输出				f_N	时钟周期	移位寄存器输出				f_N
1	1	1	1	1	f_{15}	12	0	0	1	0	f_2	23	1	1	1	0	f_{14}
2	1	1	1	1	f_{15}	13	0	1	0	0	f_4	24	1	1	0	1	f_{13}
3	1	1	1	0	f_{14}	14	1	0	0	0	f_8	25	1	0	1	1	f_{11}
4	1	1	0	0	f_{12}	15	0	0	0	0	f_0	26	0	1	1	0	f_6
5	1	0	0	1	f_9	16	0	0	0	1	f_1	27	1	1	0	0	f_{12}
6	0	0	1	1	f_3	17	0	0	1	0	f_2	28	1	0	0	0	f_8
7	0	1	1	0	f_6	18	0	1	0	1	f_5	29	0	0	0	1	f_1
8	1	1	0	1	f_{13}	19	1	0	1	0	f_{10}	30	0	0	1	1	f_3
9	1	0	1	0	f_{10}	20	0	1	0	1	f_5	31	0	1	1	1	f_7
10	0	1	0	0	f_4	21	1	0	1	1	f_{11}	32	1	1	1	1	f_{15}
11	1	0	0	1	f_9	22	0	1	1	1	f_7	33	1	1	1	1	f_{15}
周期为 31 的 PN 码序列：1111100110100100001010111011000																	

根据表 4-5 可以画出发射机与接收机各点频率随时间变化的关系图，如图 4-37 所示。

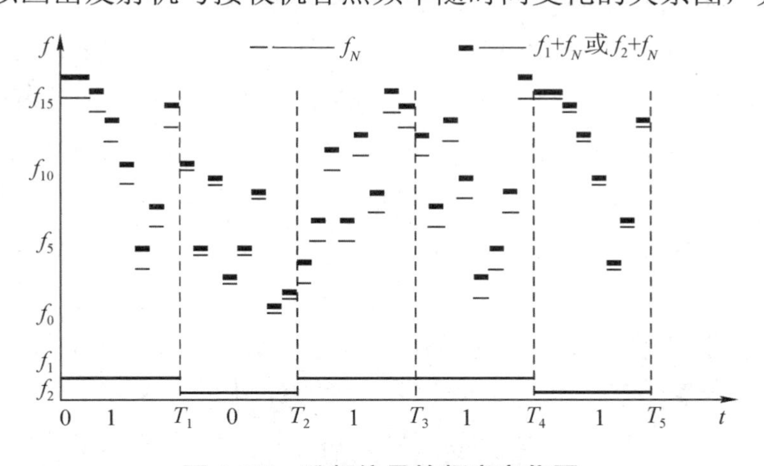

图 4-37　跳频信号的频率变化图

在图4-37中，在0～T_1时刻，信码为“1”，FSK信号的频率为f_1。在这段时间内，f_N变化了8次（如图中细线段所示），所以实际发送的信号频率是分8段变化的频率（如图中粗线段所示），每段的发送频率都比f_N高f_1。在T_1～T_2时刻，信码为“0”，FSK信号的频率为f_2，f_N又随机变化了8次。在这段时间内发送的信号频率也是分8段变化的频率，每段的发送频率都比f_N高f_2。

图4-37中f_N（细线段）随时间变化的图案称为跳频图案，粗线段表示跳频系统发送信号的频率。从跳频图案中可以看到，发送的信号频率变化似乎是随机的，但实际上它有一定的规律，主要决定于控制f_N产生的PN码。经过一个PN码周期后，f_N重复变化，跳频图案也会重复出现（实际上，因为信码的变化，一个PN码周期后跳频图案还是与前一周期不同）。

跳频速率通常大于或等于信码速率。图4-37中的跳频速率是信码速率的8倍。如果每个码有多次跳频，则称为快跳频；如果跳频速率与信码速率相等，则称为慢跳频。

在跳频信号的接收端，为了对输入信号进行解跳，需要有与信号发送端相同且时间上同步的、本地PN码序列发生器产生的PN码序列去控制本地频率合成器，使其输出的跳频信号能在混频器中与接收到的跳频信号差频出一个固定中频信号。中频信号经FSK解调器恢复成原信号，其原理框图如图4-35（b）所示。接收机中的同步电路用于保证本地PN码序列发生器所产生的PN码序列与发送端产生的PN码序列在时间上同步，即有相同的起止时间。

本章小结

数字基带信号经过正弦波调制后变成频带信号，可以在具有带通特性的信道中传输。基本的数字调制一般采用键控法进行，主要有ASK、FSK、PSK和DPSK等几种数字调制方式。

ASK：以正弦波表示信码1，以零电平表示信码“0”。通过对信号幅度过零的检测可以解调ASK信号。

FSK：以频率为f_1的正弦波表示信码“1”，以相同幅度、频率为f_2的正弦波表示信码“0”。通过对信号频率的检测可以解调FSK信号。

PSK：以初相位为0（相对于某一载波基准）的正弦波表示信码“1”，以初相位为π（相对于同一载波基准）的正弦波表示信码“0”，两者的频率相同。接收端与发送端应有相同的载波基准，通过信号与载波基准的相位比较可以解调PSK信号。

DPSK：“1”码和“0”码均以相同频率的正弦波表示，以相邻码元正弦波相位的变化与否表示信码“1”和“0”。接收端通过对相邻码元的正弦波相位进行比较可以解调DPSK信号。

上述四种调制方式中，FSK、PSK和DPSK为等幅波调制。在相同的码元速率条件下，ASK信号、PSK信号和DPSK信号的带宽相同，均为基带信号带宽的两倍，FSK信号的带宽大于基带信号带宽的2倍。

为了提高信道利用率，或者在较窄的频带范围内传输较高速率的数字信号，有的通信系统采用多进制调制方式。另外，还有一些常用的改进型数字调制方式，如QAM、MSK、GMSK等。在相同的信号功率条件下，多进制调制方式的抗干扰能力低于二进制调制方式。

如果将多路数字信号（也可以是模拟信号）对不同频率的载波进行调制，使各种信号的频谱不重叠，就可以实现多路信号在一个信道中的合路传输，这种方式称为 FDM。

扩频技术是近年来在信道间干扰较严重或信道传输特性随时间变化的通信系统中应用较多的一种技术。扩频技术主要有直接序列扩频和跳频扩频两种，采用扩频技术可以有效地减小信道中干扰与噪声对信号的影响，并且使通信具有一定的保密性。

思考与练习题

4.1　数字基带信号经过________之后变成________信号，可以在具有带通特性的信道中传输。

4.2　在 ASK 信号、FSK 信号、PSK 信号和 DPSK 信号中，________信号是非等幅信号，________信号的频带最宽。

4.3　已知一个数字基带信号的带宽 B=1200Hz，载波频率 f_1=500kHz，f_2=503kHz，则 ASK 信号的带宽 B_{ASK}=________Hz，FSK 信号的带宽 B_{FSK}=________Hz，PSK 信号的带宽 B_{PSK}=________Hz，DPSK 信号的带宽 B_{DPSK}=________Hz。

4.4　在 FSK 中，两个载波频率越接近，信号的带宽越窄，问频差是否可以无限小？为什么？

4.5　画出下列信码的 ASK 信号、FSK 信号、PSK 信号、DPSK 信号波形（码元速率为 1.2kbit/s，载波频率为 2.4kHz）。

10110011110101

4.6　试将如图 4-38 所示的 DPSK 信号波形译成信码。如果这是 PSK 信号波形，则信码是什么？

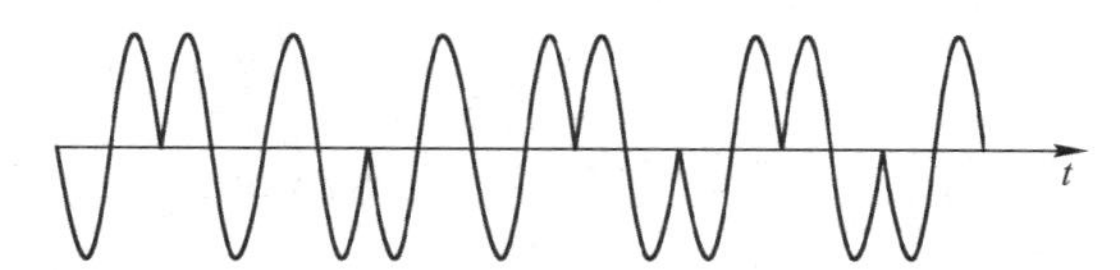

图 4-38　题 4.6 图

4.7　为什么要进行数字调制？常用的数字调制方式有哪几种？

4.8　从频谱上看，PSK 与 ASK 有哪些区别？

4.9　画出下列信码的 4PSK 信号和 4DPSK 信号波形。

101100110100

4.10　一个 128QAM 系统的码元速率为 9.6kbit/s，其传信率为多少？

4.11　Modem 适用于哪种场合？目前市售的 Modem 的最高信息传输速率是多少？

4.12　在 FDM 系统中，各路信号是如何区分的？分析在 FDM 系统中如何防止各路信号之间的相互干扰。

4.13　扩频技术的优点有哪些？有哪几种扩频技术？

4.14　在扩频系统中为什么要采用 PN 码？

4.15　两个相互正交的信号可以用什么方式进行分离？

第5章　数字传输系统

在通信网络中，任意两点之间都需要有传输系统用来实现信号的传递，因此传输系统是通信网络的基本组成单元，它在整个通信网络中被看作一条通信链路（Link）。

数字传输系统的组成部分包括各种收发设备和信道，以及保障系统正常运行必不可少的规程和协议。在数字传输系统中，信道对系统特性的影响起决定性作用，各种收发设备的设计目标从某种意义上说是实现数字终端与信道的匹配、发挥信道的最大传输效率及确保有最高的传输可靠性。

由于可用于传输信号的信道有多种，如双绞线信道、无线信道、卫星信道、光纤信道等，因此数字传输系统相应地也有基于双绞线的数字传输系统、数字无线传输系统、卫星通信系统、光纤通信系统等。本章将重点对这些数字传输系统进行介绍。

5.1　基于双绞线的数字传输系统

双绞线原用于在电话网中模拟语音信号的传输，各家各户的固定电话机与端局交换机之间的线路均采用双绞线。随着数字终端（如计算机、传真机、数字电话机等）的出现与普及，特别是 Internet 的快速发展，大量的家庭与单位用户已不满足于电话业务，利用现有的双绞线进行数字终端的接入是最经济、最简便的方法。目前基于双绞线的数字传输系统大致有以下三类。

① 不改变电话网的结构，在用户终端之间引入 Modem，将来自数字终端的数字信号转化为与语音信号类似的模拟信号（信号的频率范围限制为 300～3400Hz）。

② 利用现有的双绞线，避开端局交换机中用户电路部分的低通滤波器，数字信号经过调制以后在语音信号通带以外（频率≥3400Hz）传输，典型的例子是 xDSL。

③ LAN 内各终端通过专用的双绞线连接，直接以数字基带方式进行数据传输。

5.1.1　双绞线

双绞线（Twisted Pair）是由两根带绝缘材料涂覆的铜导线按照一定的规则互相缠绕在一起构成的网络传输介质。双绞线虽然不是最好的传输介质，但它价格低廉，已被广泛用于电话网。双绞线的传输性能取决于双绞线的各种参数，EIA/TIA-568A 标准将双绞线分为两种类型：非屏蔽双绞线（UTP）与屏蔽双绞线（STP）。UTP 标准有 5 类，目前只有 3 类线（音频级）和 5 类线（数据级）用于数据通信。STP 是带有金属箔屏蔽层的双绞线，它对外界的干扰有很好的抑制作用，但价格相对较高且工程安装比较困难，因而很少使用。双绞线如图 5-1 所示。

UTP 之所以得到广泛应用，是因为它具有以下特点。

① 物理特性：UTP 线芯一般是铜质的，具有良好的传导性。

② 传输特性：UTP 既可以用于传输模拟信号，也可以用于传输数字信号。

③ 连通性：UTP 普遍用于点到点的连接，也可以用于多点的连接。

④ 地理范围：UTP 可以在 15km 或更大范围内进行数据传输。

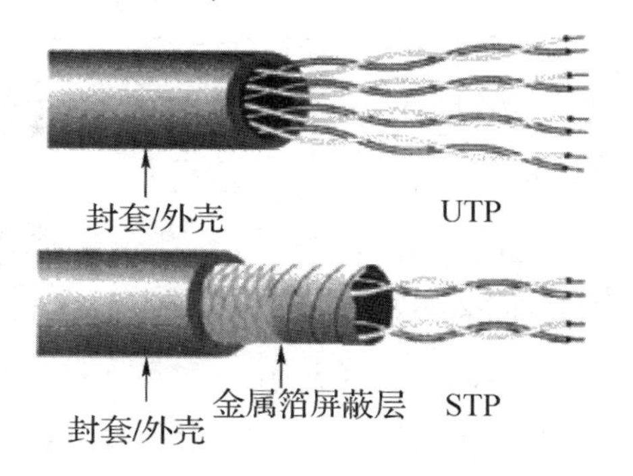

图 5-1　双绞线

⑤ 抗干扰性：在低频传输时，UTP 的抗干扰性相当于或高于同轴电缆。

⑥ UTP 的价格远低于同轴电缆和光缆，且安装简单。

用于数据传输的 UTP 一般采用四对 UTP 封装成一条电缆（一条电话电缆中会包含更多对 UTP），每对 UTP 的特征阻抗都是 100Ω。UTP 的带宽与线规、线类及长度有关，3 类线 100m 的传输带宽为 16MHz，而 5 类线 100m 的传输带宽为 100MHz。

值得指出的是，线缆标准不仅规定了线缆本身的质量标准，还对安装做出了规定，因为线路中所有的连接件、线缆绞合的松紧程度、安装工艺都会对线路的传输性能产生影响。许多用户希望将 5 类线用于诸如 100Mbit/s 以太网这样的高速数据传输场合，如果在安装过程中不注意就可能失败。

以 dB 值计算的双绞线的衰减量与其长度成正比，与 $f^{\frac{1}{2}}$ 成正比。例如，5 类 UTP 在 1MHz 处的衰减量为 2dB/100m，在 16MHz 处的衰减量为 8.2dB/100m，在 100MHz 处的衰减量为 22dB/100m。特征阻抗为 150Ω 的 STP 的衰减量要小于 UTP，典型值为在 100MHz 处的衰减量为 12.3dB/100m，在 300MHz 处的衰减量为 21.4dB/100m。

5.1.2　利用模拟电话用户线进行数据传输

（1）电话网与模拟电话用户线

电话网以双绞线为传输介质，早期的电话网专用于人们之间的语音通话，网络内部传送的所有信号都是模拟信号。

电话网通过交换机和通信链路实现多个电话用户的相互通信。图 5-2 所示为电话网示意图。其中，与用户电话机直接相连的交换机称为市话交换机或端局交换机，它的传统业务是语音业务，服务区域一般在 3～5km 的半径范围内，通过双绞线与用户电话机连接。

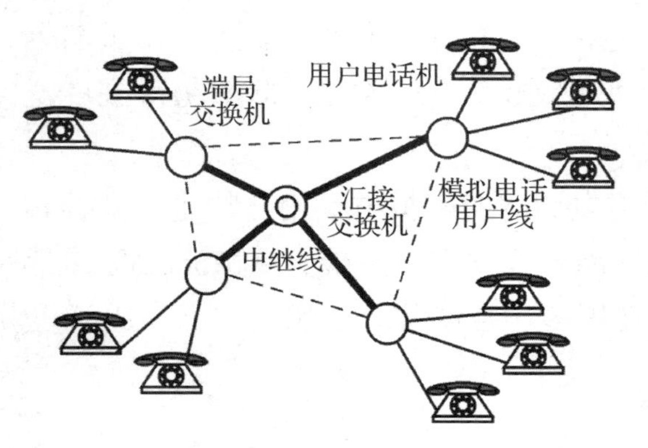

图 5-2　电话网示意图

电话网可以通过增加端局交换机来扩大服务区域，各交换机之间可以互连形成网形拓扑结构或用汇接交换机连接形成星形拓扑结构。汇接交换机是端局交换机的交换机，当传输距离很远时汇接交换机也称为长途交换机。交换机之间的线路称为中继线，各交换机之间的信号传输采用光纤、同轴电缆和微波等宽带的传输系统。

模拟电话用户线是用户电话机与端局交换机之间用于传送信号的通信线路，它以 3 类 UTP 为传输介质。虽然 UTP 也可以传送几兆赫以上的信号，但由于在端局交换机的用户电路中使用了低通滤波器和隔直流电容，所以模拟电话用户线能传输的信号频率范围为 300～3400Hz[①]。

用户电话机用一对双绞线（双线）接入电话网，另外用两对双绞线（四线）分别与话筒和耳机相连，因此在同一对双绞线上必须传送双向、同频的语音信号。在用户电话机内部有一个混合电路（也称为“二—四”线转换器），用于实现输入与输出信号的合路与分路。

（2）模拟电话用户线中的数据传输

在利用模拟电话用户线进行数据传输时，首先必须将数字信号通过调制转换成频率范围为 300～3400Hz 的信号，这个过程由 Modem 实现。Modem 由调制电路和解调电路混合而成，经过调制的信号可以看作一个和语音信号一样的模拟信号。图 5-3 所示为利用 PSTN 进行数字信号传输的示意图。其中，PSTN 中的各交换机之间已完全实现了信号的数字化传输与处理，这部分称为综合数字网络（IDN），IDN 包含各种数字交换设备、数字通信链路（局间中继线）。IDN 与模拟电话用户线相连的部分是这个通信网络中端局交换机与模拟电话用户线的接口电路，具有滤波、PCM 编解码等各种功能。数据终端是指用户的数字终端，如计算机、传真机等。

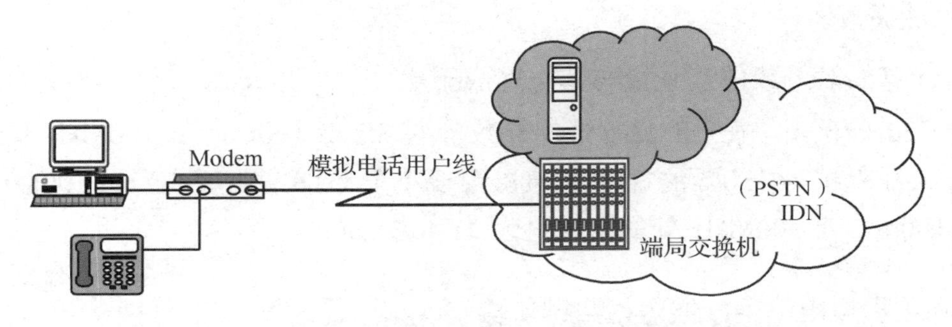

图 5-3 利用 PSTN 进行数字信号传输的示意图

Modem 中的调制电路用于对数据终端产生的数字信号进行正弦波调制，调制的方式通常有 FSK、PSK、16QAM 及网格码等。Modem 中的解调电路可对来自模拟电话用户线接口的已调信号进行解调。不同型号的 Modem 有不同的码元速率，ITU-T 系列标准规定了在电话网中进行数据传输的有关电气、接口特性，以及操作规程，包括接口的物理属性和逻辑属性。在选用 Modem 时，一般应遵循 V 系列标准，ITU 于 1998 年 2 月发布了名为 V.90 的 56kbit/s 的 Modem 标准，这种 Modem 在 20 世纪 90 年代末到 21 世纪初得到广泛应用。

随着 Internet 技术的发展和光纤入户的普及，利用电话网的模拟电话用户线进行数据传输的方式目前已很少用，但这种借助原有的系统（电话网）开发出一种装置（Modem）来满足新的需求（数字信号传输）的思路却是很经典的，在很多场合中都有应用。

---

① 人的声音的频率范围为 50Hz～15kHz，能量主要集中在几百赫到几千赫的范围内，如果只传送其中 300Hz～3.4kHz 的信号，就会有失真，但能保证有足够的语音清晰度。

5.1.3　利用数字用户线进行数据传输

由于电话网中语音信道的频率范围被限制在 300～3400Hz，使用 Modem 通过语音信道进行数据传输的速率较低，不能满足大量用户接入 Internet 的需求，因此提出了用户线的数字化要求。

数字用户线（DSL）是以双绞线为传输介质的数字传输技术组合，包括非对称数字用户线（ADSL）、高速数字用户线（HDSL）、对称数字用户线（SDSL）等，统称为 xDSL，它们之间的主要区别是信号传输速度和传输距离不同，以及上行速率和下行速率对称性不同。

ADSL 属于非对称传输线路，有效传输距离在 3～5km 的范围内，只需一对双绞线并且可以利用现有的电话用户线，因此比较经济。所谓非对称，是指上行速率与下行速率不同，对于一般用户来说，上传的数据量远小于下载的数据量，因此非对称传输是合理有效的。比较而言，SDSL 更适用于企业点对点连接应用场合，如文件传输、视频会议等接收和发送数据量大致相当的应用场合。同 ADSL 相比，SDSL 的应用市场要小得多。

为了解决 NRZ 波形含有直流分量、丢失同步信息、高频分量大等一系列问题，DSL 上的用户端和交换机端的设备中都有成对出现的信道编解码器（如 AMI 码、2B1Q 码形成器）、均衡器、波形形成滤波器等电路。

（1）双工通信

双工通信是指利用一对双绞线进行双向的数据传输，主要有以下三种方法。

① 时分双工（TDD）法。TDD 法又称时分法和时间压缩复用方式，即采用时分复用技术对从电话终端或数据终端送来的数字信号进行时间压缩和速率变换，使其变成高速窄脉冲串，利用中间空隙时间周期性地在一对双绞线上交替传递，一来一往像打乒乓球一样。在接收端，这些高速窄脉冲被扩展恢复成原来的数字比特流，如图 5-4 所示。

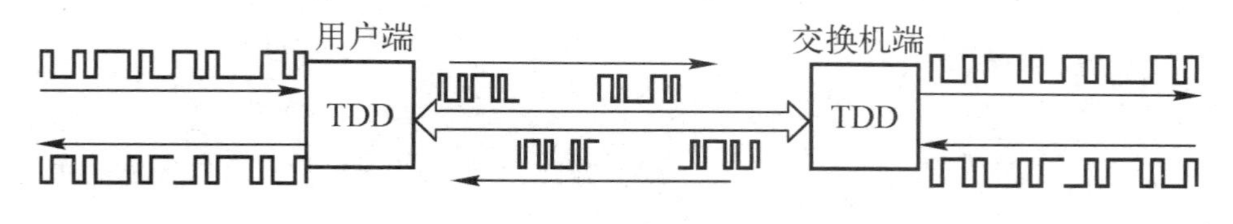

图 5-4　TDD 法数据双线双向传输示意图

② 回波抑制（Echo-Cancellation）法。回波抑制法又称单频双向方式，其原理示意图如图 5-5 所示。A 端的 2/4 线混合电路将要传送的信号 T_A 经过混合回路送到用户线并被 B 端的 2/4 线混合电路接收后送到 B 端的接收口，输出信号为 R_A；同样地，B 端的 2/4 线混合电路将要传送的信号 T_B 经过混合回路送到用户线并被 A 端的 2/4 线混合电路接收后送到 A 端的接收口，输出信号为 R_B。由于 T_A 和 T_B 频率相同，而且同时双向传输，所以这时会出现一种现象，即 T_A 到 B 端后产生反射，有一部分又反向回到 A 端，从 A 端的接收口输出，对 R_B 形成干扰。这种反射回来的信号称为回波。

电话线路中的回波主要是因为混合回路和传输线路阻抗不匹配产生的。由于回波的频率和时间与正常信号是一致的，所以不能用滤波器或开关电路消除回波，而要用 2/4 线混合电路中的回波抑制器抑制回波。回波抑制器由自适应滤波器和加法器组成，自适应滤波器根据输入端的信号合成回波的估计值，在输出端减去该估计值以达到抑制回波的目的。

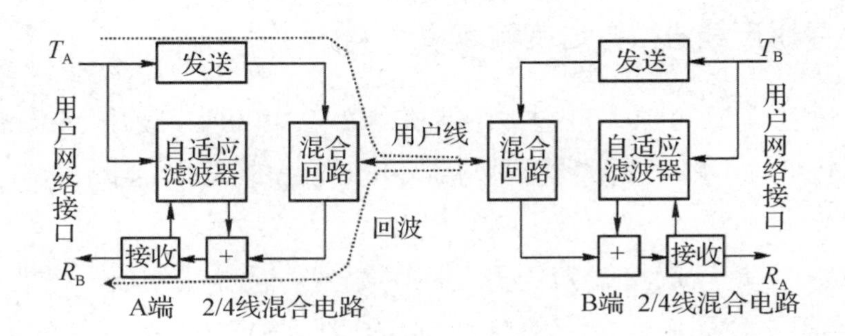

图 5-5 回波抑制法的原理示意图

采用回波抑制法的用户线传输系统在技术上较为复杂，但采用这种方法可达到的传输距离比采用 TDD 法更长。当双绞线的直径为 0.4mm 时，一般传输距离可达 4km；当双绞线的直径为 0.5mm 时，传输距离可达 5～6km。

③ 双频双向法。双频双向法是双工通信中常用的方法。系统将信道按频率划分为两个（或多个）子信道，双方的发送设备将各自的信号调制到不同的载波上进行发送，接收设备通过滤波器选择对方的信号进行接收，并对自己发送的信号进行隔离。

（2）ADSL

ADSL 是目前用得较多的一种利用双绞线进行数据传输的技术。电话网中每路电话通道的带宽约为 4kHz，这个带宽是通过交换机模拟接口电路中的滤波器形成的，仅就双绞线本身而言，其带宽可能达到几兆赫以上，实际带宽与双绞线的直径、长度等因素有关。ADSL 正是利用了双绞线的这个特点，允许在同一双绞线上，在不影响现有的普通电话业务的情况下，进行上行、下行速率不同的非对称性高速数据传输，有效传输距离在 3～5km 的范围内。ADSL 系统中包含从网络到用户的高速下行信道和从用户到网络的低速上行信道，因此在用户环路上就存在 3 个信道（或频谱段），如图 5-6 所示。

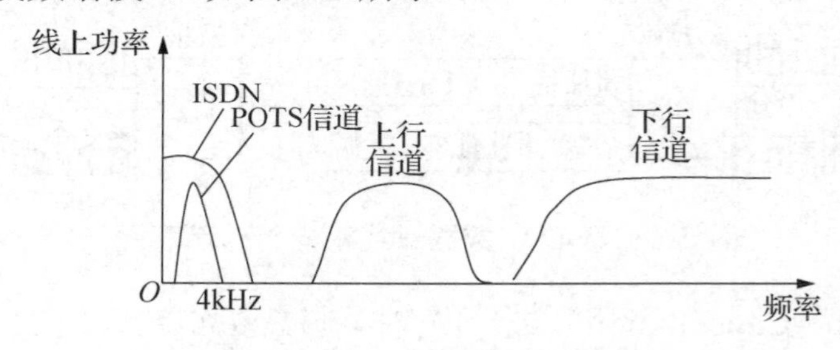

图 5-6 ADSL 系统的频率分配

POTS 信道：用于普通电话业务，即使 ADSL 连接不成功，这个信道也不受影响，换言之，ADSL 保留了独立的普通电话业务功能。

上行信道：传输控制及反向应答数据，上行速率可达 384kbit/s 或更高。

下行信道：传输高速数据，下行速率为 1.6～9.2Mbit/s。基于上行速率和下行速率的不同，可构成不同的 ADSL 系统。

ADSL 传输数据的速度远远高于模拟电话用户线。例如，下载一个 0.5MB 的全球网主页，用 28.8kbit/s 的 Modem 约需要 2min，而用 ADSL 以 768kbit/s 传输只需要 5.2s。

ADSL 因为可以利用现有的模拟电话用户线，所以得到了非常普遍的应用。固定电话用户只要购置一台 ADSL Modem 就可以申请开通 ADSL。在使用光纤和同轴电缆混合连接方式或光纤连接经济性差的地方，ADSL 可将少量用户接入宽带网络。ADSL 的显著优点是容易安装、使用方便、成本低廉，接入成本比光纤和直播卫星都低，与模拟接入相当。ADSL 的相关情况如下。

① ADSL 标准。常用的 ADSL 标准的编号为 T1.413。该标准规定，ADSL 将提供下列多种传输通道。

● 高速单工通道。该通道为下行数据提供 DS2 速率[①]（一般为 6Mbit/s）。该通道可分成 4 个 1.5Mbit/s 通道或 2 个 3Mbit/s 通道。根据 ITU-T G.992.5（ADSL2+）标准，该通道最高能够支持 24Mbit/s 的下行速率。

● 64kbit/s 双工数据传输通道。该通道可配合高速单工通道使用，可在用户和业务提供者之间进行交互式控制和数据传输。

● 全双工通道。该通道根据业务需要提供 160kbit/s 和 576kbit/s 的速率。例如，用户能以 384kbit/s 的速率连接 ISDN 或以 576kbit/s 的速率接入高速链路。

② ADSL 在宽带网络上的作用。在暂时还没有使用光纤系统、光纤-同轴电缆混合系统、无线系统或其他宽带传输系统的地方，使用 ADSL 系统可为推广宽带业务提供一种经济实用的手段，以满足商业发展的需要和用户对通信的迫切需求。随着光纤在用户接入网中的应用增加，从端局或光纤网络单元到用户的距离会越来越短，在这段线路上 ADSL 的传输速率可进一步提高。

③ ADSL 系统的结构。ADSL 系统的基本结构如图 5-7 所示。用户端的 ADSL Modem 包括 ADSL 终端单元 R（ATU- R）及分离器 R，两者装在一个机盒中。ATU-R 内部的 ADSL 收发单元（Modem）用于对上行数据进行调制，对下行数据进行解调。分离器 R 用于将上行的 ADSL 信号（频率在 20kHz 以上）和基本的音频电话信号（频率在 24kHz 以下）混合接入用户环路，同时将下行（来自端局）的 ADSL 信号和音频电话信号分离开，送到电话机和计算机（或其他数字终端）上。

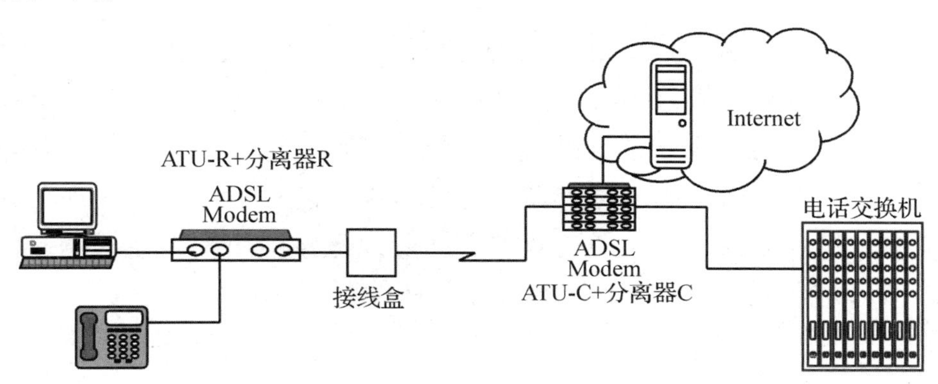

图 5-7　ADSL 系统的基本结构

网络端（或电话端局）的 ADSL Modem 包括 ADSL 终端单元 C（ATU- C）和分离器 C，两者也装在一个机盒中。网络端的 ADSL Modem 可通过多对双绞线与多个用户终端相连。ATU- C 执行基本的多路复用与分解、发送与接收（包括调制与解调）和系统控制功能，并对

① 二次群速率，为 4×1.544Mbit/s 或 4×2.048Mbit/s。

用户环路、网络传送层及交换和操作系统提供接口。分离器C用于将来自用户环路的ADSL信号（频率在20kHz以上）和基本的音频电话信号（频率在4kHz以下）分离开，分送到ADSL收发单元和电话交换机，同时将来自ATU-C中的ADSL收发单元和电话交换机的信号进行复合，并送入用户环路。

④ ADSL的编码技术。ADSL系统采用ANSI T1规定的DMT线码。DMT实际上是一种FDM方式。输入的数据流被分配到N个有相同带宽但中心频率不同的子信道中，各子信道之间相互独立，每个子信道单独采用QAM；在存在噪声与干扰的环境下，每个子信道几乎都能达到理论上的信道容量极限；ADSL Modem对每个子信道都要进行测试，以获得最佳的传输效果。

标准的ADSL系统有256个下行子信道、32个上行子信道，每个子信道的带宽均为4.3125kHz，各个子信道之间的中心频率差也为4.3125kHz。

ADSL系统的帧结构可以按32kbit/s递增方式分配下行信号或上行信号。ADSL系统既可以适应传统的同步数字系统传输速率，如DS0（64kbit/s）、T1（1.54Mbit/s）或E1（2.048Mbit/s），还可以适应基于ATM的传输方式，如同步光纤网（SONET）。

⑤ ADSL与普通拨号 Modem的比较。

- 比起普通拨号Modem的最高速率为56kbit/s，ADSL的速率优势是不言而喻的。
- 与普通拨号Modem相比，ADSL更为吸引人的地方是，它在同一条铜线上分别传送数字信号和语音信号，数字信号并不通过电话交换机，减轻了电话交换机的负载，并且不需要拨号，一直在线，属于专线上网方式，这意味着使用ADSL上网只需支付流量费用，而不需要支付另外的电话计时费用。

5.2 数字无线传输系统

利用无线空间作为信道进行信息传输的通信系统称为无线传输系统。一个最常见的例子是笔记本电脑通过Wi-Fi接入Internet，Internet的末端和笔记本电脑内部各有一对无线电收发设备，使两者之间形成一条无线链路，取代了原来的双绞线连接，如图5-8所示。

利用无线传输系统，用户终端可以在一定的范围内随意移动而不受绳路的牵制，各种无线传输系统都有这样的优点。在通信双方之间受地理条件限制不便架设通信电缆（或光缆），或者通信双方至少有一方处于移动状态等情况下，无线电通信是一种不可替代的通信方式。

图5-8 双绞线连接与无线链路连接示意图

5.2.1　无线信道与电磁波传播

无线电的含义是电信号从信源到信宿的传输无须通过电缆，发送设备将信号通过天线送入外围空间，接收设备通过天线接收这个信号。无线信道没有传输介质，信号在无线空间的传播以电磁波作为载体。

可用于无线传播的电磁波的频率范围为 $1.5\times10^4\sim3\times10^{11}$Hz。例如，调频广播的频率范围为 87.5～108.0MHz，5G 通信目前主要使用的频率范围是 450MHz～6.0GHz。无线空间的电磁波频率是全世界共有的资源，在使用电磁波频率时必须遵守各个国家的相关法律法规。

（1）电磁波

电与电磁波是相互关联的，一个电磁场中包含电场与磁场。所有的电路中都有场，因为当电流流过一个导体时导体的周围会产生磁场，而有电压差的任意两点之间会产生电场，交变电磁场会使周围的导体感应出交变电流。电场与磁场都有能量，在电路中这两个场的能量都会反馈到电路中，否则就意味着电磁能量至少有一部分向外界辐射，导致能量的损失。另外，这个辐射能会对周围的电子设备产生干扰，这种干扰称为电磁干扰（EMI），简称干扰。

这种向外辐射的交变电磁场可以用来携带信息，在发射端用一个导体（发射天线）将带有信息的电流转变成电磁场向外辐射，在接收端用一个导体（接收天线）感应出带有信息的交变电流，可以获得来自发射端的信息。对于无线电发射机，如何用天线将电磁能更有效地向外围空间发射是人们主要关心的问题之一，天线设计必须避免电磁能反馈到电路中，同时要尽可能将电磁波发向接收端所在的方向。

图 5-9 所示为电磁波传播示意图，其中电场与磁场相互垂直且交替变化。波的极化方向取决于电场分量的方向。在图 5-9 中，电场是垂直的（沿 Y 轴负方向），因此这个波被称为垂直极化波，天线的指向决定了极化方向，垂直天线将产生垂直极化波。

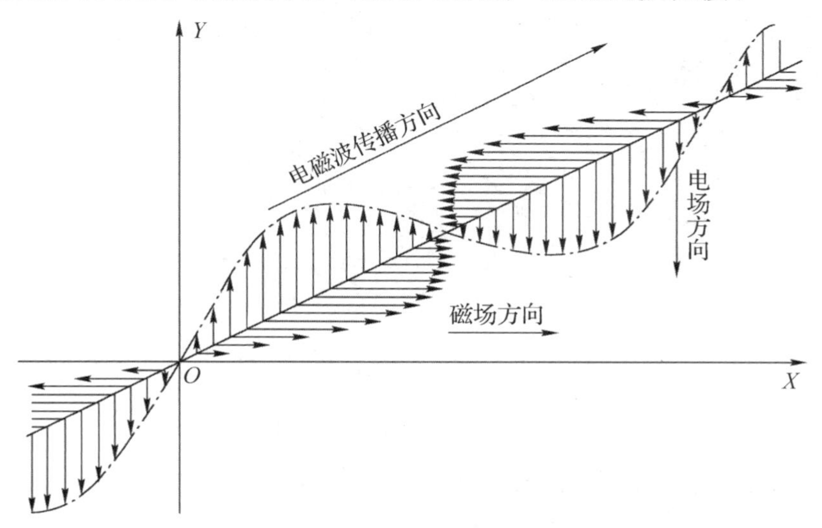

图 5-9　电磁波传播示意图

① 波前。

波前可以定义为电磁波从源点向周围空间辐射时所有同相位点组成的平面。在自由空间中，如果从源点向周围空间辐射的电磁波是均匀的，则称这个点源为全向点源，它所形成的

波前是球形的。图 5-10 所示为自由空间中全向点源的两个波前的示意图。点源全向辐射，功率密度为

$$\rho = \frac{p_t}{4\pi r^2} \quad (\text{W/m}^2)$$

式中，p_t是全向点源的辐射功率；r是波前到全向点源的距离。功率密度反映了在球面波前的情况下单位面积上获得的功率。由于球面面积与半径的平方成正比，因此如果波前 2 到全向点源的距离是波前 1 的两倍，则波前 2 的功率密度将是波前 1 的 1/4。球形波前的面是曲面，但当其到全向点源有相当远的距离时，一小块面可以看作平面，称为平面波前。

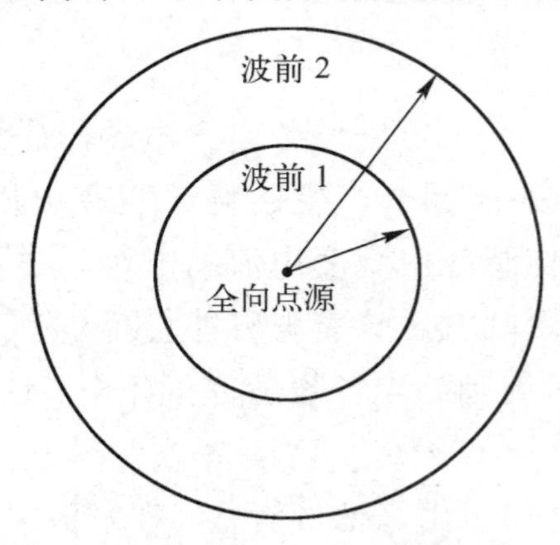

图 5-10　自由空间中全向点源的两个波前的示意图

② 反射。

正如光波会被镜面反射一样，电磁波也会被任意导电的介质（如金属表面或地面）反射，且入射的角度与反射的角度相同，如图 5-11 所示。反射后入射波的相位与反射波的相位发生了 180° 的变化。

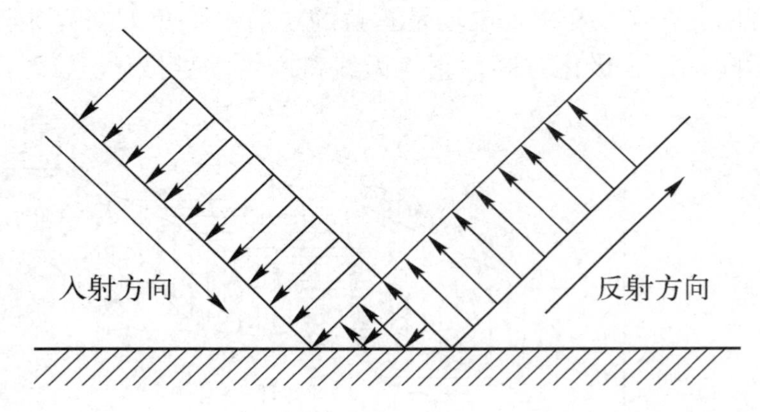

图 5-11　电磁波的反射示意图

如果反射体是理想的导体，且入射波的电场与反射体表面垂直，就会出现全反射现象，此时的反射系数为 1。反射系数定义为反射波的电场强度与入射波的电场强度之比。实际上一个非理想的反射体总是要吸收一部分能量的，也有一部分能量会穿透反射体向其他方向传播，因此反射系数小于 1。也就是说，反射波的电场强度总是小于入射波。

如果入射波的电场不与反射体表面垂直，情况就会有很大的不同。在极端的情况下，如果入射波的电场与反射体（导体）表面平行，电场就会被短路，导体表面会产生电流，电磁波会有很大的衰减。如果入射波的电场部分与导体平行，电磁波就会有部分衰减。所以水平

极化的电磁波只能以直射波传播，不会被地面反射，但在很多情况下它会被各种建筑物立面（与地面垂直的面）反射。

如果反射体表面是一个曲面（如抛物面天线表面），电磁波就会像光波一样被聚焦。

③ 折射。

折射是电磁波传播与光的传播类似的另一种现象。电磁波在两种不同密度的介质中传播时会发生折射。

图 5-12 所示为电磁波折射与反射的例子。显而易见，反射系数小于 1，因为有一部分能量通过折射进入另一种介质。

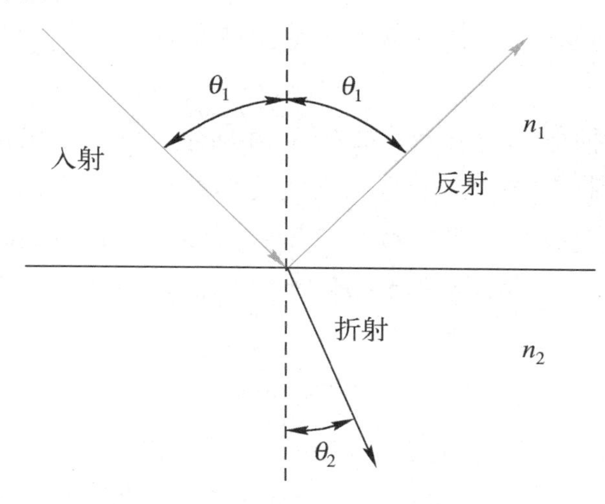

图 5-12　电磁波折射与反射的例子

④ 衍射。

衍射是电磁波在直线传播时绕过障碍物的一种现象。理论研究表明，球面波前的每个点都可以看作一个二级球面波前的源点，这个概念解释了为什么可以在山的背后接收电磁波。如图 5-13 所示，在一座山的背后，除一小部分区域（称为阴影区）外，其他地方的电磁波都能被接收到，直射的波前到达障碍物后变成一个新的点源向被阻挡的空间发射，使阴影区缩小，也就是说，电磁波沿着障碍物的边界产生了衍射。电磁波的频率越低，衍射越强，阴影区就越小。

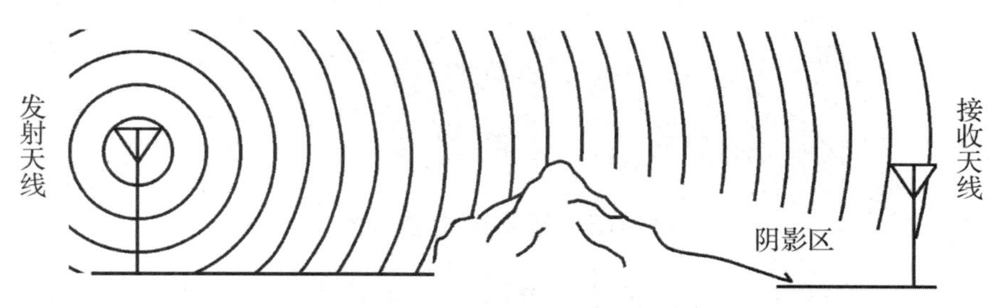

图 5-13　电磁波的衍射示意图

（2）电磁波的传播模式

电磁波从发射天线到接收天线的传播主要有地面波传播、空间波传播和天波传播三种模式，在同一个无线电发送与接收系统中，这三种传播模式可能兼而有之，只是因为所选择的天线、工作频率等不同，所以以三者中的一种作为主要的传播模式。下面将讨论在不同的频段电磁波的传播特性。

① 地面波传播。

地面波是指沿地球表面传播的电磁波，也称为地表面波。地面波应是垂直极化的，否则地球表面会使水平极化的电场形成短路。地形变化对地面波的影响很大，如果地球表面的导电性很好，则其对电磁波的吸收少，电磁波的衰减小。地面波在水面上传播比在沙漠上传播的性能好。

地面波是很稳定的通信链路，不像天波一样会受时间与季节的影响。只要功率足够大、频率足够低，地面波就可以传播到地球上的所有地方。普通收音机接收的中波（频率为535～1605kHz）广播就是以地面波的形式传播的。

地面波的衰减会随着频率的升高而增大，地面波在频率高于2MHz时传播损耗就已经很大了。

地面波还会受到另一种形式的衰减，如图5-14所示，原发射波应是垂直极化的，但由于地球表面是一个曲面，因此电磁波在沿地球表面传播的过程中极化方向逐步发生了倾斜，在到发射机为一定的距离时变成水平极化波，电场被短路。电磁波的波长越长、频率越低，倾斜越慢，地面吸收衰减越小。频率高于5MHz的地面波传播距离很短，主要原因是极化倾斜导致地面吸收衰减增大。

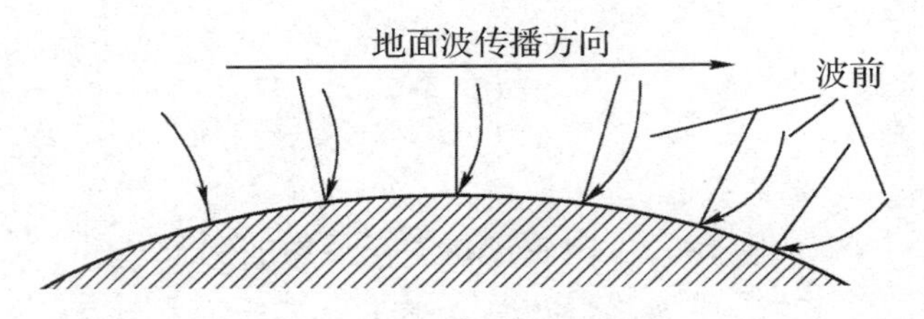

图5-14 地面波传播过程中的极化倾斜示意图

② 空间波传播。

空间波有两种形式，一种是直射波，另一种是地面反射波，如图5-15所示。直射波在无线通信中很常用，直射波直接从发射天线传播到接收天线，无须沿地球表面传播，因此地球表面不会使它产生衰减，也不会使它产生极化倾斜。

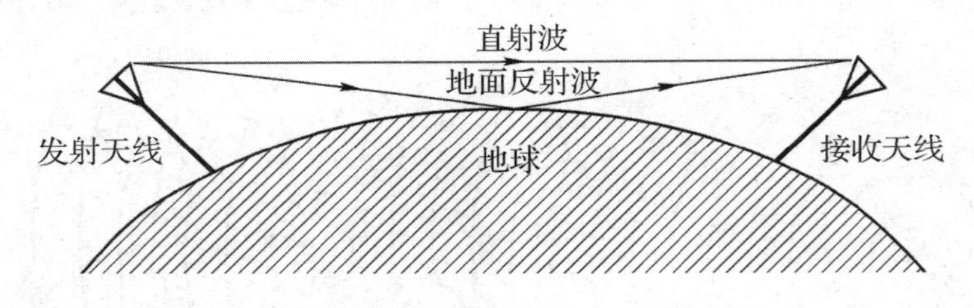

图5-15 空间波传播示意图

直射波只能进行视距传播，因此天线高度与地球曲率是限制直射波传播距离的主要因素。在地面上直射波的传播距离d可以按如下公式估算：

$$d \approx 3.57(\sqrt{h_t} + \sqrt{h_r})$$

式中，d为传播距离，也就是发射天线和接收天线之间的距离，单位为km；h_t为发射天线的高度，单位为m；h_r为接收天线的高度，单位为m。通常情况下，在地面上利用直射波进行通信的距离在50km以内。

直射波在很宽的频率范围内基本上不受频率的影响。在30MHz以上波段（超短波和微波），由于地面波和天波都不能用，所以基本上都为直射波。地面反射波很少被用来进行信号的传播，但它又是客观存在的。从图 5-15 中可以看到，当信号以直射波的方式传播时，这个信号也可能通过地面反射传播到同一个接收天线上，这时会形成波的干涉，不利于信号的接收。目前利用空间波传播的无线通信系统主要有移动通信、调频广播、电视广播、卫星通信、地面微波通信等系统。当电磁波的频率在 30MHz 以上时，空间波传播是主要的传播方式。

③ 天波传播。

天波传播是远距离无线通信的常用方式。在距地面 60km 以上的空间中有一个由电子、离子等组成的电离层。电离层中的电子浓度、高度和厚度会随太阳的电磁辐射、季节的变化等发生随机变化。当电磁波以较大的仰角向空中辐射到电离层时，电离层中的每个带电粒子受电磁场的作用产生振动，这种运动的带电粒子又会向外辐射电磁波，从宏观上看形成了电磁波在电离层内部的折射，其中有一部分电磁波会返回地面，就好像电离层对电磁波进行了反射，故称这种信道为电离层反射信道，如图 5-16 所示。

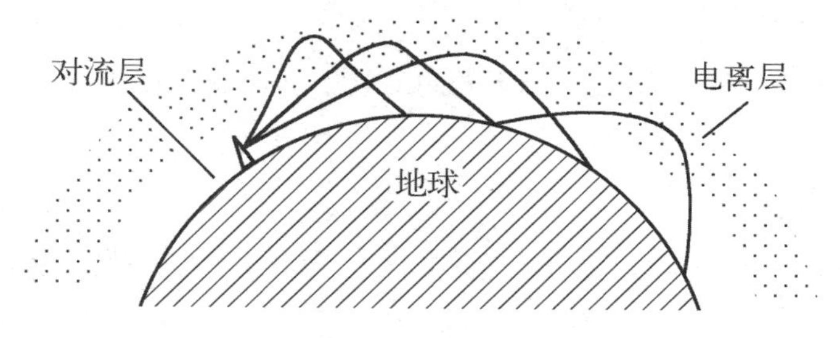

图 5-16　电离层反射传播示意图

电离层对短波波段（3～30MHz）的电磁波的反射作用比较明显，故电离层反射传播常被用于短波通信和短波广播[①]。由于地球表面对短波波段的电磁波也有反射作用，因此借助电磁波在电离层与地球表面之间的多次反射，可以进行全球通信。

由于电离层本身不稳定，因此电离层反射信道的传输特性会随时间变化，主要表现在以下几个方面。

- 电离层对信号的衰减随时间变化。
- 电离层对信号的时延随时间变化。
- 接收端与发射端之间有多个传播路径且其随时间变化。

出于这几个方面的原因，接收端的信号将会出现一致性衰落和选择性衰落。一致性衰落是指信号的所有频率成分受到相同程度的随机衰减，选择性衰落是指信号的各个频率成分受到不同程度的随机衰减。无论何种衰落，对信号的正常接收都是不利的，尤其对宽带信号的接收更不利。在短波通信中一般采用功能强的自动增益控制电路来消除衰落的影响，必要时可以采用分集[②]接收的方法来消除衰落的影响。

---

① 短波波段的电磁波也可沿地球表面传播，但传播距离较短，一般在 20km 以内。

② 分集有频率分集、极化分集、时间分集和空间分集等形式。以频率分集为例，它用两个（或两个以上）不同频率的载波频率来传送同一个信号，并有一套设备用来自动选择最好的一路信号。各个载波必须有足够的频距，以保证各路信号不会因电离层产生同样的衰落。

5.2.2 无线电发送与接收设备

无线电发送与接收设备可以看作无线信道的接口设备。当数字信号要通过无线信道传输时，需要由无线电发送设备对数字信号进行调制、变频和放大，并通过发射天线向无线空间辐射电磁波；在接收端通过接收天线感应电磁波信号，并通过滤波、放大、变频、解调及取样判决等一系列处理将其恢复成原来的数字信号。本节以较为简单的第二代无绳电话（CT2）为例介绍无线电发送与接收设备的组成和工作原理。

CT2 是在家用无绳电话（单用户）的基础上发展起来的，可以看作公用电话网的拓展。一个携带 CT2 的用户，只要靠近 CT2 基站（一般基站区半径约为 100m）就可与基站进行双向通信，而 CT2 基站与 PSTN 相连，因此该用户可与 PSTN 中的任何一个用户通话。CT2 因为具有价格便宜、通话费用低及待机时间长等优点，于 2000 年前后在我国得到了比较普遍的应用，在 2009 年 3G 移动通信投入使用后逐步退出市场。

（1）CT2 的主要技术特点

① 工作频段为 864.1～868.1MHz，带宽为 4MHz，分为 40 个子信道，每个子信道的带宽为 100kHz。

② 采用同频 TDD 技术。

③ 动态信道扫描，CT2 和 CT2 基站都可在任意信道上扫描，从而选择一个噪声最低的信道作为工作信道。

④ 语音信号采用 ADPCM，编码率为 32kbit/s，数据传输速率为 72kbit/s。

⑤ 数字调制方式采用二进制 FSK。

⑥ 手机发射功率限制在 10mW 以内，一个 CT2 基站区的半径为 50～100m。

⑦ 采用数字信号加密技术。

（2）CT2 的组成原理

图 5-17 所示为某一型号的 CT2 的组成框图，下面介绍其主要部分电路的工作原理。

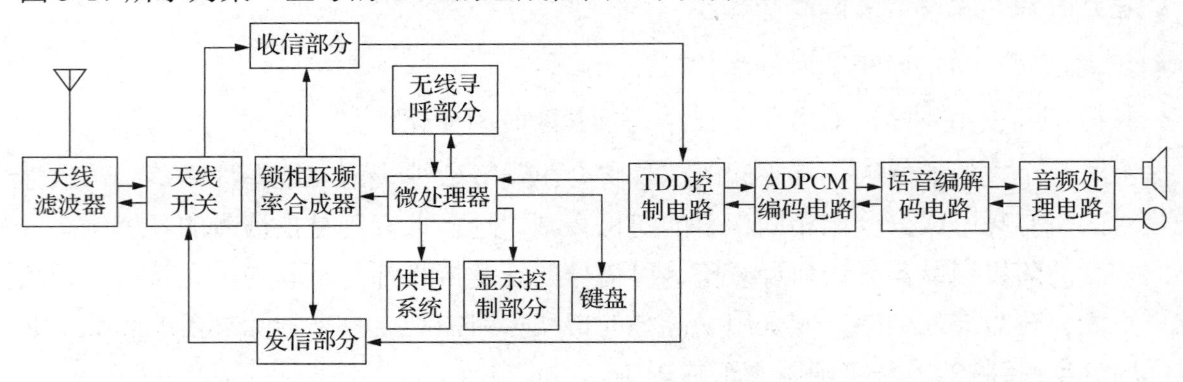

图 5-17　某一型号的 CT2 的组成框图

① 天线滤波器。

CT2 采用同频 TDD 技术，收发不同时进行但同频工作，天线及天线滤波器既可用于发送信号，也可用于接收信号。天线滤波器的中心频率为 866MHz，带宽为 4MHz，CT2 在不同的子信道上工作时天线滤波器不需要调谐。

② 天线开关。

天线开关用于完成收/发转换，转换速率是 1ms 收、1ms 发，由于 CAI 规定在收/发转换过程中有一段防护时间（约为 56μs），因此天线开关的转换时间应小于这个值，并且与 TDD 严格配合，这样才能保证收/发的正确转换。天线开关采用响应时间较短的电子开关。

③ 发信部分。

发信部分用于完成从数字基带信号到射频、大功率已调信号的转换。发信部分的组成框图及各点信号波形与频谱示意图如图 5-18 所示。

来自 TDD 电路的二进制数字基带信号的码元率为 72kbit/s，每隔 1ms 发送 1ms（72bit），其波形与频谱如图 5-18（a）所示。经过低通滤波器后，由于低通滤波器的带宽较窄，因此从频谱上看数字基带信号的高频分量受到衰减，在波形上反映出方波脉冲的前后沿圆滑，如图 5-18（b）所示。低通滤波器一方面对数字基带信号进行频带限制，滤除较高频率的分量，使 FSK 信号有较窄的带宽，另一方面对数字基带信号进行预加重处理，改善通信过程中的信噪比。信号通过调频器和带通滤波器后获得近似的 FSK 信号，如图 5-18（c）所示。已调信号的最小频率偏移量为±14.4kHz，最大频率偏移量为±25.2kHz。经过调制后信号变成中频信号，带通滤波器用于滤除因 FSK 调制带来的带外辐射，从而减小对邻近波道的干扰。在混频器中，FSK 信号与锁相环频率合成器的输出频率进行混频，把频率搬移到射频（工作频率）段。射频信号与中频信号相比主要是中心频率提高了。只要改变锁相环频率合成器的输出频率就可以改变发射机的工作频率。信号在进入天线之前，还要进行功率放大，以确保接收端能获得足够大的信号，如图 5-18（d）所示。通常 CT2 的发射功率不超过 10mW。

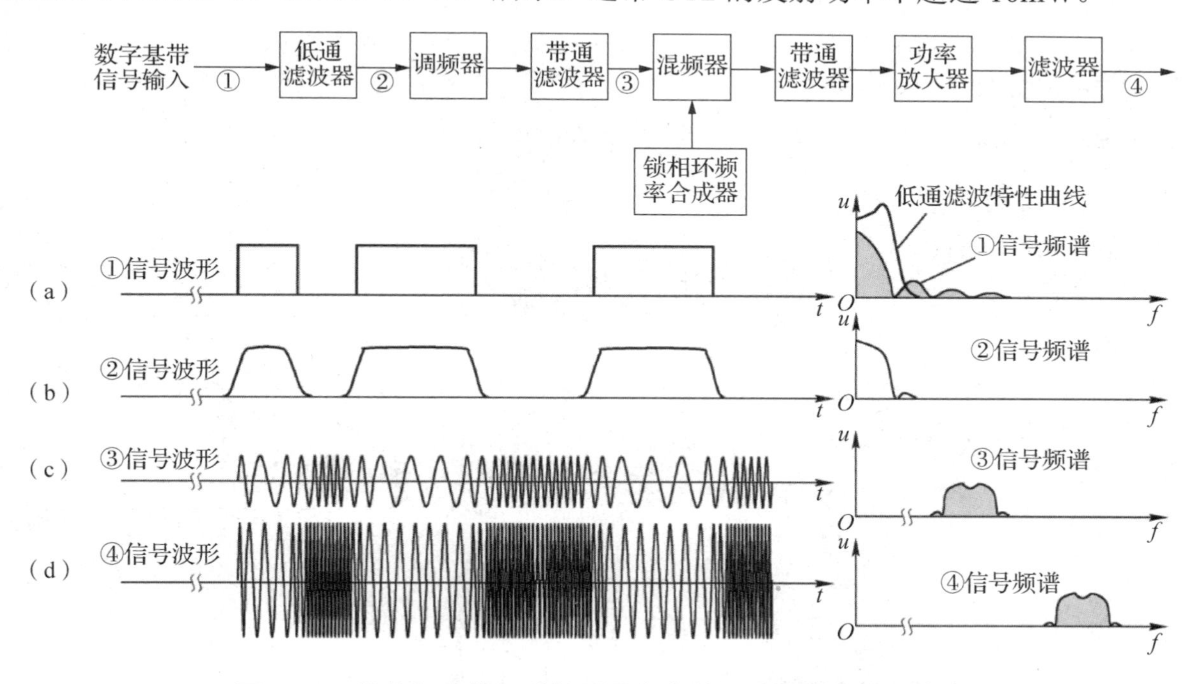

图 5-18　发信部分的组成框图及各点信号波形与频谱示意图

图 5-18 中的锁相环频率合成器是一种正弦波信号发生器，它能对一个由晶体振荡器产生的高频率且稳定的正弦波进行倍频、分频、和频、差频，产生一个或多个所需频率的正弦波，并且其频率可以受程序控制发生变化，其频率稳定度与晶体振荡器的频率稳定度基本相同。

④ 收信部分。

收信部分用于将天线感应到的信号经过放大、滤波、解调后还原成数字基带信号。收信部分的组成框图及各点信号波形与频谱示意图如图5-19所示，这是一个典型的超外差接收机电路，采用了两次变频技术。

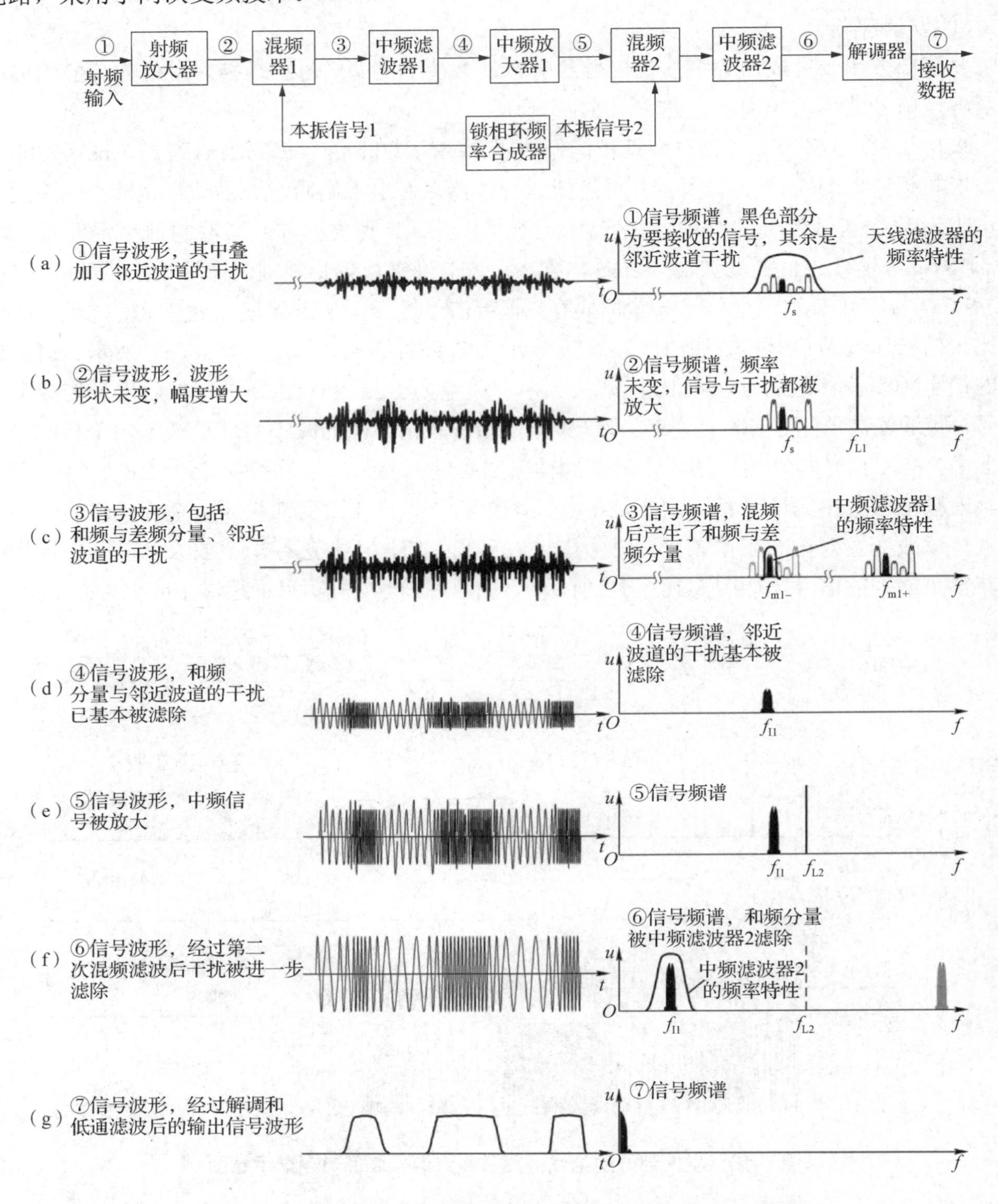

图5-19 收信部分的组成框图及各点信号波形与频谱示意图

天线感应到的信号首先经过天线滤波器初次滤波。由于天线滤波器的通带范围为864.1～868.1MHz，带宽为4MHz，远宽于信号带宽，因此进入射频放大器的信号中含有较多杂波，特别是来自本系统内部其他CT2与CT2基站的通信信号也可能进入射频放大器，如图 5-19（a）所示。

射频放大器对信号进行线性放大，由于此时信号幅度很小，因此射频放大器必须是低噪声放大器，以防止射频放大器内部的噪声过大而使信噪比恶化。射频放大器既放大了信号，也放大了各种杂波干扰，如图 5-19（b）所示。

射频放大器的输出信号与来自锁相环频率合成器的本振信号 1 进行混频，如果混频器 1 有理想的特性，则其输出信号中含有两者的和频与差频分量，如图 5-19（c）所示。设信号的频率为 f_s，本振信号 1 的频率为 f_{L1}，则输出信号频率分别为 $f_{m1+}=f_{L1}+f_s$，$f_{m1-}=f_{L1}-f_s$。从频谱图上来看，信号出现在两个频率（f_{m1+} 和 f_{m1-}）位置上。

中频滤波器 1 是声表面波滤波器，它的中心频率 f_{I1} 固定，低于信号的频率 f_s，带宽约为 100kHz（正好是一路信号的带宽）。这样，在混频器 1 的两个输出分量中，只有满足条件 $f_{m1-}=f_{L1}-f_s=f_{I1}$ 的分量才能通过中频滤波器 1 进入中频放大器 1 进行放大。

中频滤波器 1 在取出信号的同时有效地抑制了邻近波道的干扰，因此它的输出信号是比较纯净的信号，如图 5-19（d）所示。中频放大器 1 对中频信号进行放大，得到如图 5-19（e）的信号波形与频谱。

如果中频滤波器 1 的中心频率为 10.7MHz，要接收的信号的频率为 864.1MHz，则本振信号 1 的频率应为 $f_{L1}=f_s+f_{I1}$=874.8MHz。只要改变本振信号 1 的频率，就可以改变要接收信号的频率。

为了便于解调，中心频率为 10.7MHz 的中频信号要进行第二次变频，如图 5-19（f）所示。中频滤波器 2 的中心频率固定为 455kHz，本振信号 2 的频率固定为 11.155MHz。中频滤波器 2 的带宽近似为 100kHz，但由于中心频率较低，因此矩形系数好，可以进一步抑制邻近波道的干扰，其他的干扰也基本被滤除。

解调器对中心频率为 455kHz 的信号进行 FSK 解调，最终得到速率为 72kbit/s 的数字基带信号，如图 5-19（g）所示。

⑤ TDD 控制电路。

数字化的语音信号经过 ADPCM 转换后产生 32kbit/s 的信号。TDD 控制电路内部的存储器用 2ms 的时间存储数据，并在随后的 1ms 内将数据发送出去，也就是连续输入、间隙输出。这样，输出期间发送数据的速率为 64kbit/s，再加上在数据包中各种必要的控制信号，实际发送数据的速率为 72kbit/s，发送过程是发送 1ms（72bit）、等待 1ms，再发送 1ms、等待 1ms……。同样，TDD 控制电路内部的另一个存储器每次要接收信号 1ms（速率为 72kbit/s），用 2ms 的时间将其输出到 ADPCM 电路中（数据速率为 36kbit/s），也就是间歇输入、连续输出。扣除各种控制比特后实际进入 ADPCM 电路的数据速率为 32kbit/s。

⑥ 语音处理部分。

CT2 的语音处理部分可分为音频处理电路、语音编解码电路和 ADPCM 编码电路。

音频处理电路主要用于对双向的音频信号进行放大和滤波。它内部有两套音频放大器和低通滤波器，一套对来自话筒的模拟音频信号进行低噪声放大，使其达到语音编解码电路对输入信号电平的要求，同时对语音信号进行滤波，将信号的频率限制在 300～3400Hz 范围内；另一套对来自语音编解码电路的语音信号进行低通滤波，并进行功率放大，以达到扬声器的输出功率要求。

语音编解码电路用于对要发送的模拟语音信号进行 PCM 编码或对接收到的数字信号进行 PCM 解码，恢复原语音信号。语音编解码采用 A 律或μ律，取样频率为 8kHz，编解码速率为 64kbit/s。

5.2.3 天线

天线是实现电信号与电磁波相互转换的换能器。在进行无线电通信时，发射机与接收机都要用到天线，在很多情况下发射设备与接收设备共用一个天线。从某种意义上讲，天线是无线信道的接口。

发射天线可以将高频电流转换成同样频率的电磁波，如果将电磁波想象成可见光，则发射天线的作用类似于灯泡，当有电流流过灯泡时，灯泡会向周围发射光波，当有高频电流流过天线时，天线会向外围空间辐射电磁波。接收天线将接收到的电磁波转换成电信号，它类似于一个光电池，在光的照射下产生电流。天线的选择与工作频率（波长）、传播方式、方向性等多种因素有关，目前在无线电通信中常用的天线有如图 5-20 所示的几种及它们的变形，如手机天线就可以看作鞭状天线的一种。图 5-20（a）所示为半波振子天线，常用于超短波通信和电视信号接收；图 5-20（b）所示为鞭状天线，常用于短波及以上波段的通信；图 5-20（c）所示为抛物面天线，常用于微波中继通信和卫星通信。

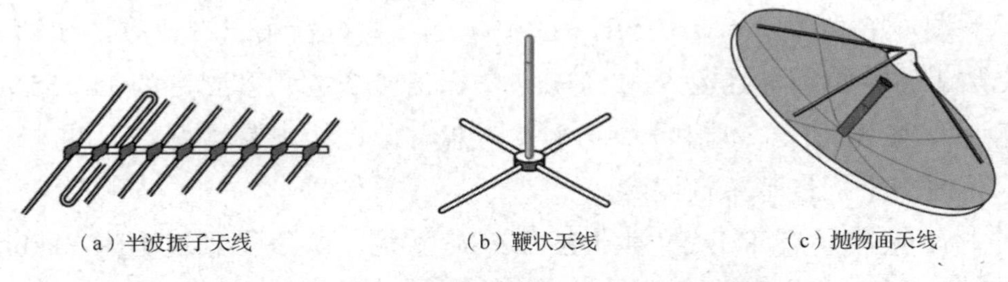

图 5-20 无线电通信中常用的几种天线实物图

天线的尺寸与其工作波长相当，如半波振子天线的尺寸约为工作波长的 1/2，鞭状天线的尺寸约为工作波长的 1/4，有些移动通信设备如果需要使用更小的天线，则可以使用拉杆天线或螺旋鞭状天线，如图 5-21 所示。目前我们常用的 4G、5G 手机，由于工作波长很短，天线可以内置在机壳中或印刷到机内的电路板上。

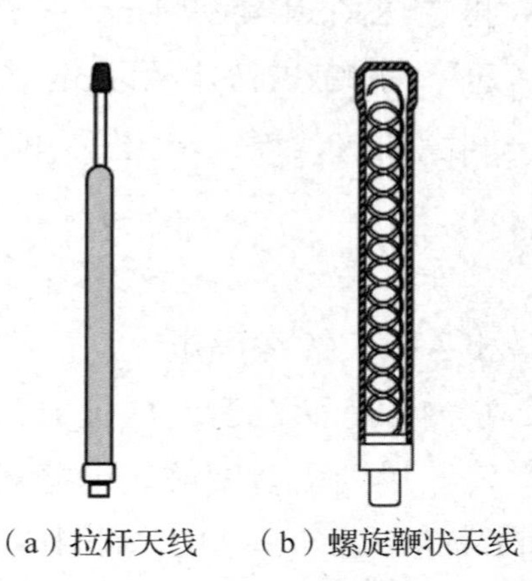

图 5-21 手机用天线

在设计或选择天线时，通常要从以下几个方面考虑。

① 天线增益。对发射天线来说，天线增益越高，意味着发射机可以将电磁能越多地发向接收点；对接收天线来说，天线增益越高，意味着可以越多地接收电磁能。因此，在任何情况下选择高增益的天线都是有益的。

② 方向性。天线按照方向性可分为全向天线和定向天线两类，要根据通信的具体要求来选择。例如，广播电台由于要向四面八方发送电磁波，因此要选用全向天线；手机要在移动过程中进行通信，对它来说基站方向是不确定的，因此也要选用全向天线；在卫星通信中，地面站要将能量集中发向一点（卫

星所在的位置），卫星要将信号发向地球所在空间方向，因此都要选用定向天线。在其他条件相同的情况下，方向性强的天线有更高的增益。另外，方向性强的天线对来自主方向以外的干扰有更好的抑制作用。

③ 带宽。天线的工作频率与其尺寸有关，因此一个特定的天线有一定的工作频率范围或带宽。对天线带宽的要求应以能满足通信频率范围要求为限，过宽的带宽会使天线感应其他频率的电磁波，从而产生不必要的干扰。

④ 天线效率。影响天线效率的因素有很多，如天线本身的损耗和天线与馈线的匹配等，在应用中要尽可能地选用效率高的天线。

⑤ 机械特性。有些天线安装在室外，在通信过程中会受到各种外力的作用，因此不仅天线本身要有足够的机械强度，用于支撑天线的支架也必须有足够的机械强度，必要时还要考虑采取防雷接地措施。图 5-22 所示为移动通信基站的天线塔。

图 5-22　移动通信基站的天线塔

5.3　卫星通信系统

卫星通信主要是指以人造地球卫星作为中继站进行的地面站之间的通信，是在地面微波接力通信和空间技术的基础上发展起来的一种特殊形式的微波中继通信。在国际通信中，卫星通信承担了 1/3 以上的远洋通信业务，并提供了几乎世界上所有的远洋电视服务，卫星通信系统已构成全球数据通信网络不可缺少的通信链路。利用卫星通信技术可实现全球通信的无缝隙覆盖，达到真正意义上的全球卫星移动个人通信（GMPCS）。

5.3.1　基本概念

通信业务量的增加，要求无线通信系统有更宽的带宽，通信频率也要更高。但高频率的电磁波具有直线传播的特性，由于地球表面呈球形，因此在地球表面进行通信时，受天线高度的限制，30MHz 以上频率的电磁波一般只能进行视距传播，传播范围的半径约为 50km。

人造地球卫星的出现，使通信天线可以脱离地面达到几百千米到几万千米的高度。只要在卫星上装一套转发器（包括发送与接收设备），地面上相当大区域内（卫星天线覆盖范围内）的地面站就可以通过卫星上的转发器进行转接，从而实现通信。这种利用人造地球卫星作为中继站的中继通信方式称为卫星通信（Satellite Communication），主要用于通信的卫星称为通信卫星（见图 5-23），在地球上直接与卫星进行通信的一整套通信装置（包括发射机、接收机、天线等）称为地球站（Earth Station）或地面站，现在的个人移动用户终端（如手机等）有些也具有直接与卫星进行通信的功能。

图 5-24 所示为最简单的卫星通信系统示意图。来自地面通信线路的各类数字信号在地面站 A 集中，由地面站 A 的发射机通过定向天线向通信卫星发射，这个信号被通信卫星上的转发器接收，由转发器进行处理（如放大、变频等）后通过卫星天线发回地面，被地面站 B 的

接收机接收，再分送到地面的通信线路中，实现了利用通信卫星进行地面站 A 与地面站 B 之间的信号传递。同样，地面站 B 也可以通过通信卫星上的转发器向地面站 A 发送信号。

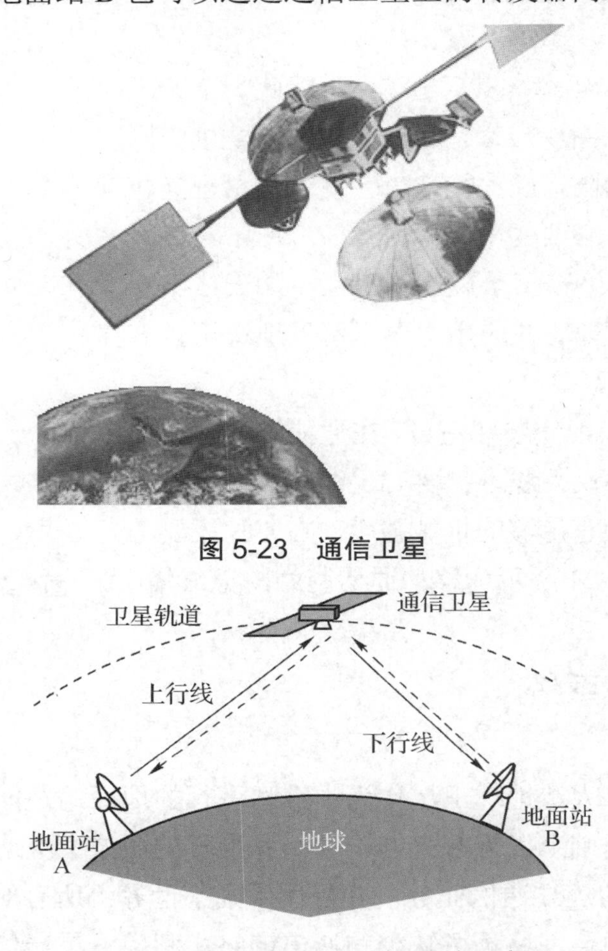

图 5-23　通信卫星

图 5-24　最简单的卫星通信系统示意图

通信卫星按一定的轨道绕地球运行。卫星距地球表面的高度越低，绕地球一周所需的时间就越短。当卫星距地球表面的高度是 35 860km 时，卫星绕地球一周的时间正好是 24h（地球自转一周的时间），如果这颗卫星的轨道在地球赤道平面上，那么这颗卫星的位置相对于地面站来说是静止的，这样的卫星称为静止卫星或同步卫星。位于地球赤道平面上（纬度为 0°）、距地球表面的高度为 35 860km 的圆形轨道称为地球同步轨道。

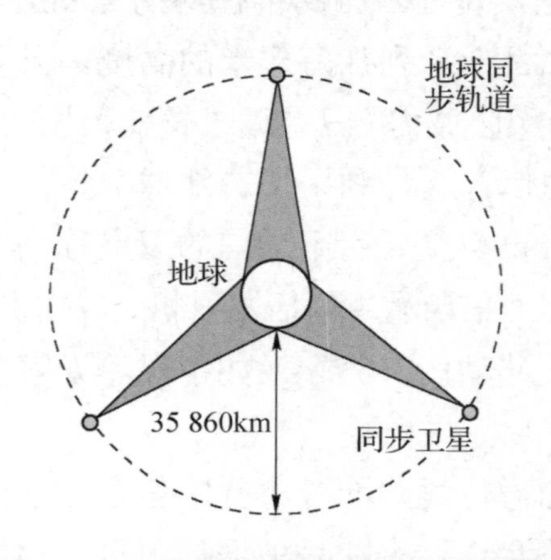

图 5-25　三颗同步卫星覆盖全球示意图

当同步卫星的通信天线指向地球时，该天线发射的波束最大可以覆盖超过地球表面 1/3 的面积，同样该天线也可以接收来自这个区域的各个地面站的信号。三颗同步卫星按 120° 角间隔配置可以使整个地球除两极外的所有地区都处于同步卫星的覆盖区（见图 5-25），并且有一部分地区处于两颗同步卫星的重叠覆盖区，在这些地区设置的地面站可以使两颗同步卫星进行相互通信。这样，同步卫星覆盖区内的所有地面站之间就都可以进行相互通信。两极区域配上地面通信线路或利用移动卫星进行信号的转发，可以间接地纳入同步卫星的覆盖区。

1984 年 4 月 8 日我国第一颗地球同步轨道卫星东方红二号试验通信发射成功，拉开了我国利用同步卫星进行通信的序幕。近年来我国先后（2016 年 8 月、2020 年 9 月和 2021 年 1 月）将三颗“天通一号”卫星送入地球同步轨道。“天通一号”卫星是我国自主研发的移动通信卫星，拥有 109 个点波束，实现了我国领土、领海，中东、非洲地区，以及太平洋、印度洋大部分海域的覆盖，可提供语音、短信、物联网、加密通信等服务。

除地球同步轨道外，在其他地球轨道上的卫星相对于地面来说都是运动的，这样的卫星称为移动卫星或非同步卫星。一般移动卫星都位于距离地球表面几百千米以上的低轨道。移动卫星的位置低，信号传输损耗小，对地面站的发射功率和接收灵敏度要求不高，地面站的体积与质量都可以很小，甚至可以用手机与卫星进行通信，很适合进行地面移动体之间或移动体与固定站之间的通信（简称卫星移动通信）。

卫星移动通信系统主要有高椭圆轨道（HEO）卫星通信系统、中轨道（MEO）卫星通信系统及低轨道（LEO）卫星通信系统等。卫星移动通信系统适用于以用户手持移动终端为主的移动通信。中、低轨道卫星以每秒几千米的速度快速移动，相对于步行速度（20～40km/h）和车辆运行速度（80～200km/h），可以认为移动终端相对静止，而卫星在移动，也就是系统的卫星群在绕地球转动。

（1）HEO 卫星通信系统

HEO 卫星距地球最远点的高度为 39 500～50 600km，距地球最近点的高度为 1 000～21 000km。例如，1965 年苏联发射成功的 Molniya（闪电）卫星就属于 HEO 卫星。

（2）MEO 卫星通信系统

MEO 卫星距地球表面的高度约为 10 000km。MEO 卫星星座中的卫星数量较少，为十颗到十几颗，卫星质量为吨级。MEO 卫星采用网状星座，卫星有倾斜轨道。美国 1991 年发射的 Odyssey 系统就是 MEO 卫星通信系统，该系统有 12 颗卫星，分布在 3 个轨道平面上，每个轨道平面上有 4 颗卫星，卫星轨道高度为 10 371km。其移动用户的上行频率为 1.610～1.626 5GHz，下行频率为 2.483 5～2.500GHz，关口站的上行频率为 29.5～30.0GHz，下行频率为 19.7～20.0GHz。每颗卫星全双向话路数为 2300～30 000，用户平均与卫星接续的时间为 2h，用户最小仰角为 22°，面向移动用户的天线为刚性天线，其安装的是 37 波束（上行）/32 波束（下行）凝视天线（产生 37 个点波束），卫星之间无通信链路。用户手持移动终端的调制方式是 QPSK，误码率为 10^{-3}（语音）、10^{-5}（数据），可支持比特速率为 4.8kbit/s 的语音和 1.2～9.6kbit/s 的数据，传输时延大于 34.5ms，多址连接方式为 CDMA/FDMA。

（3）LEO 卫星通信系统

LEO 卫星距地球表面的高度为 700～1500km。LEO 卫星星座中的卫星数量较多，为几十颗，卫星质量小，小的仅为几十千克，大的为几百千克。LEO 卫星多采用极轨星状星座，也有的采用网状星座。极轨星状星座 100%覆盖全球，网状星座覆盖全球的绝大部分地区。已推出的 LEO 卫星通信系统有“全球星”系统，“全球星”系统由 48 颗工作星组成星座，轨道高度为 1389～1414km，1998 年首次发射卫星，1999 年提供服务。该系统移动用户的上行频率为 1.610～1.625GHz，下行频率为 2.4835～2.500GHz，关口站的上行频率为 6.484～6.5415GHz，下行频率为5.1585～5.216GHz。每颗卫星全双向话路数为2800，用户平均与卫星接续的时间为10～16min，用户最小仰角为10°，面向移动用户的天线是16个点波束相控阵天线，卫星之间无通信链路。用户手持移动终端的调制方式是QPSK，误码率为10^{-3}（语音）、10^{-5}（数据），可支持的比特速率为1.2～9.6kbit/s（语音和数据），传输时延大于4.7ms，多址连接方式为CDMA/FDMA。

5.3.2 卫星通信系统的组成

卫星通信系统包括空间部分和地面部分，其中空间部分主要包括转发器和天线，并且一颗卫星可以有多个转发器，但这些转发器通常会共用一部或少量几部天线；地面部分也就是地面站的主体部分，主要包括大功率发射机、高灵敏度接收机和高增益天线等，一颗卫星可以与多个地面站进行通信。

（1）转发器

转发器（Transponder）是通信卫星中直接起中继作用的部分，是通信卫星的主体。它接收和放大来自各地面站的信号（上行信号），经频率变换和放大后将其发回地面站（下行信号），所以它实际上是一个高灵敏度、宽频带、大功率的接收与发射机。转发器的工作方式是异频全双工，接收与发射的信号频率不同，因此转发器要对接收的信号进行变频。转发器实施变频的方式有三种：第一种是直接用一个变频器将上行信号的频率转换成下行信号的频率，这种转发器称为单变频转发器；第二种是转发器先将上行信号的频率转换成中频，再转换成下行信号的频率，这样做的好处是在相对较低的中频阶段容易对信号进行处理，如放大、滤波及星上交换等，这种转发器称为双变频转发器；第三种是在第二种方式的基础上对信号进行解调，将信号转变为数字基带信号，再经中频调制后变频为下行频率，这样做的好处是可以对数字基带信号进行前向纠错，降低整个信号传输过程中的误码率，这种转发器称为处理转发器。

对转发器的基本要求是以最小的附加噪声和失真，以及足够的工作频带和输出功率来为各地面站有效且可靠地转发无线电信号。转发器与天线相连，收与发通常共用一个天线，由双工器进行收发信号的分离。

（2）地面站大功率发射系统

地面站大功率发射系统的组成框图如图5-26所示。来自地面数字通信网的数字基带信号经过基带处理后都加到调制器。对数字基带信号的处理主要有加密、差错控制编码、扩频编码等。

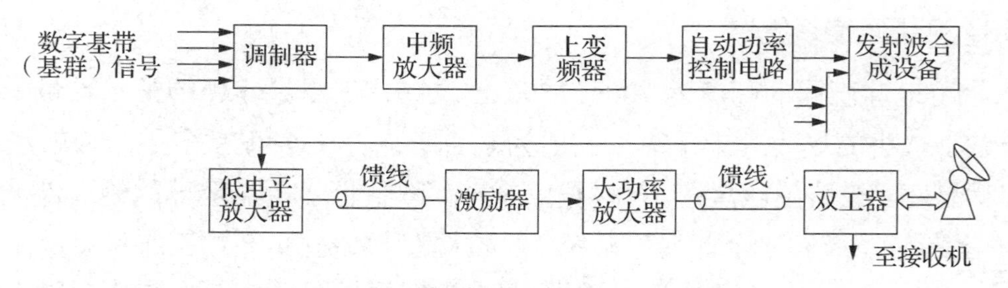

图5-26 地面站大功率发射系统的组成框图

早期的卫星通信系统主要采用 PSK 调制方式，它的特点是在较低的信噪比条件下仍能保持较低的误码率，其缺点是频率利用率不高。随着人们对通信容量需求的增加及转发器输出功率的提高，提高频率利用率成为选择调制方式主要考虑的方面，所以人们开始使用 MPSK 及各种改进的调制方式，如参差四进制相移键控（SQPSK）、MSK 等。目前这几种调制方式都有应用的实例。

用于调制的载波频率为 70MHz。已调信号先在中频放大器（带有滤波电路）中进行放大并滤除干扰，然后在上变频器中变换成微波频段的射频信号。

如果地面站需要发射多个已调波，就必须在发射波合成设备中将多个已调波信号合成一个复合信号。最后由大功率放大器将它放大到所需的发射电平上，通过双工器送到定向天线。由于各个已调波信号的载波频率并不相同，因此复合信号在频谱上不重叠，便于转发器或地面站在接收后进行分离。

卫星通信系统对地面站和卫星上的发射机的发射功率有严格的要求，国际卫星通信临时委员会（ICSC）规定，除恶劣气候条件外，卫星方向的辐射功率应保持在额定值±0.5dB 的范围内，所以大多数地面站的大功率发射系统都装有自动功率控制（APC）电路。

尽管在一颗卫星的覆盖区内有很多个地面站可与之通信，但从单个地面站的角度看，它与卫星之间的通信是点对点的通信，地面站选用方向性好、增益高的天线，既可以在发射信号时将尽可能多的能量集中到卫星上，又可以在接收信号时从卫星方向获得更多的信号能量，同时因为天线的方向性好，所以可以有效地抑制来自其他方向的干扰。因此，天线是影响地面站性能的重要设备。

目前常用于卫星通信的天线是一种双反射镜式微波天线，因为它是根据卡塞格林望远镜的原理研制的，所以一般被称为卡塞格林天线（Cassegrain Antenna）。图 5-27 所示为卡塞格林天线的原理示意图。它包括一个主反射面（抛物面反射镜）和一个副反射面（双曲面反射镜）。主反射面与副反射面的焦点重合。由一次辐射器——馈源辐射出来的电磁波，先投射到副反射面上，再由主反射面平行地反射出去，使电磁波以最小的发散角辐射。图 5-28 所示为云南昆明地面站的 40m 天线系统。

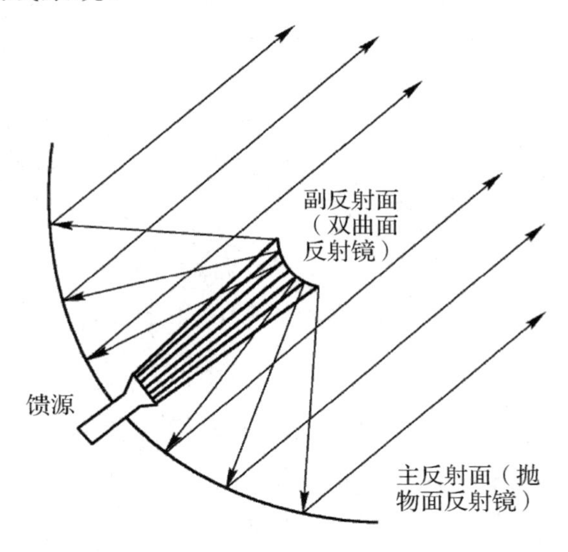

图 5-27　卡塞格林天线的原理示意图

图 5-28　云南昆明地面站的 40m 天线系统

在一些小型的地面站中还常用到结构如图 5-29 所示的抛物面天线，它只进行一次反射，结构较简单、成本低，但馈线长、损耗大。为了减小地面站接收机内部噪声的影响，一些只用于接收信号的地面站往往直接将低噪声的高频头置于馈源上。

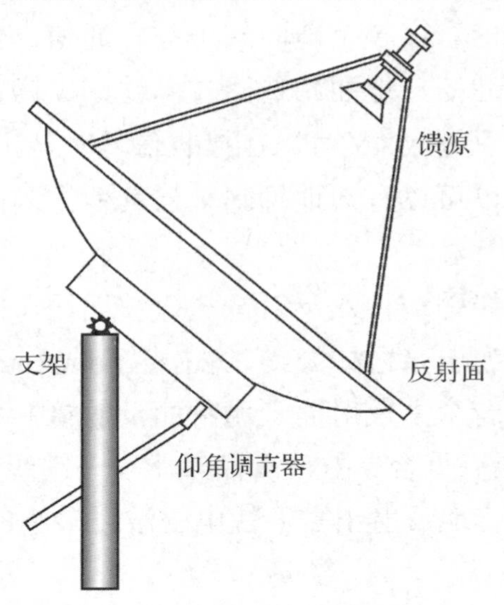

图 5-29　一次反射的抛物面天线

馈电设备接在天线主体设备与发射机和接收机之间。它的作用是把发射机输出的射频信号馈送给天线，同时将天线接收到的射频信号馈送给接收机，即起着传输能量和分离收发射频信号的作用。为了高效率地传输信号能量，馈电设备的损耗必须足够小。

我国自行研制的 FAST 射电望远镜可以接收来自外太空的微弱电磁波信号，其天线系统也采用了一次反射的抛物面天线，主反射镜的口径达到 500m。

（3）地面站接收系统

地面站接收系统的作用是接收来自卫星上的转发器的信号。由于卫星质量受到限制，因此转发器的发射功率一般只有几瓦到几十瓦，而卫星上的通信天线的增益也不高，所以一般情况下转发器的有效全向辐射功率（EIRP）比较小。卫星转发的信号经下行线路约 40 000km 的远距离传输后要衰减 200dB 左右（在 4GHz 频率上），信号到达地面站时变得极其微弱，因此地面站接收系统的灵敏度必须很高，这样才能从干扰和噪声中把微弱信号提取出来，并加以放大和解调。

地面站接收系统的组成框图如图 5-30 所示，可以看出，接收系统的各个组成设备是与发射系统相对应的，而相应设备的作用则是相反的。

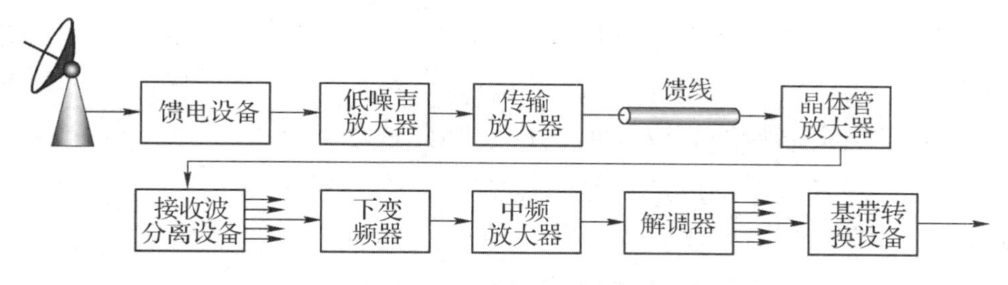

图 5-30　地面站接收系统的组成框图

地面站接收系统接收到的来自转发器的微弱信号，经过馈电设备后，先加到低噪声放大器进行放大。因为信号很微弱，所以要求低噪声放大器有一定的增益和低的噪声温度。

低噪声放大器输出的信号在传输放大器中进一步放大后，经过波导传输给下变频器。为了补偿波导传输损耗，信号在被加到下变频器之前，需要经过多级晶体管放大器进行放大。如果要接收多个载波，则还要将其通过接收波分离设备分配到不同的下变频器。下变频器把接收到的载波变成中频信号，对于 PSK 信号，采用相干解调器或差分相干解调器进行解调。解调后的数字基带信号被送到基带转换设备中。

5.3.3　卫星通信的工作频段

目前大部分国际卫星通信业务使用两个频段：C 波段（4/6GHz）和 Ku（12/14GHz）波段。其中，前一个频率为下行频率（从卫星到地面站），C 波段频率范围为 3.7～4.2GHz，Ku 波段频率范围为 11.7～12.2GHz；后一个频率为上行频率（从地面站到卫星），C 波段频率范围为 5.925～6.425GHz，Ku 波段频率范围为 14.0～14.5GHz。转发器的总带宽为 500MHz。C 波段的通信频率与地面微波接力通信网的频率重叠，存在相互干扰；Ku 波段不仅干扰小，而且波长短，可减小地面站的接收天线与发射天线的尺寸。

5.3.4　多址连接方式

多址连接是卫星通信的显著特点。所谓多址连接，简单地说，是指许多个地面站通过共同的通信卫星实现覆盖区域内的相互连接，同时建立各自的信道，而无须在地面上进行中间转接。

当进行卫星通信的地面站数目很多时，如何保证多个地面站发射的信号通过同一颗卫星而不至于产生相互干扰是一个重要的技术问题，这就要求各个地面站发向其他地面站的信号之间必须有区别，目前主要以信号的频率、信号通过的时间、信号波束空间和数字信号的码型来区分，相应的多址连接方式分别称为频分多址（FDMA）、时分多址（TDMA）、空分多址（SDMA）和码分多址（CDMA）。

（1）FDMA

将转发器的整个通信频带分成若干对子频带，每个地面站都在分配的子频带中进行信号传输的方式称为 FDMA，图 5-31 所示为 FDMA 通信示意图。地面站 A 的发射机将来自地面的各路电话信号（或电视信号）进行多路复用后，经调制与变频，以上行频率 f_A（中心频率与带宽由转发器分配）发向卫星，转发器将这个频率的信号变频至 f'_A 后发回地面，被其他地面站接收。同样地，其他地面站的发射机也可分别以上行频率 f_B、f_C 等向卫星发送信号。

子频带可以预分配，也可以按需分配。所谓预分配，是指每个地面站占用固定的频率与带宽。预分配的优点是频率管理简单，但当地面站的通信业务量变化较大时，会出现时忙时闲现象，浪费较大。按需分配可以解决这个问题，在按需分配方式下，转发器的全部（或部分）频带被集中起来准备公用，当某个地面站在某一时间有通信业务需要而提出申请时，由卫星管理机构临时指定一个子频带供其租用，通信结束后立即收回。

按需分配的一个例子是 SPADE 方式。国际通信卫星 IS-Ⅳ号中有一部转发器指定给 SPADE 系统使用。转发器的带宽为 36MHz，分成 800 个小段，每个小段可传输一路 PCM 电话。该方式首先对电话信号进行语音压缩，然后进行 7bit PCM，加上 1bit 帧同步信号，共 8bit，取样频率为 8kHz，故每路信息的传输速率为 64kbit/s。每路 PCM 信号再分别对一个载波进行 4PSK 调制，不同话路使用不同的载波，通过转发器实现多址连接。

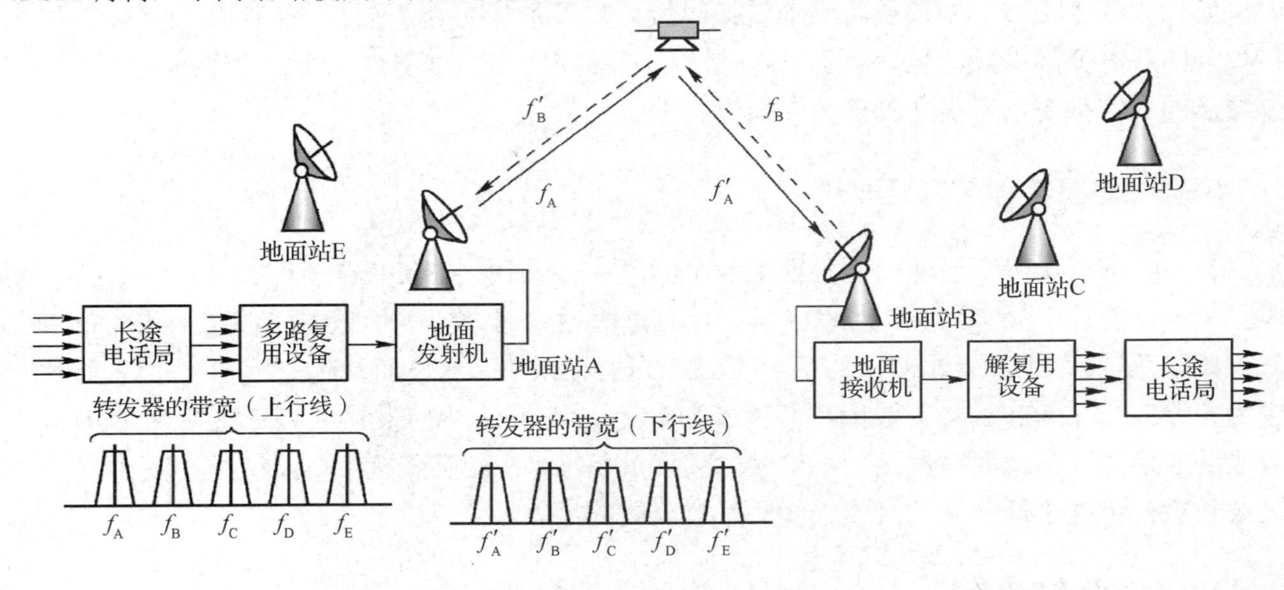

图 5-31　FDMA 通信示意图

在 FDMA 连接方式下，转发器要对多个载波进行放大和变频，当这些器件存在非线性时，会产生交调干扰，因此转发器上的功率放大器往往不能全功率输出。

（2）TDMA

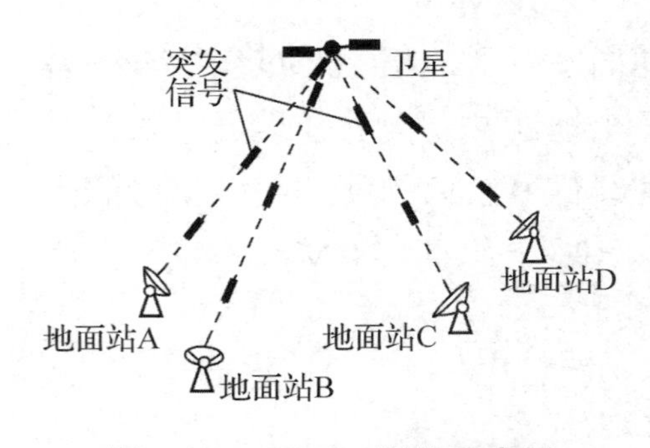

图 5-32　TDMA 通信示意图

TDMA 是各地面站发射的信号在转发器内按时间排列的一种多址连接方式，各地面站在规定的时间向卫星发送一个时隙的信号，来自各地面站的信号所占时隙是不重叠的（见图 5-32）。由于是按时间分配各地面站的通信的，所以分配给各地面站的不再是某一规定的频率，而是一个指定的时隙，各地面站的发射频率可以相同。因此，在任何时刻，转发器上通过的只是一个地面站的信号。例如，在时间

$t_0 \sim t_1$ 内，地面站 A 的信号通过转发器；在时间 $t_1 \sim t_2$ 内，地面站 B 的信号通过转发器。在时间 $t_{N-1} \sim t_N$ 内，第 N 个地面站（假设为最后一个地面站）的信号通过转发器，然后重新轮到地面站 A、地面站 B……发送信号。为了有效地利用卫星且不使各地面站信号相互干扰，各地面站信号所占的时隙排列应该既紧凑又互不重叠。类似于时分复用，我们把每个地面站信号通过转发器的周期称为一帧，而把转发器分给每个地面站的时隙称为分帧。TDMA 的帧结构示意图如图 5-33 所示。

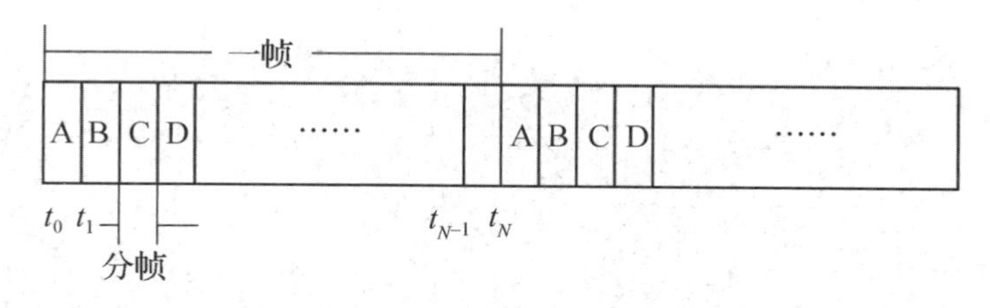

图 5-33　TDMA 的帧结构示意图

典型的 PCM-TDM-PSK-TDMA 系统的组成框图如图 5-34 所示。来自长途电话局的多路（如 24 路）电话信号，先经地面线路终端装置由模拟信号变换为 PCM 信号，然后经时分多路复用后存储在 TDMA 控制装置内。它与该装置产生的“报头”（前置脉冲）一起在 PSK 调制器中对载波进行 PSK 调制。最后信号经发射机的上变频器变换为微波信号并放大到额定电平后发向卫星。各地面站发射信号的时间应有共同的基准，以保证信号在指定的时隙进入转发器。

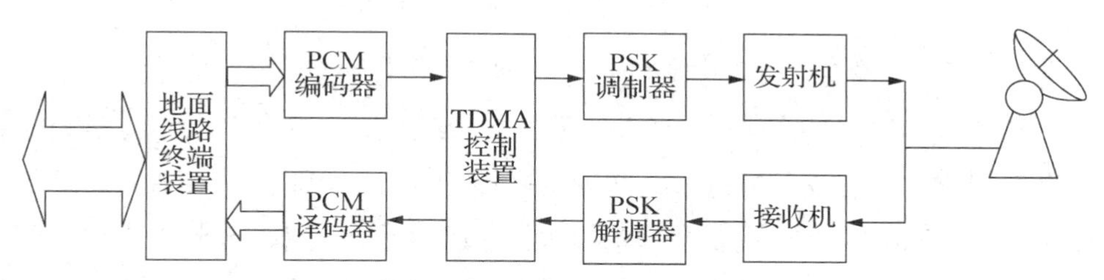

图 5-34　典型的 PCM-TDM-PSK-TDMA 系统的组成框图

地面站在接收信号时，先将接收到的微波信号送到接收机内，经放大、下变频得到中频 PSK 信号。然后利用 PSK 解调器得到“报头”和携带信息的 PCM 信号。根据“报头”可以判定是哪个地面站发给本地面站的信号。解调后的信号送至 TDMA 控制装置。根据“报头”控制分帧同步电路，将选出的 PCM 信号经 PCM 译码器还原为模拟信号，并将其经长途电话局送至用户。

不难看出，对于这种系统，要维持其正常工作，一个非常重要的问题是需要进行精确的同步控制。具体来说，就是要解决用户钟定时与地面站钟定时之间的接口，以及地面站与卫星之间的接口问题。为了把地面站的低速数据压缩为在某个时隙发射的高速突发序列，还要在 TDMA 控制装置内配置发送时用的压缩缓冲存储器和接收时用的扩张缓冲存储器。

由以上简单说明可以看出，TDMA 具有以下一些特点。

① 各地面站发射的信号是射频突发信号，或者说是周期性的间隙信号。

② 由于各地面站信号在转发器内是串行传输的，所以需要提高传输效率。但是各地面站输入的是低速数据，为了提高传输速率，使输入的低速数据提高到发往卫星的高速（突发）

数据，需要进行变速。速率变化的大小根据帧长度与分帧长度之比确定。

③ 为了使各地面站的信号能准确地按一定时序进行排列，以便接收端正确地进行接收，需要进行精确的系统同步和解调同步控制。

（3）SDMA

SDMA 的基本特征是卫星天线有多个窄波束（又称点波束），它们分别指向不同区域的地面站，利用波束在空间指向上的差异可以区分不同的地面站，如图 5-35 所示。

图 5-35　SDMA 通信示意图

卫星上装有转换开关设备，某区域的某个地面站的上行信号经上行波束送到转发器，由卫星上的转换开关设备将其转换到另一个区域的下行波束，从而传送到此区域的某个地面站。一个区域内如果有几个地面站，则它们之间的站址识别还要借助 FDMA 或 TDMA 实现。因此，在实际应用中，SDMA 一般不单独使用，而与其他多址连接方式结合使用。

SDMA 有许多特点：卫星天线增益高；卫星功率可得到合理、有效的利用；不同区域的地面站所发送的信号在空间上不重叠，即使在同一时间用相同的频率也不会相互干扰，因而可实现频率重复使用，这就成倍地增大了系统的通信容量；转换开关设备使卫星成为一台空中交换机，各地面站之间可像自动电话系统那样方便地进行多址通信。此外，卫星对其他地面通信的干扰减少了，对地面站的技术要求也降低了。

但是，SDMA 对卫星的稳定及姿态控制提出了很高的要求；卫星天线及馈线装置也比较庞大和复杂；转换开关设备复杂，空间故障修复难度较高，增加了通信失效的风险。

（4）CDMA

CDMA 区分不同地址信号的方法是，将自相关性非常高而互相关性比较低的周期性码序列作为地址信息（称为地址码），对由用户信息调制过的已调波进行再次调制使其频谱大为展宽（称为扩频）；经卫星信道传输后，在接收端以本地产生的已知地址码为参考，根据相关性的差异对接收到的所有信号进行鉴别，从中将地址码与本地地址码完全一致的宽带信号还原为窄带信号并选出，其他与本地地址码无关的信号则仍保持或扩展为宽带信号并滤除（称为相关检测或扩频解调）。这就是 CDMA 的基本原理。

由此可见，要实现 CDMA，必须具备以下三个条件。

① 要有数量足够多、相关特性足够好的地址码，使系统中每个地面站都能分配到所需的地址码。这是进行码分的基础。

② 必须用地址码对待发信号进行扩频，使传输信号所占频带极大地展宽（一般应达几百倍以上）。把地址码同信号传输带宽的扩展联系起来，为接收端区分信号做好实质性的准备。

③ CDMA 通信系统中的各接收端必须有本地地址码（简称本地码）。本地地址码应与发送端发来的地址码完全一致，用来对接收到的全部信号进行相关检测，将地址码之间不同的相关性转化为频谱宽窄的差异，并用窄带滤波器从中选出所需要的信号。这是完成 CDMA 最主要的环节。

所谓地址码的“完全一致”，不但要求码型结构完全相同，而且要求每个码元、每个周期的起止时间完全对齐，也就是说，两者应建立并保持位同步和帧同步。这是进行相关检测的必要条件，也是实现 CDMA 要解决的主要技术问题之一。

CDMA 是扩频通信技术在卫星通信中的重要应用，旨在把扩频通信中有选址能力的一些方式引用到通信中，以解决多址连接的问题。CDMA 中目前最常用的直接序列（DS）调相方式与跳频方式都来源于扩频通信，所以 CDMA 又称为扩频多址（SSMA）。

与其他多址连接方式相比，CDMA 的主要特点在于所传送的射频已调波的频谱很宽，功率谱密度很低，且各载波可共占同一时域、频域和空域，只是不能共用同一地址。CDMA 具有如下优点。

① 抗干扰能力强。在地址码相关特性较理想和频谱扩展程度较高的条件下，CDMA 具有很强的抗干扰能力，直接表现为扩频解调器的输出信噪比相对于输入信噪比高得多。

② 具有较好的保密通信能力。首先，由于采用了扩频技术，在信道中传输所需的载波与噪声的功率比很低（约为-20dB），信号完全隐蔽在噪声、干扰中，不易被发现；其次，用独特的地址码进行扩频相当于一次加密，可以增加破译的难度。

③ 实现多址连接较灵活、方便。近年来，CDMA 快速在地面的移动通信系统中得到应用。

（5）四种多址连接方式的比较

目前上述四种多址连接方式都在卫星通信中得到了应用。表 5-1 中列出了四种多址连接方式的特点、识别方法、主要优缺点及适用场合。

表 5-1　四种多址方式的比较

多址连接方式	特点	识别方法	主要优缺点	适用场合
FDMA	各地面站发送的载波在转发器内所占频带不重叠。各载波的包络恒定。转发器工作于多载波情况下	滤波器	优点：可沿用地面微波通信的成熟技术和设备，设备比较简单，不需要网同步。 缺点：有互调噪声，不能充分利用卫星功率和频带，上行功率、频率需要监控，大、小地面站不易兼容	TDM/PSK/FDMA 适用于地面站少、容量中等的场合；单路单载波（SCPC）系统适用于地面站多、容量小的场合
TDMA	各地面站的突发信号在转发器内所占的时间不重叠。转发器工作于单载波情况下	时间选通门	优点：没有互调问题，卫星的功率与频带能充分利用，上行功率不需要严格控制，便于大、小地面站兼容，地面站多时通信容量仍较大。 缺点：需要精确的网同步，小业务量用户也需要相同的 EIRP	中、大容量线路

续表

多址连接方式	特点	识别方法	主要优缺点	适用场合
SDMA	各地面站发送的信号只进入该地面站所属区域的窄波束。可实现频率重复使用。转发器成为空中交换机	窄波束天线	优点：可以提高卫星频带利用率，增大转发器容量或降低对地面站的要求。 缺点：对卫星控制技术要求严格，星上设备较复杂，需要采用交换设备	大容量线路
CDMA	各地面站使用不同的地址码进行扩频。各载波包络恒定，在时域和频域均互相混合	相关器	优点：抗干扰能力较强，信号功率谱密度低，隐蔽性好，不需要网定时，使用灵活。 缺点：地址码选择较难，接收时地址码的捕获时间较长	军事通信、小容量线路

5.4 光纤通信系统

红外线和可见光是比微波频率更高的电磁波，以红外线或可见光作为载波可以得到比微波带宽更宽的可用带宽。光纤通信是以光波为载波，以光纤为传输介质的一种通信方式。随着光纤传播损耗的大幅度下降，以及耐用光缆、长寿光源与检测器、光缆连接器及光纤放大器的发明，光纤通信已被大量地用于数据通信。

光纤通信具有如下优点。

① 光纤是电绝缘的，发送端和接收端之间是电隔离的。

② 光纤不受电磁辐射的影响，它可以在充满电磁噪声的环境中进行通信而不受干扰。另外，光纤之间很容易实现光隔离，一条光缆中的多条光纤之间几乎没有相互串音。

③ 光的频率极高，因此有很宽的传输带宽，目前一条光纤上已能实现每秒几十兆比特的信息传输速率。

光纤通信的主要缺点有光纤质地脆、抗折性差、连接难度高等。

5.4.1 光纤通信系统的组成

光纤通信系统由光发射机、光纤信道和光接收机三大部分组成。图5-36所示为光纤通信系统的组成框图。

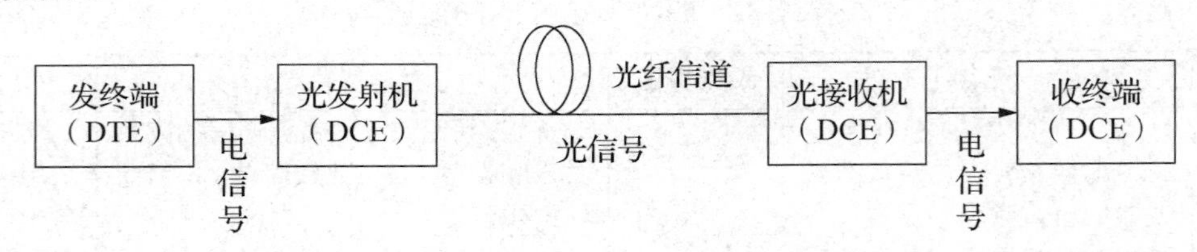

图5-36 光纤通信系统的组成框图

发终端是一种DTE，产生数据信号的信源。光发射机是一种DCE，其作用是将来自DTE的数字基带信号经过编码转变为光信号，并将光信号耦合进光纤进行传输。光接收机也是一种DCE，其作用是将通过光纤传来的光信号恢复成原来的电信号并进行解码。光纤是光纤通信系统的传输介质。

目前用于光纤通信的光载波在红外线波长范围内，波长分别为850nm（频率为350THz）、

1310nm（频率为 230THz）和 1550nm（频率为 200THz），其中 1310nm 和 1550nm 波长较为常用。

5.4.2　光的传播与光纤

（1）光的性质

光是一种电磁能，光的传播速度与传播光的介质密度有关，介质密度越高，传播速度越慢，光在真空中的传播速度约为 3×10^8m/s。

光在单一均匀的介质中以直线传播。如果光从一种密度的介质进入另一种密度的介质，则光的传播速度会发生变化，从而引起光的传播方向改变，这种现象称为光的折射（Refraction）。一根部分伸到水中的棍子看起来好像在界面上折弯了，这实际上是光的折射给人们带来的错觉。

光的折射角度的大小与两种介质的折射率及光的入射角度有关。设介质 1 和介质 2 的折射率分别为 n_1、n_2，且 $n_1 < n_2$，光的入射角为 θ_2，折射角为 θ_1，则有

$$n_1 \sin\theta_1 = n_2 \sin\theta_2$$

介质 1 的折射率小，称为光疏介质；介质 2 的折射率大，称为光密介质。光从光密介质入射到光疏介质时产生的折射现象如图 5-37 所示。

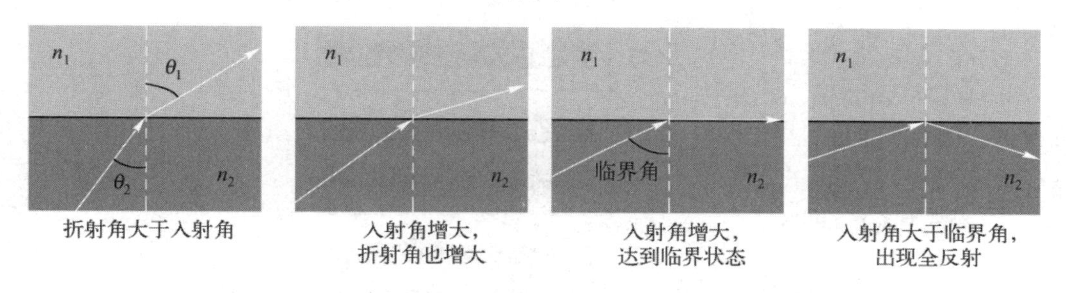

图 5-37　光从光密介质入射到光疏介质时产生的折射现象

从图 5-37 中可以看到，当光从光密介质入射到光疏介质时，折射角大于入射角。当入射角 θ_2 达到 $\sin\theta_2=n_1/n_2$ 时，折射角等于 90°，此时的入射角称为临界角。当入射角大于临界角时，光不再折射到光疏介质，而是全部反射到光密介质，这种现象称为光的全反射。

光信号在光纤中的传播就利用了光的全反射原理。

（2）光纤

光纤一般按光波的传播模式分类，主要有多模（Multi- Mode）光纤和单模（Single- Mode）光纤两类。

① 多模光纤。

多模光纤是一种传输多个光波模式的光纤。多模光纤适用于每秒几十兆比特到 100Mbit/s 的码元速率场合，最大无中继传输距离是 10～100km。

多模光纤可以按照光纤截面介质折射率的变化分为阶跃型多模光纤和渐变型多模光纤，如图 5-38 所示。其中，n 轴表示光的折射率，r 轴表示光纤截面上的点到中心点的距离。阶跃型多模光纤的折射率只有两种，其结构简单、制造容易。在阶跃型多模光纤中，不同入射角的光会以不同的路径在光纤中传播，对于同样长的一段光纤，与以较小的入射角进入光纤的

光线相比，以较大的入射角进入光纤的光线在光纤中折射的次数更多，路径更长，到达终点的时间也更长。因此，一个短的光脉冲的各部分能量由于在传输过程中的时延不同会陆续地到达输出端，造成光脉冲的扩散或发散，并且其扩散会随着光纤长度的增加而增加，如图5-38（a）所示。因此，两个光脉冲之间的间隔不能太小，阶跃型多模光纤的传输带宽只能达到几十兆赫·千米，支持2km以内10～100Mbit/s的数据传输，不能满足高码率传输的要求，在通信中已逐步被渐变型多模光纤和单模光纤取代。

渐变型多模光纤的折射率近似呈抛物线折射率分布，从光纤截面中心处的最大值到外边缘处的最小值连续平滑地变化，如图5-38（b）所示。渐变型多模光纤的模间时延差明显减小，从而可使光纤带宽提高约3个数量级，达到1GHz·km以上。渐变型多模光纤有多种类型，目前常用的是OM4光纤，其内芯直径是50μm，波长为850～953nm，有效带宽为4.7GHz·km，在10Gbit/s的以太网中应用时传输距离可达400m，在10m的距离范围内可以支持波长达550Gbit/s的数据传输，因此在数据中心内部设备之间的数据传输中得到了广泛的应用。

渐变型多模光纤的带宽虽然比不上单模光纤，但它的芯线直径大，对接头和活动连接器的要求都不高，使用起来比单模光纤方便，所以对四次群以下的系统还是比较实用的，现在仍大量用于LAN。

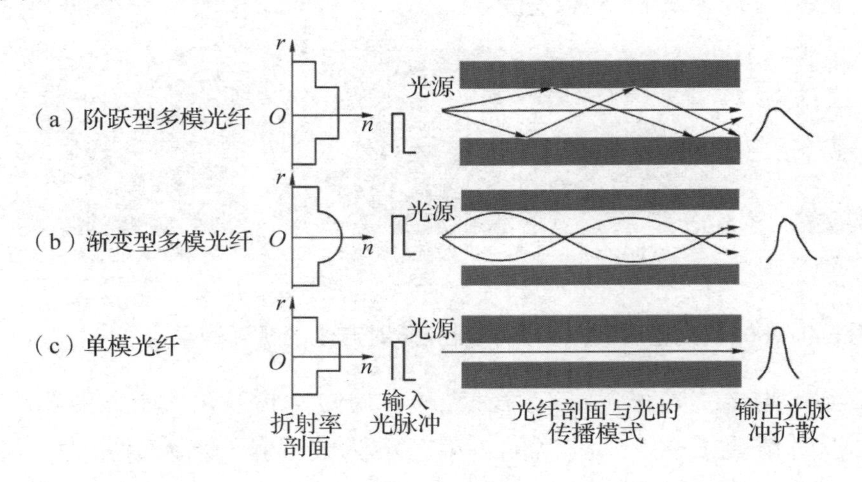

图5-38　光纤的传输模式示意图

② 单模光纤。

单模光纤只能传输光的基模，不存在模间时延差，因而具有比多模光纤宽得多的带宽，如图5-38（c）所示。单模光纤主要用于传输距离很长的主干线及国际长途通信系统，传信率为每秒几兆比特。由于价格的下降及对传信率的要求不断提高，单模光纤也被用于原来使用多模光纤的系统。

单模光纤的外径是125μm，芯线直径一般为8～10μm，目前用得最多的1.31μm波长单模光纤芯部的最大相对折射率差为0.3%～0.4%。ITU-T G.651、ITU-T G.652标准分别对渐变型多模光纤和1.31μm波长单模光纤的主要参数做出了规定。

（3）光缆

前面所述的光纤称为裸光纤，由石英玻璃制成，比头发丝还细，强度很差，不能满足工程安装的要求。因此，在光纤的拉制生产过程中还需要经过预涂覆、套塑和成缆等工序最终形成光缆。

光缆的结构必须能够保护每条光纤不会因为敷设、安装而损坏。与电缆相比，光缆可以省去一些部分，如屏蔽层、地线等，但由于光纤很细，制造光纤的石英玻璃材料很脆，在平常的操作中也很容易产生事故性损伤，因此光缆结构中增加了抗拉、抗折的加强构件。图 5-39 所示为光纤芯线与光缆的结构图。实用的光缆结构有很多种，用于室内的光缆、用于室外的光缆、用于埋层的光缆及用于海底的光缆在强度、密封性、抗弯折和抗压等方面要求不同，因此其结构也不相同。

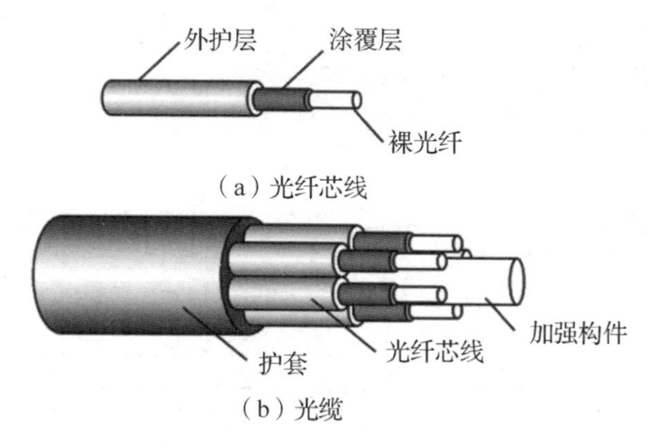

图 5-39　光纤芯线与光缆的结构图

5.4.3　光纤的连接

光纤的连接有两种情况：一种是永久性连接，类似于电线、电缆中的焊接；另一种是活动连接，类似于插头与插座的连接。光纤的连接必须满足以下几点要求。

① 插入损耗要小。插入损耗的大小直接影响光纤通信系统的无中继传输距离，一般要求插入损耗小于 0.3dB。

② 接头要有足够的机械强度。光缆在敷设过程中要承受各种拉力、弯折力和挤压力，外护层和护套起到保护光纤的作用。在光纤的连接处，由于外护层和护套被剥去，光纤芯线会受到较大的应力，因此需要靠接头来传递两条光纤芯线的外护层之间的拉力，并使接头不直接承受弯折力和挤压力。

③ 密封良好。接头应防水、防潮、防尘。

④ 操作简单、方便。在多数情况下，光纤的连接在施工现场进行，操作条件比较差，操作必须简单、方便。

下面介绍几种光纤的连接方法。

（1）电弧熔接

电弧熔接是指先将两条要连接的光纤端面紧密接触，然后用高压电弧对其进行加热，使两端面熔化从而实现永久连接。图 5-40 所示为光纤的电弧熔接过程。专门用于光纤电弧熔接的设备称为光纤熔接机，目前光纤熔接机可达到的插入损耗约为 0.02dB（单模光纤）和 0.01dB（多模光纤），一次最多可同时熔接 12 条光纤。

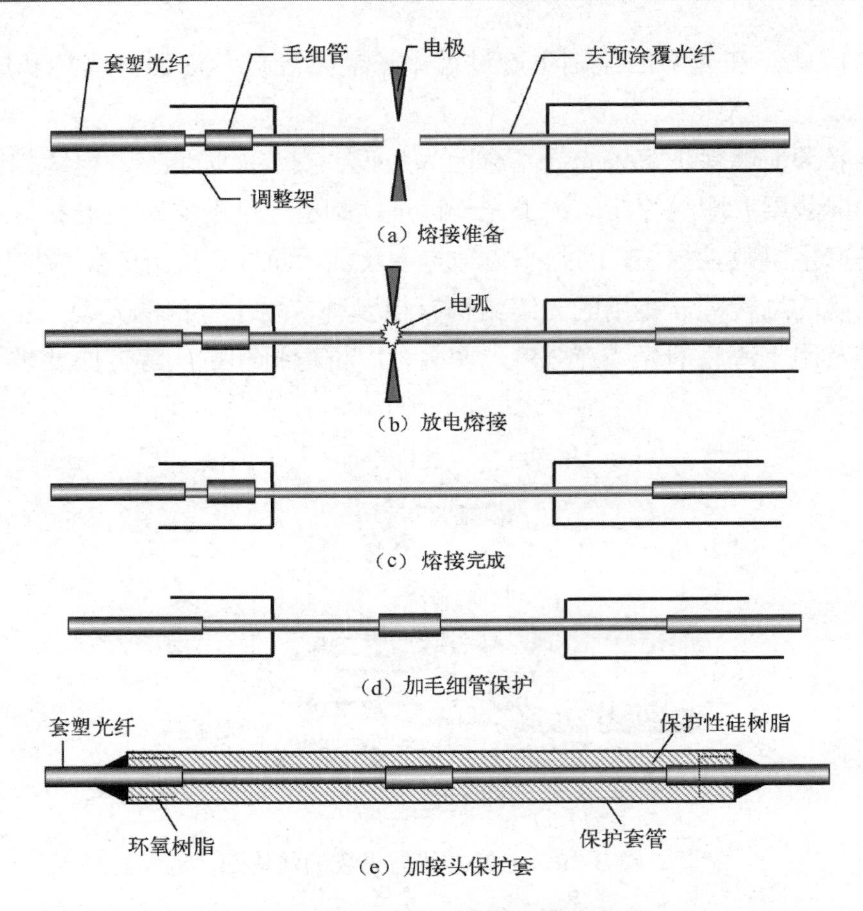

图5-40　光纤的电弧熔接过程

（2）活动连接

在某些情况下，两条光纤之间需要经常连接和断开，也就是要进行活动连接。活动连接器通常由以下三部分组成。

① 光纤端接元件：用于保护和定位光纤端面。

② 对准规：用于定位光纤端接元件，该部件可使光纤的两个连接部分实现最佳耦合。

③ 连接器外壳：用于保护光学接触不受环境的影响，将对准规和光纤端接元件固定在相应的位置，并端接光缆护套和应变元件。

活动连接方法有两大类。第一类是对接，在这种连接方法中，将两条要连接的光纤端面互相靠紧并对准，以使两条光纤的轴线重合。图5-41所示为光纤对接元件的结构图。将一条切头光纤固定在X形宝石孔的中央，形成活动连接器的一端。活动连接器的另一端有一条位于金属套的中心并伸出金属套端面的光纤。光纤的伸出部分用硅橡胶锥保护，硅橡胶锥还有助于将光纤插到X形宝石孔内，保证初步对准。

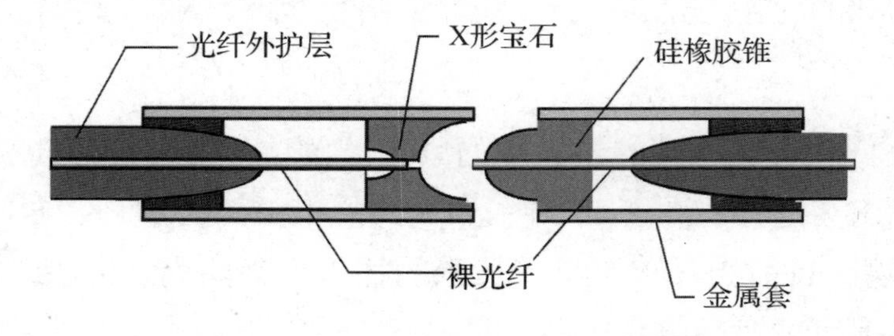

图5-41　光纤对接元件的结构图

第二类是用扩展光束法连接，在这种连接方法中，发射光束由半个活动连接器扩展，这种扩展了的光束再由另外半个活动连接器缩小到与接收光纤的芯线尺寸一致。由于光束被扩展，因此即使连接过程中存在两边轴线不重合的情况，其影响也会大大减小。将光纤端面做成锥形或透镜形，就可以使光束扩展。当把一个制备好的光纤端面固定在一个透镜的焦点上时，直径大于光纤芯线直径的准光束从透镜中射出。当两个光纤端接元件对准时就产生光学连接，如图 5-42 所示。光纤必须放在透镜的焦点上，其准确度与两条光纤对接的准确度相同，因为接收光纤实际上是与发射光纤镜像对接的。由于光束直径增大，降低了对连接公差的要求，因此即使存在横向位移、轴向间隙及端面灰尘，衰减也不会增大很多。

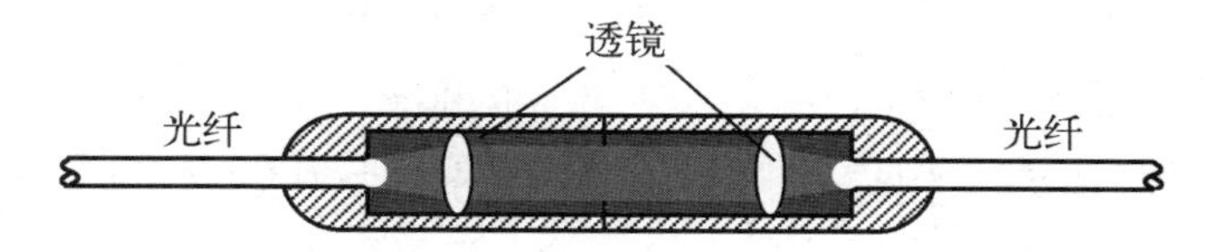

图 5-42　透镜法活动连接器

活动连接器从外形上看有两大类，一类是螺旋式活动连接器，另一类是插拔式活动连接器，其结构图如图 5-43 所示。

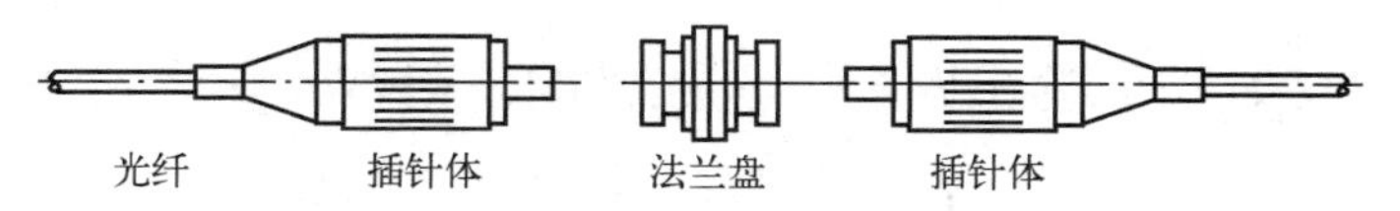

（a）螺旋式活动连接器

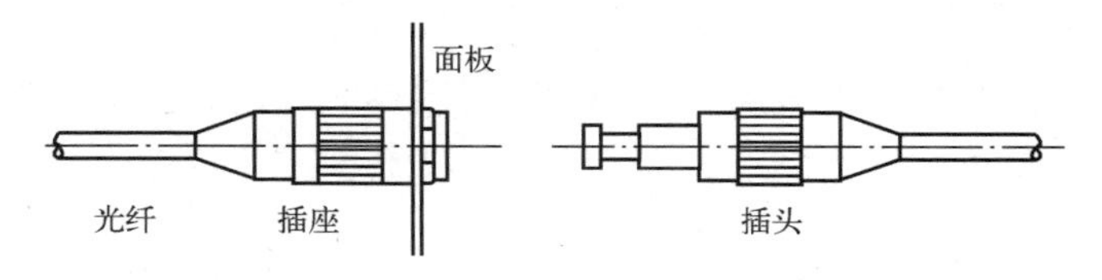

（b）插拔式活动连接器

图 5-43　活动连接器的结构图

活动连接器根据外形结构和制造工艺的不同有很多种型号，如图 5-44（a）所示。其中，SC 表示标准连接器；FC 表示套筒连接器，采用比较牢固的螺纹连接；PC 表示物理接触；APC 表示斜面物理接触，光纤的两个端面之间采用斜面接触，可以防止因光在接触面的反射而造成回波损耗。活动连接器普遍用来制作光纤跳线，如图 5-44（b）所示，用于进行短距离的数字设备之间的连接。

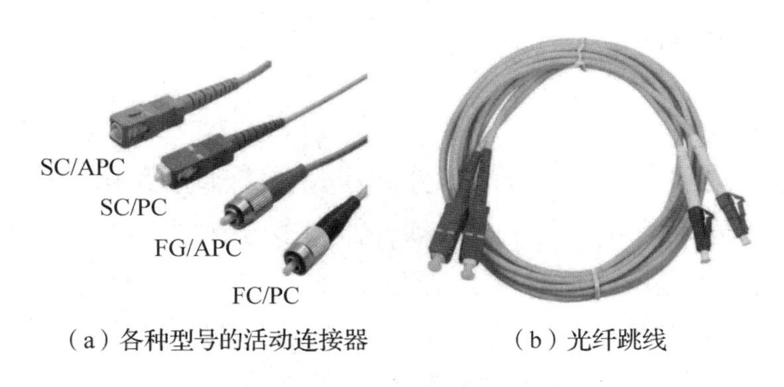

（a）各种型号的活动连接器　　（b）光纤跳线

图 5-44　活动连接器及其用途

5.4.4 无源光器件

（1）光衰减器

光衰减器是调节光强度不可缺少的器件，主要用于满足光纤通信系统的指标测量、短距离通信系统的信号衰减及系统试验等要求。光衰减器一般使用金属蒸发镀膜滤光片作为衰减元件，依据镀膜厚度来控制衰减量。它可分为固定光衰减器和可变光衰减器两种。对光衰减器的要求是体积小、质量轻、衰减精度高、稳定可靠、使用方便等。

固定光衰减器用于光纤传输线路，可对光强度进行预定量的精确衰减。一般固定光衰减器直接配有标准插座，可与活动连接器配套使用，也可带尾纤直接熔接在线路中。目前国产固定光衰减器的工作波长为 1.31μm 和 1.55μm，衰减量分挡为 5dB、10dB、15dB、20dB、25dB，各挡的误差均为±1dB，适应的工作温度为-40～+80℃。

可变光衰减器通常是步进衰减与连续可变衰减相结合工作的。改变金属蒸发膜的厚度，可以使衰减量连续变化。目前的可变光衰减器一般由 10dB×5 步进衰减部分与 0～15dB 连续可变衰减部分构成，最大衰减量可达 65dB。

（2）光隔离器

在进行光纤的连接时端面的不匹配会造成光的反射，反射光进入激光二极管后会使激光二极管工作不稳定，这时需要用光隔离器来阻止反射光的进入。

光隔离器一般由两个偏振器构成，分别称为起偏器和检偏器。每个偏振器对光进行 45°的偏振旋转，两个偏振器互成 45° 角，这样前向光只经过每个偏振器一次，只受到很小的衰减（约为 0.5dB），而反射光则需要经过每个偏振器两次，会受到很大的衰减（约为 25dB）。

（3）光开关

光开关用于使光在不同的传输线路中进行转换，它可以有选择地将光信号送到某一条光纤中。

光开关有两种：一种是机械式光开关，通过移动光纤本身或移动棱镜、反射镜和透镜等中间物进行光的转换，其移动是通过人工或电磁铁的作用完成的；另一种是非机械式光开关，利用光电效应和声光效应进行光的转换。前者的转换时间一般为 2～20ms，插入损耗为 2dB 左右。

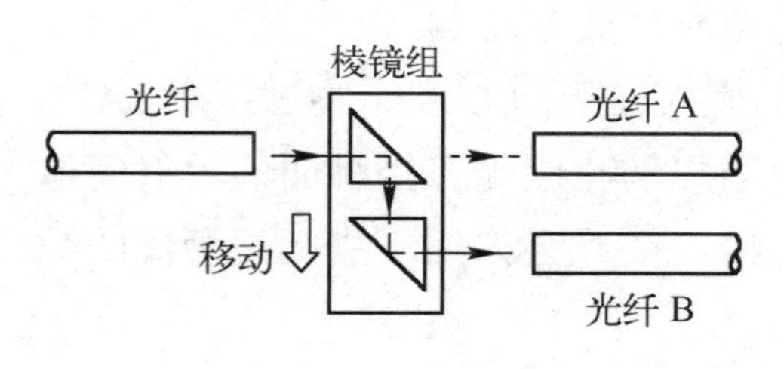

图 5-45 光开关的原理图

光开关的原理图如图 5-45 所示。当棱镜组插入时，光信号被送到光纤 B 中，若移去棱镜组，则光信号被送到光纤 A 中。

（4）光分路耦合器

光分路耦合器是分路和耦合光信号的器件。在光分路耦合器中，希望分路比与输入模式无关。光分路耦合器可分为两分支型光分路耦合器和多分支型光分路耦合器两种。前者用于光通路测量，分路比可任意选择；后者用于光数据总线，要求输出信号分配均匀。图 5-46 所示为两分支型光分路耦合器的原理图和实物图。此外，常用的光分路耦合器还有四根光纤的星形耦合器，它可以用于数个终端之间同时进行通信的光数据总线。

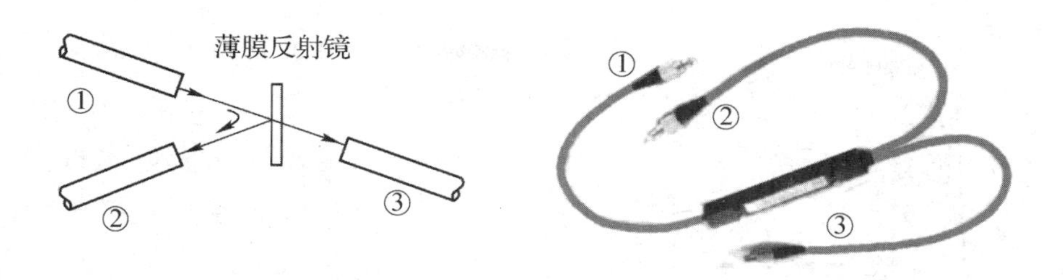

图 5-46　两分支型光分路耦合器的原理图和实物图

（5）光调制器

在光纤通信系统中，光调制器通过电信号对光的参数进行调制从而使光携带信息。光的调制方式有两种：一种是直接调制，信号对光源的驱动电流进行控制从而使其输出光的强度发生变化；另一种是外调制，光源输出恒定的光，经过一个光调制器使光的强度或相位发生变化。光调制器专指用于外调制的器件，通常是一种晶体或聚合物，利用电光效应（外加电场）或声光效应（弹性波）使光的折射率变化，或者利用磁场引起的法拉第效应使光的透过率发生变化，从而实现信号对光的调制。目前商用的磷化铟光调制器的调制速率可达到25Gbit/s，硅光调制器的调制速率可达到32Gbit/s，两者在高速率、远距离光纤通信系统中都有广泛的应用。

5.4.5　光发射机

图 5-47 所示为直接调制式光发射机的组成框图，它包括光源、光源驱动与调制电路及信道编码电路三大部分。

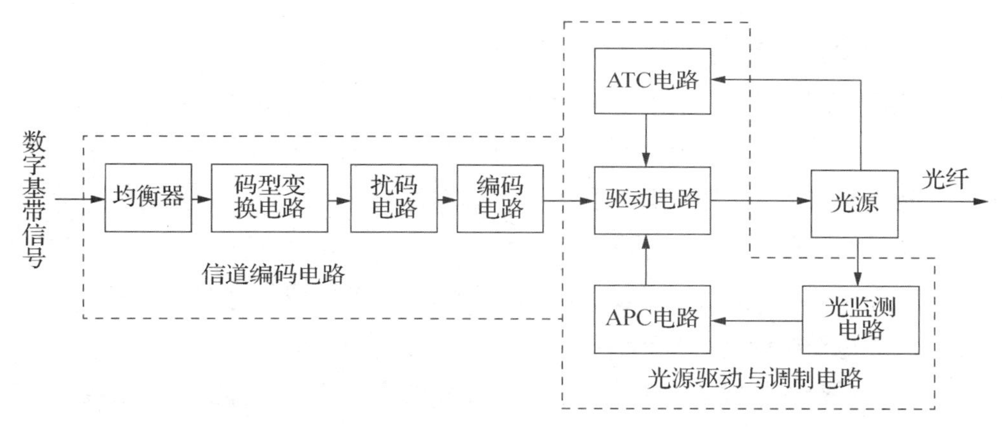

图 5-47　直接调制式光发射机的组成框图

（1）光源

现在普遍采用两种半导体光源作为光纤通信系统的光源：一种是注入式激光二极管（LD），在短波长段使用 GaAs 和 GaAlAs 双异质结构激光二极管，在长波长段使用 InGaAsP 双异质结构条形激光二极管；另一种是发光二极管（LED）。这两种器件的工作原理是，当电子从导带落到价带时，它们就发射光子。二者的主要区别是，激光二极管能产生受激辐射，而发光二极管总是产生自发辐射，不能产生受激辐射。激光二极管可以将较大的光功率射入光纤，并且反应速度很快，线宽（或工作波长范围）比发光二极管窄，在光纤中传输时不易造成色散，因而能增大光纤的最大可用带宽，这对于大容量、远距离通信系统来说是非常重

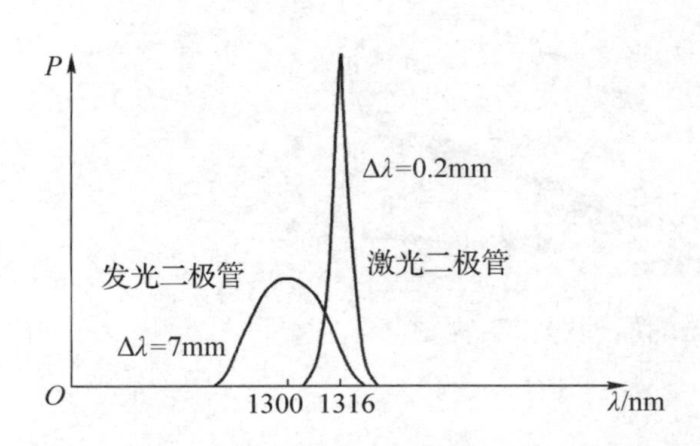

图 5-48　发光二极管与激光二极管的光功率谱

要的。图 5-48 所示为发光二极管与激光二极管的光功率谱。

一般情况下，发光二极管比激光二极管更适用于线性系统，这是因为发光二极管的输出功率与调制电流的关系接近光滑的直线，而激光二极管却是非线性的，只适合于二进制系统。应指出的是，激光二极管的非线性与多模效应有关，因此，单模激光二极管研制成功之后，在常用的波长范围内就有了线性度较好的激光二极管。

（2）光源驱动与调制电路

半导体光源在进行直接调制时，输出的光功率只受调制电流的控制。功率/电流（*P*/*I*）特性是光发射机设计的起点。图 5-49 中有两条 *P*/*I* 特性曲线，一条是激光二极管的，另一条是发光二极管的。由图 5-49 可知，激光二极管有门限电流，超过门限电流时才会产生受激辐射。

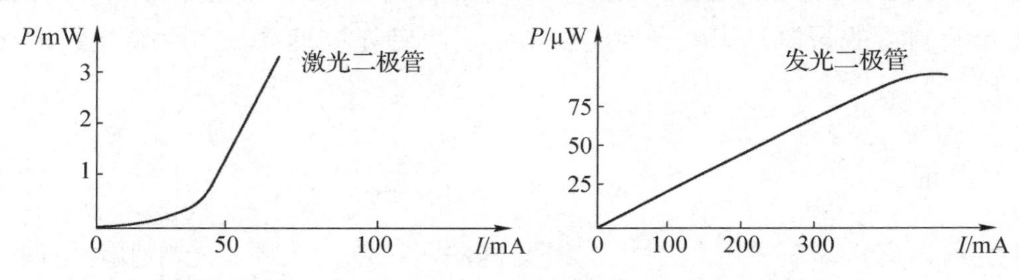

图 5-49　激光二极管与发光二极管的 *P*/*I* 特性曲线

光源驱动与调制电路的功能有以下几个。

① 调制。在信码的作用下，控制流过激光二极管或发光二极管的电流，使其为零（不发光，对应于信码“0”）或为预先规定的值（发光，对应于信码“1”）。这个功能由光源驱动与调制电路中的驱动电路（一种受控恒流源）完成。

② 自动光输出功率控制。一方面是为了使光输出信号电平保持稳定，另一方面是为了防止光源因电流过大而损坏。另外，光输出功率过大也会使光源的输出散弹噪声增加，系统的性能变差。这个功能由光源驱动与调制电路中的 APC 电路完成。

③ 温度控制。对激光二极管而言，结温高时光输出功率会下降，在 APC 电路的作用下控制电流会自动增大，使结温进一步升高，造成恶性循环，从而导致激光二极管损坏。光源驱动与调制电路中的 ATC 电路用于进行光源的温度控制。

光源驱动与调制电路的光功率控制有以下两种方法。

① 直接光强度调制。在光纤通信系统中，由于对 *P*/*I* 特性曲线的线性要求不高，因此常用激光二极管作为光源。直接光强度调制是指用二电平脉冲控制激光二极管的驱动电流，相应地产生两种光功率输出，如图 5-50 所示。

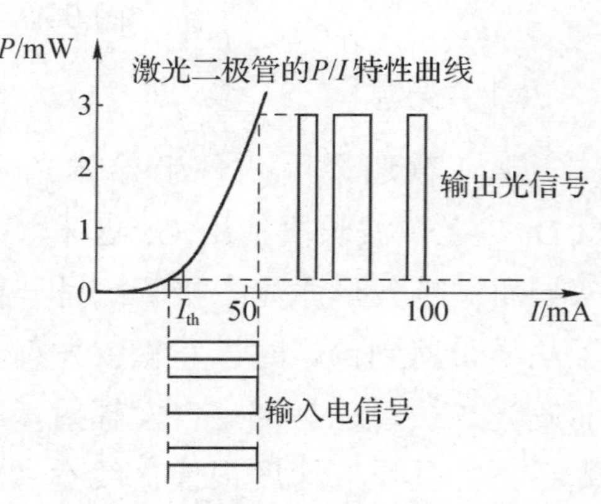

图 5-50　直接光强度调制

在图 5-50 中，I_{th} 是激光二极管的阈值电流，当驱动

电流大于 I_{th} 时激光二极管发光，当驱动电流小于 I_{th} 时激光二极管不发光，即光输出功率为 0。为了降低对信号电流幅度的要求，一般先对激光二极管加偏置电流 I_B，I_B 可略小于 I_{th}。

在确定激光二极管的驱动电流时，除了要考虑光输出功率、激光二极管的极限参数、输出噪声，还要考虑接通延迟等问题。如果加到激光二极管上的脉冲电流高于门限值，则激光二极管会在发射前有几皮秒的延迟，但切断电流时没有延迟，因此输出脉冲变窄，这就限制了激光二极管的调制频率。加到激光二极管上的激励电流高出门限值越多，延迟越小。

② 自动光功率控制。APC 电路的形式有多种。图 5-51 所示为平均功率反馈系统的例子，在这种系统中，光发射机能够自动调节输出，使平均功率保持恒定。

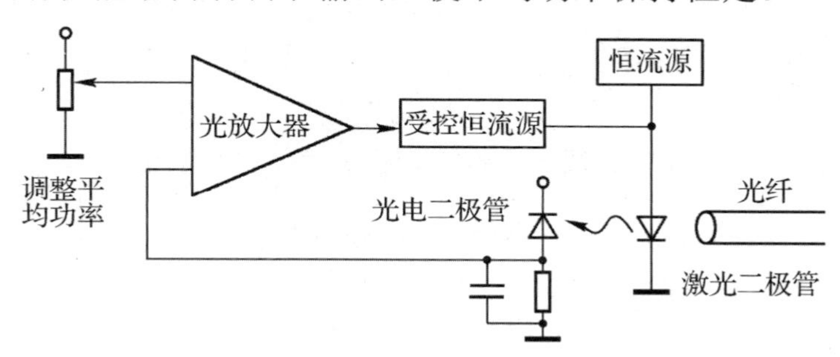

图 5-51　平均功率反馈系统的例子

在图 5-51 中，光电二极管用于检测激光二极管发出的光功率，经光放大器放大后控制激光二极管的偏置电流，使其输出的平均功率保持恒定。

（3）信道编码电路

信道编码电路用于对数字基带信号的波形和码型进行转换，使其适合作为光源的控制信号。如果将光发射机的输入端至光接收机的光电检测器输出端看作一个数字基带信道，则这个光纤通信系统仍可以看作基带传输系统，因此同样需要进行信号的信道编码，如波形转换、加密、抗干扰编码等。必须指出的是，在数字基带信号传输时用到的 AMI 码和 HDB_3 码不能用于光信号的控制，因为它们是三电平码，有+E、0、−E 三个电平，而光信号无法反映这三个电平，因此需要寻找新的码型。目前在光纤通信中用得比较多的码型有扰码、mBnB 码和插入码等。

① 扰码。扰码是指先将输入的二进制 NRZ 码序列打乱重新排列，然后在光接收机中解扰码，还原成原来的二进制码序列。它改变了原来的码序列“0”和“1”的分布，改善了码流的一些特性。例如，一个五级扰码器的输出与输入有如下的关系。

输入：1 1 0 0 0 0 0 0 1 1 0 0 0 0 0……

输出：1 1 0 1 1 1 0 1 1 0 0 1 1 1 1……

信号经过扰码后，码元的个数未增加，但连续“0”码的个数大大减少。

在光通信设备中一般采用自同步型扰码，其扰码器由移位寄存器和异或门组成，形成最大周期序列（2n−1）发生器，其中 n 为扰码器的级数。图 5-52 所示为 n 级扰码器与 n 级解扰码器的原理图，其中 T_1～T_n 是移位寄存器。

② mBnB 码。mBnB 码又称分组码，它先把输入码流中每 m 位码分为一组，然后变换为 n 位，且 n>m。这样变换后的码流就有了冗余，除了可以传送原来的信息，还可以传送与误码检测等有关的信息，并且改善了定时信号的提取和直流分量的起伏问题。m、n 越大，编码器

与解码器就越复杂。在光纤通信中，5B6B 码被认为在编码复杂性和比特冗余度之间实现了最合理的折中，在国内外三次群、四次群光通信系统中应用得较多。表 5-2 所示为 5B6B 码表。

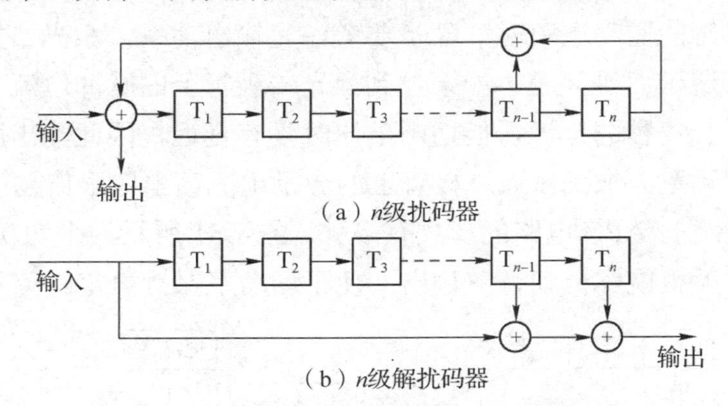

图 5-52　*n* 级扰码器与 *n* 级解扰码器的原理图

表 5-2　5B6B 码表

5B 输入码组	6B 线路码组		5B 输入码组	6B 线路码组	
	正模式	负模式		正模式	负模式
00000	110010	110010	10000	110001	110001
00001	110011	100001	10001	111001	010001
00010	110110	100010	10010	111010	010010
00011	100011	100011	10011	010011	010011
00100	110101	100100	10100	110100	110100
00101	100101	100101	10101	010101	010101
00110	100110	100110	10110	010110	010110
00111	100111	000111	10111	010111	010100
01000	101011	101000	11000	111000	011000
01001	101001	101001	11001	011001	011001
01010	101010	101010	11010	011010	011010
01011	001011	001011	11011	011011	001010
01100	101100	101100	11100	011100	011100
01101	101101	000101	11101	011101	001001
01110	101110	000110	11110	011110	001100
01111	001110	001110	11111	001101	001101

5B 输入码组长度为 5 位，共有 32 种组合方式，而 6B 线路码组长度为 6 位，共有 64 种组合方式。这 64 种码组包括：20 个以 3 个“1”码和 3 个“0”码组成的 WDS①=0 的均等码组，如 111000、001101、100110 等；15 个以 4 个“1”码和 2 个“0”码组成的 WDS=+2 的正不均等码组，如 101101、011011 等；15 个以 2 个“1”码和 4 个“0”码组成的 WDS=−2 的负不均等码组，如 100100、010001 等。在将 5B 输入码组转换成 6B 线路码组时，只需要用到 6B 码线路码组中的 32 种，上述 50 种 6B 线路码组已经足够使用，其余 6B 线路码组中的“0”码和“1”码的不均等性更大，可不予考虑。

在编码时，18 个 5B 码组与 18 个 6B 均等码组（除了 000111 和 111000）一一对应，正负

① WDS 称为码字数字和，表示码组中“1”码与“0”码个数的差值。

模式相同，均含 3 个“1”码和 3 个“0”码；12 个 5B 码组与 12 对 6B 码组对应，这 12 对 6B 码组各由正不均等码组和负不均等码组组成，正负模式不同；还有 2 个 5B 码组（00111 和 11000）比较特殊，对应的 6B 码组正负模式由均等码组和不均等码组组成。这样就用 32 个（对）6B 线路码组表示了 32 个 5B 输入码组。正模式和负模式交替使用，可以基本保证 6B 线路码组中出现“0”码和“1”码的个数均等，无直流起伏，减小判决电平的漂移。例如，从表 5-2 中可以查到，与 5B 输入码组 00011 对应的 6B 线路码组为 100011，因为其 WDS=0，所以正模式与负模式相同；与 5B 输入码组 00100 对应的 6B 线路码组为 110101（正模式）和 100100（负模式），因为其 WDS=±2，所以正模式与负模式不同；当出现相同的 5B 输入码组如 00100、00100 时，5B6B 编码器的输出为 110101、100100，“1”码的总数与“0”码的总数相等。

5B6B 码表中未列出的其他 6B 线路码组（只有 1 个“1”码或只有 1 个“0”码及全“1”码和全“0”码的码组）作为禁用码组，供码组同步与误码检测使用。这种码表是按其平均误码增值[①]最小的方式构成的，其平均误码增值为 1.281，最大误码增值为 3。编码器输出的数据中最大连续“0”码或连续“1”码个数为 5。5B6B 码的码元速率增加不太多，对通信系统的有效性影响不大，编译码电路较简单，并且具有一定的误码检测能力。

③ 插入码。插入码是指把输入原码以 m 位为一组，在每组的第 m 位之后插入一个码，组成 m+1 个码为一组的线路码。根据插入规律不同，插入码主要可以分为 mB1C 码、mB1P 码和 mB1H 码三种。

在 mB1C 码中，C 码为反码或补码。原则上说，C 码可以是 m 位中任一位的补码，但一般是最后一位 B 码的补码。如果第 m 位为“0”，则加“1”；如果第 m 位为“1”，则加“0”。下面举例说明。

3B 码：100，110，001，101，111，000，000。

3B1C 码：1001，1101，0010，1010，1110，0001，0001。

mB1C 码不仅使码流中不再出现长时间的连续“0”码或连续“1”码，而且具有一定的误码检测能力。

在 mB1P 码中，P 码为奇偶校验码。P 码是“1”还是“0”取决于 m+1 位码组中要求“1”码的个数为奇数还是偶数。例如，奇校验 3B1P 码如下。

3B 码：111，010，111，111，000，000，101。

3B1P 码：1110，0100，1110，1110，0001，0001，1010。

在 mB1H 码中，H 码为一个混合码，它可以包括误码检测码和辅助码等。

5.4.6 光接收机

光接收机包括光电检测器、光接收电路和信道解码电路三大部分，如图 5-53 所示。

（1）光电检测器

光电检测器的作用是将来自光纤的光信号转换成电流。在早期的光纤通信系统中曾使用过真空光电二极管、光电倍增管等器件作为光电检测器，但目前半导体光电二极管由于具有尺寸

① 平均误码增值表示一个线路码的误码在接收端译码后对信码造成的误码平均数，一般都大于 1。

小、灵敏度高、响应速度快及工作寿命长等优点，因此广泛用在光纤通信系统中作为光电检测器。

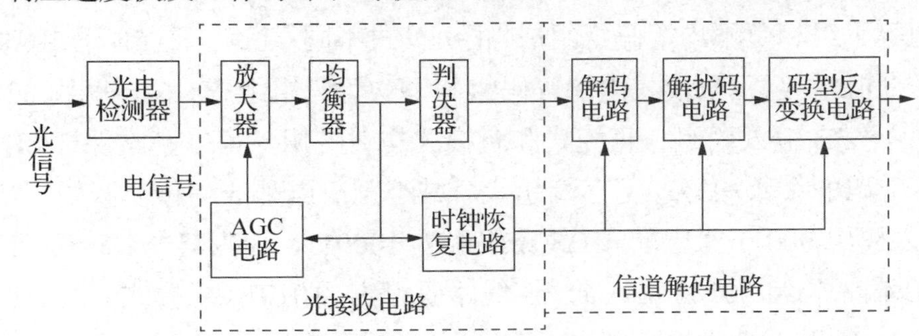

图 5-53　光接收机的组成框图

① PIN 二极管。PIN 二极管是一种具有特殊结构的二极管，其 PN 结中的耗尽层是透光的。当 PN 结的耗尽层接受光子时，每个光子会产生一个电子-空穴对，并且在外加电场的作用下形成电流。由于普通二极管的耗尽层很窄，光电转换效率比较低，因此在制作光电二极管时在 P 型半导体和 N 型半导体之间保留一块本征半导体，这种光电二极管称为 PIN 二极管。图 5-54 所示为 PIN 二极管的原理结构图。

② 半导体雪崩光电二极管（APD）。APD 的核心还是 PN 结，其 P 层和 N 层的掺杂浓度高，在耗尽层中形成高电场区。当在 PN 结两端加上反向的高电压时，由光子产生的电子和空穴在高电场区域内很快加速，得到很高的能量，并与半导体晶格碰撞，产生更多新的电子-空穴对，出现了光的倍增过程。在同样功率的光信号照射下，APD 能够输出比 PIN 二极管更大的电流。在光的倍增过程中，每个初始电子-空穴对产生的导电电子的平均数等于倍增因子 M，M 由反向偏压决定。通常情况下，APD 能得到 20dB 左右的增益，其信噪比也比 PIN 二极管高。

目前在 0.85μm 波段主要用硅半导体材料制作半导体光电二极管，而在 1.35μm 波段主要用锗半导体材料制作半导体光电二极管。

（2）光接收电路

光接收电路的功能有以下三个。

① 低噪声放大。由于从光电检测器获取的电信号非常微弱，在对其进行放大时首先必须考虑的是放大器的内部噪声。在制作高灵敏度光接收机时，必须使热噪声最低。若采用无倍增作用的光电二极管，如 PIN 二极管，则由于光电二极管的输出电流很小，其后的第一级放大器应有更低的热噪声，因此光接收电路首先应该是低噪声电路。图 5-55 所示为一种应用较广的光前置放大电路，采用电流负反馈使其具有很低的输入阻抗，可以得到很小的噪声系数。为了进一步改进噪声指标，光电二极管和第一级放大器可以集成在一个管芯上，使光电二极管的有源面积最小，以减小电容。

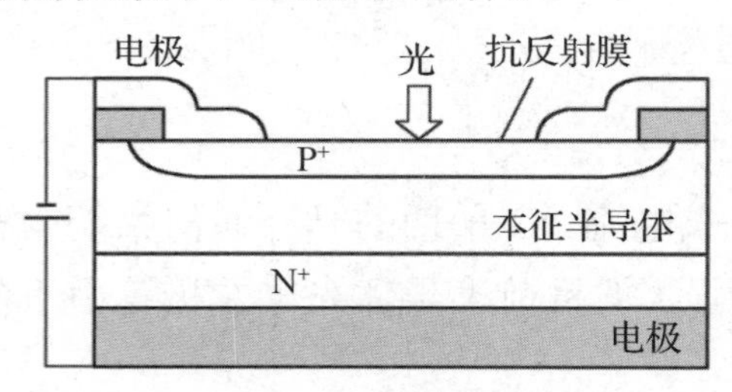

图 5-54　PIN 二极管的原理结构图

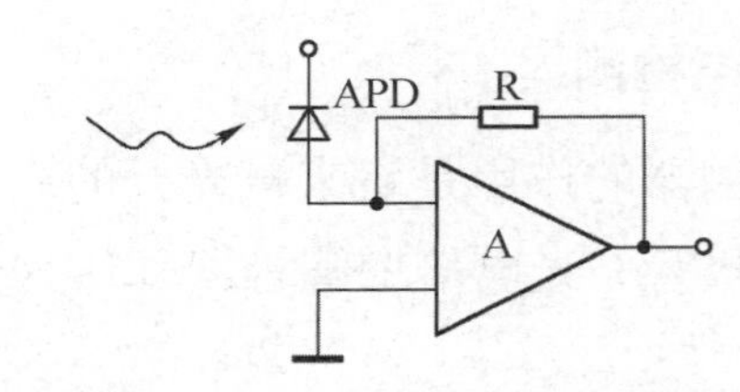

图 5-55　一种应用较广的光前置放大电路

② 给光电二极管提供稳定的反向偏压。当电流特别小时，PIN 二极管只需 5～80V 的非临界电压，因此可以提供稳定的偏压。然而 APD 则不同，一般情况下要求偏压 U_B 为 100～400V。由于倍增因子与 U_B 及温度的函数曲线很陡峭，而且同一型号的不同光电二极管的倍增因子不同，因此选择合适的偏压 U_B 很重要，这在设计过程中也是一个难题，需要反复调试。

必须控制 APD 的偏压使倍增因子保持在最佳值附近，因为当倍增因子过小时，APD 会产生较高的热噪声；当倍增因子过大时，APD 会产生较高的散弹噪声。

图 5-56 所示为两种 APD 的偏置电路。在图 5-56（a）中，APD 的偏压由一个直流恒流源提供，电容 C 交流接地，用于消除各种信号对直流恒流源的影响，同时使 APD 和低噪声放大器构成交流回路。如果平均电流已由偏压电流确定，而且输入的平均光功率已知，则以安/瓦定义的增益是固定的，与温度和器件都无关。在图 5-56（b）中，用一个高压稳压器给 APD 提供直流偏压，如果 APD 的偏压低于最佳值，则 APD 的增益将很小，峰值检测器的输出也很小，由比较放大器控制高压稳压器使电压升高，从而使 APD 的增益增大，直到 APD 的增益达到要求值才稳定下来。

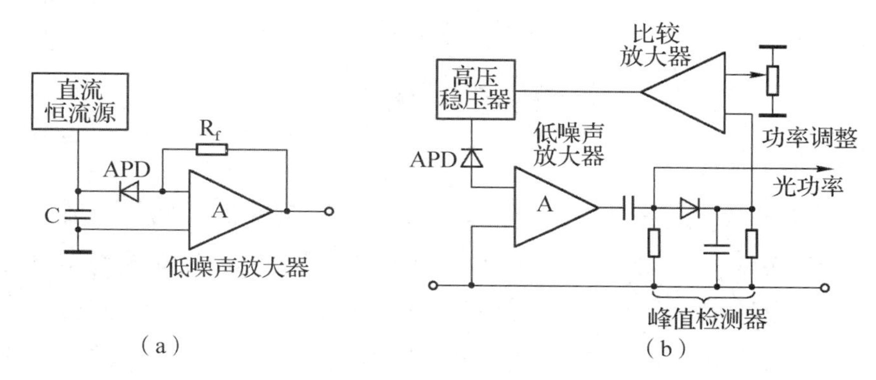

图 5-56　两种 APD 的偏置电路

③ 自动增益控制。虽然光纤信道是恒参信道，但整个系统中的光电器件的性能变化、控制电路的不稳定及器件的更换等仍有可能使光接收电路接收到的信号电平发生波动，因此光接收电路必须有自动增益控制功能。在图 5-56（a）中，由于光电检测器的输出电流只由维持恒定的输入电流来限定，因此这种方法提供了 100%的自动增益控制。这将使输入光功率有较大幅度变化时保持基本恒定的输出，可以大大缩小加到其后的低噪声放大器上的信号的动态范围，因而光信号的动态范围可增大 10～20dB。这种方法最简单，不需要进行温度补偿或预先调整。在图 5-56（b）中，峰值检测器对低噪声放大器输出的交流耦合信号进行检波，将检波电平与预置参考电平进行比较，并反馈回去调节高压电流使峰值检波电平保持恒定不变，这样就制成一个消除了光电二极管暗电流影响的恒流源。这种方法在光电二极管存在较大的暗电流时很有用。

（3）信道解码电路

信道解码电路是与信号发送端的信道编码电路完全对应的电路，包含解码电路、解扰码电路和码型反变换电路。

5.4.7 中继器与掺铒光纤放大器

当光纤线路很长时，由于光纤存在传输损耗，因此由发送端发射出来的光信号到了接收端会非常微弱，这时就需要在光纤线路的中间增加若干个中继器或光纤放大器，以弥补光功率在光纤传输过程中的损耗。

（1）中继器

中继器的作用是接收已衰减的光信号，将其转换成电信号，在对其进行放大、均衡、判决后重新将其转换成向光纤传送的光信号。图 5-57 所示为中继器的组成框图，可以看出，中继器实际上是光接收机和光发射机的组合，只要光信号还没有衰减到足够小，经光电检测、放大、均衡、判决之后就可以恢复成原来要发送的电信号，由这个电信号来控制驱动电路，对光源进行调制就可以再次形成有较大功率的光信号。

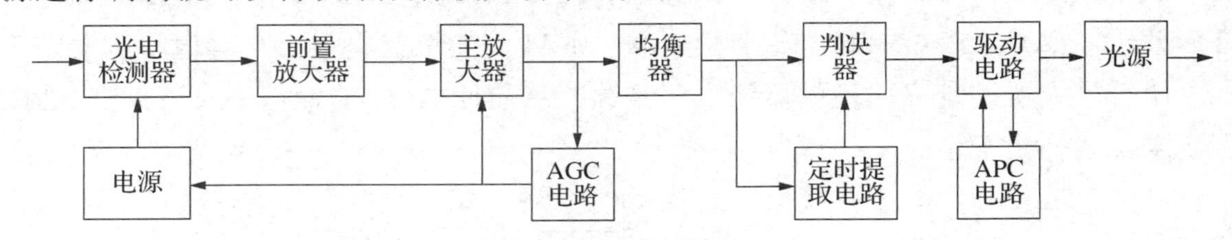

图 5-57 中继器的组成框图

（2）掺铒光纤放大器

掺铒光纤放大器（EDFA）是利用光纤的非线性效应制作的。当光纤输入功率增大到一定程度时，光纤对光的传输不再是线性的。在石英光纤芯线中掺入微量的铒元素，当泵浦光输入掺铒光纤时，高能级的电子经过各种碰撞后，发射出波长为 1.53～1.56μm 的荧光，这是一种自发辐射光。当没有入射光时，荧光处于非相干状态。当某一频率的光入射时，它会接受强输入光（泵浦光）的能量，沿着光纤逐步增强，而输出一个与入射光频率相同、传输模式相同的较强光，产生了光放大。图 5-58 所示为 EDFA 的结构原理图。当使用波长为 1.48μm、0.98μm 及 0.8μm 的激光二极管作为泵浦光源时，可得到 30dB 以上的增益，增益最高可达 46.5dB。

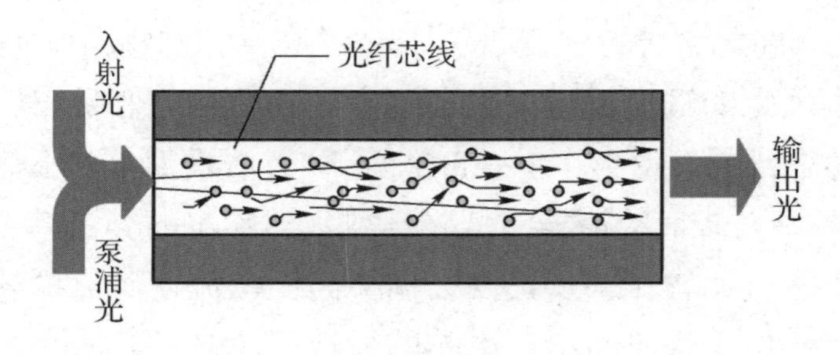

图 5-58 EDFA 的结构原理图

EDFA 具有频带宽、高增益、低噪声、高输出等优良特性，可作为中继器、发送端功率放大器、接收端前置放大器使用，使系统无中继传输距离大大延长。光放大介质为掺铒光纤，放大信号的波长为 1.53～1.56μm，采用波长为 1.48μm 或 0.98μm 的半导体激光二极管激励。

EDFA 等器件的出现使光信号的放大无须经过光—电—光的转换过程，不仅简化了设备，提高了系统的可靠性，还降低了系统噪声，使系统无中继传输距离大大延长，目前在高速传输系统中使用 EDFA 可使系统无中继传输距离超过 200km。

由于 EDFA 具有宽带特性，在 WDM 系统中可以用一个放大器对各个波长的信号同时进行放大，因此其被广泛用于 WDM 系统。

5.4.8　波分复用技术

在 1310～1550nm 波长范围内单模光纤的传输损耗很小，且有很大的传输带宽，因此可以在一条光纤中传输多个波长的光载波，这就是波分复用（WDM），类似于无线信道中的 FDM。图 5-59 所示为 WDM 的原理示意图。其中，T_1、R_1 分别是工作波长为 λ_1 的光发送设备和接收设备；T_2、R_2 分别是工作波长为 λ_2 的发送设备和接收设备；F 是一种滤光反射镜，它可以使波长为 λ_1 的信号穿过，而对波长为 λ_2 的信号产生镜面反射。这样，利用滤光反射镜可以对不同波长的光进行汇合或分离，达到在一条光纤上传送多个不同波长的光信号的目的。

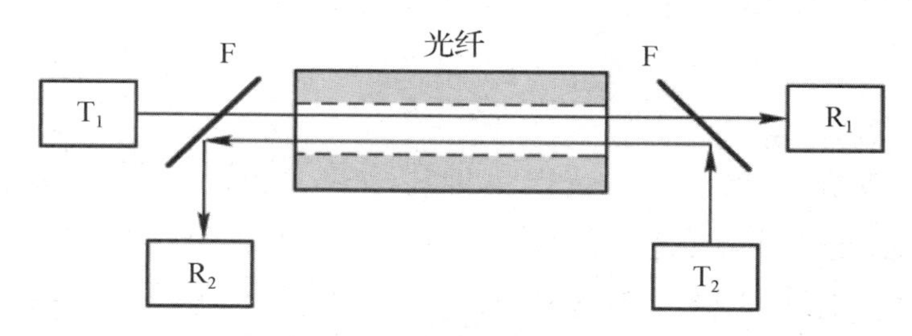

图 5-59　WDM 的原理示意图

将不同波长的光汇合并耦合到一条光纤上的设备称为复用器（MUX），也称为合波器。从一条光纤上把不同波长的光分离开的设备称为解复用器（DEMUX），也称为分波器。MUX 按照不同的合/分波技术可以分为熔融拉锥型、介质膜型、光栅型和平面型四种主要类型，其主要特性指标有工作波段、信道数、信道间隔、插入损耗和隔离度等。WDM 可以细分为粗波分复用（CWDM）和密集波分复用（DWDM）两种，两者的主要区别是在一条光纤上提供的信道数量不同。

图 5-60 所示为 WDM 系统的工作原理图。其中，发送端的光波长转换单元（OTU）将输入的 N 路光信号（波长 λ_a、λ_b、λ_c 可能是 850nm、1310nm 等）转换成 WDM 特定波长（λ_1～λ_N）的光信号后输出到 MUX，MUX 将多路不同波长的光信号复用到一条单模光纤上传输；在接收端，DEMUX 将多个波长混合的光信号分解为原来的多路 WDM 特定波长的光信号，接收端的 OTU 将这些特定波长的光信号转换成原先的 850nm、1310nm 等波长的光信号。

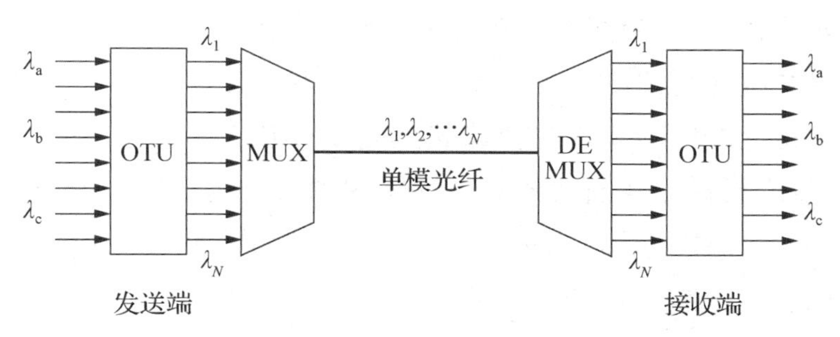

图 5-60　WDM 系统的工作原理图

目前典型的 CWDM 系统可以在 1470～1610nm 波长范围内提供 8 个信道，按照 ITU-T G.694.2，最多可以提供 18 个信道。CWDM 的优点是设备成本低、体积小、功耗低和维护简便，在电信、广播电视、企业网、校园网等领域应用较多。

DWDM 是指在波长为 1550nm 的窗口附近，在 EDFA 能提供增益的波长范围内，选用密集但相互又有一定波长间隔（典型的波长间隔为 0.8nm）的多路光载波，这些光载波各自受不同数字信号的调制，复合在一条光纤上传输，增大了每条光纤的传输容量。目前的 DWDM 系统可提供 16/20 波或 32/40 波的单纤传输容量，最大可以达到 160 波，并且具有灵活的扩展能力。DWDM 的主要特点是设备容量大，目前使用单模光纤传输，DWDM 每通道的最高传输速率可达 25Gbit/s，总容量可达 2400Gbit/s，在 MAN、LAN 及存储区域网等领域应用较多。

本章小结

双绞线是常用的传输介质之一，被大量地用于电话网。各类数据通过 Modem 后可以借助电话网进行传输，也可以通过 DSL 进行传输。ADSL 是近年来应用较广的一种 DSL，可为用户提供不对称的双向信道，下行速率为 1.6～9.2Mbit/s，上行速率可达 384kbit/s 或更高。

信号可以电磁波的形式在无线空间传播。常见的电磁波的传播模式有地面波传播、空间波传播和天波传播。数字无线传输系统的设备主要是无线电发送与接收设备。数字信号在无线电发送设备中经过调制、变频和放大变成高频频带信号，并由发射天线转换成电磁波后向空间辐射；无线电接收设备将接收天线感应到的信号经过滤波、放大、变频、解调及取样判决后恢复成原来的数字信号。

卫星通信是一种以人造地球卫星为中继站进行通信的方式，它可以实现大容量、远距离和稳定可靠的通信。通信卫星上的转发器是用于进行信号中继的主要设备，它接收来自某一地面站的信号，将其放大后再回送到另一地面站。一颗卫星上可以有若干个转发器，转发器有单变频转发器、双变频转发器和处理转发器三种形式。地面站是卫星通信系统和地面通信网络的接口，地面用户通过地面站出入卫星通信系统。地面站主要由大功率发射机、高灵敏度接收机、高增益天线及地面通信网络的接口设备组成。

光纤通信系统主要由光发射机、光纤信道和光接收机组成，在远距离通信时也会在光发射机与光接收机之间增加一些中继器或光纤放大器。光纤有单模光纤和多模光纤两种，单模光纤主要用在要求传输速率高的场合。光发射机的作用主要是通过数码强度调制实现电/光转换，并将光信号耦合到光纤中传输。光接收机的主要作用是通过直接检波实现光电转换，并将电信号送到 PCM 复用设备中进行处理。中继器的主要作用是补偿受到损耗的光信号，并对已失真的光信号进行整形，以延长光信号的传输距离。利用 WDM 技术可以使用一条光纤传送多个不同波长的光信号，增大光纤系统的通信容量。

思考与练习题

5.1　用于电话网的双绞线，其传输带宽（　　）。

A．随线芯直径的增大而变宽

B．随线芯直径的增大而变窄

C．与线芯直径无关

5.2　一般来说，传输介质的传输带宽（　　）。

A．随传输距离的增加而变宽

B．随传输距离的增加而变窄

C．与传输距离无关

5.3　在使用拨号方式上网时（56kbit/s 的 Modem），在用户线上传输的信号带宽（　　）。

A．=56kHz　　B．=3.1kHz　　C．>3.1kHz

5.4　ADSL 信号的总带宽为（　　）。

A．=6MHz　　B．=384kHz　　C．>3.1kHz

5.5　为什么说回波抑制方式比 TDD 方式在同样的系统传输速率下信号的衰减小？

5.6　一台位于南京的收音机可以接收到来自北京的中波广播，其电磁波的传播模式是（　　）传播。

A．地面波　　B．空间波　　C．天波

5.7　位于南京的电视机不能直接接收从上海电视塔发射的电视信号，这是为什么？

5.8　设某电视发射塔距地面的高度为 300m，电视机天线距地面的高度为 10m，如果电视台发送的信号功率足够大，试问该电视信号的覆盖范围有多大？

5.9　为什么在收听短波广播时，远地台的信号时大时小？

5.10　CT2 中为什么要用频率合成器而不是用晶体振荡器来产生正弦波信号？

5.11　在同一个 CT2 系统中，如果两台手机同时工作，其中一台手机主要靠（　　）电路来抑制另一台手机的干扰？

A．天线滤波器　　B．中频滤波器

C．中频滤波器　　D．解调器后的低通滤波器

5.12　高度低于同步卫星的移动卫星绕地球一周的时间（　　）。

A．>24h　　B．=24h　　C．<24h

5.13　试述卫星通信系统中地面站使用抛物面天线的好处。

5.14　什么叫卫星通信？卫星通信有何优点？

5.15　要成为地球的同步卫星，通信卫星的运行轨道需要满足哪些条件？

5.16　卫星通信系统由哪几部分组成？卫星通信线路由哪两部分组成？

5.17　卫星上的转发器的主要作用是什么？它有哪几种形式？

5.18　卫星通信系统中地面站的主要作用是什么？

5.19　FDMA 与 TDMA 有何区别？

5.20　什么是 SDMA？

5.21 地面站应由哪几个分系统组成？各分系统的主要任务是什么？

5.22 对地面站天线的主要要求有哪些？卡塞格林天线是如何构成的？

5.23 什么是异频全双工工作方式？

5.24 什么是光纤通信？它有哪些特点？

5.25 简述光纤与光缆的结构特点。

5.26 光纤是如何分类的？各有哪些特点？

5.27 光缆敷设应注意哪些问题？

5.28 光纤通信系统由哪几部分组成？各有何作用？

5.29 简述 WDM 系统的工作原理。它有哪些优点？

第6章 通信网络

通信网络是将通信终端、转接点和通信链路相互连接，以实现两个以上通信终端之间信号传输的通信体系，是包括 DTE、DCE、交换设备和网络设备的综合系统，旨在向用户提供各种通信服务。

当前通信网络正逐步由支持单一的语音、数据、图像传输的网络转变为多媒体网络，并且网络的规模与覆盖范围也在不断扩大。各种网络协议的产生使通信在更大的范围内实现了标准化，典型的例子是 TCP/IP 协议为全球各类数据网的互联提供了基础平台。

目前使用的通信网络有很多种类，本章将从其组成结构、相关协议等方面对几种业务量较大、应用范围较广的通信网络进行介绍。

6.1 ISO 的 OSI 模型

6.1.1 分层结构与分层协议

一项复杂的工作需要分工合作才能完成，即便是一项简单的工作，分工合作也可以获得最佳的效益。本节以“商务信函交流”这样一项工作为例说明分工合作的过程，从而引出通信网络分层结构与分层协议的概念。

图 6-1 所示为商务信函交流工作的流程图。经理 A 提出一种建议或想法，秘书将建议或想法转换成商业文本，收发员将商业文本装入信封并标上地址，邮递员分拣信件并将其送上邮车，这样信件便被送到经理 B 的所在地，最终经理 B 可以知道经理 A 提出的建议或想法。如果经理 B 要给经理 A 一个答复，可以通过上述过程的逆过程实现。

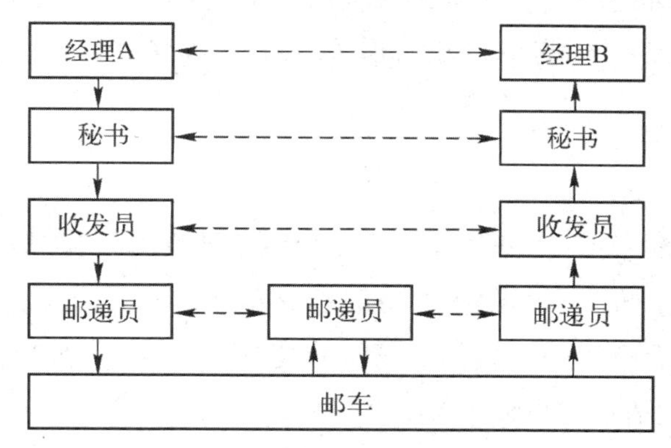

图 6-1 商务信函交流工作的流程图

在图 6-1 中，这项工作被分成了 5 层，分别可以称为经理层、秘书层等。对每一层都有一定的要求，如对邮递员的要求是根据地址正确无误地分拣信件并将其送上邮车；对秘书的要求是能理解经理的想法，知道商务文本的格式及术语等。一般来说，对每一层的要求中都会包含与上下邻层相关的内容，这些要求往往是公司选聘员工的标准。

分层结构使一项工作的进行变得灵活且高效。任何一个人，只要能满足某一层的要求就可以承担这一层的工作，这就是“开放”的概念。在通信系统中，任何一种软硬件产品，只要符合某一层的要求，就可以接入系统的这一层。例如，计算机的连接电缆（包括连接头）是物理层的产品，按照标准生产的连接电缆不管出自哪个厂家，都可用于计算机之间的连接。

一个通信网络所涉及的技术是多样的，并且提供这些技术的厂家可能分布在全球各地。另外，通信网络所承接的业务也有多样性，这些业务同样来自全球各地。因此，开放性是通信网络必须具有的特性。国际标准化组织（ISO）为计算机通信开发了一个通用的分层结构，其标准称为开放系统互联（OSI）模型，它将整个通信系统分成7个相互独立的层，每一层都有各自的任务与目标。开发OSI模型的目标是让各厂家生产的设备能够实现互联，随着技术的发展与应用的拓展，一些新的协议还在不断地制定。几乎所有的计算机制造厂家原则上都支持OSI的概念。

6.1.2 OSI 模型

OSI 模型把通信网络的全部功能划分为数据传输功能和数据处理功能两大部分，数据传输功能为数据处理功能提供传送服务。数据传输功能和数据处理功能进一步被分为7层，如图6-2所示。

层次	系统	协议数据单元
7	应用层	报文
6	表示层	报文
5	会话层	报文
4	传输层	报文
3	网络层	分组
2	数据链路层	帧
1	物理层	比特

图6-2　OSI 模型

OSI 模型中的7层分别为物理层、数据链路层、网络层、传输层、会话层、表示层和应用层。下面简述每一层的功能。

（1）物理层

物理层用于控制节点与信道的连接，提供物理通道和物理连接及同步时钟，实现信息基本单元（码元或比特）的传输。物理层协议要规定“0”和“1”的电平是几伏，一个码元持续多长时间，DTE与DCE的接口采用的接插件形式等。典型的物理层协议的例子是EIA-RS-232C。物理层是整个网络通信的基础，它确保了数据可以在网络设备之间可靠地传输。

（2）数据链路层

数据链路层是两个通信实体之间的一条点对点的信道，包括 DTE 和 DCE。数据链路层的功能是对数据进行分组，保证数据组从通信链路的一端正确地传送到另一端。数据链路层协议不再关心信号单个码元波形在传输过程中的变化，而要确保数据组在传输过程中高效无误，它使用差错控制技术来纠正传输差错。

（3）网络层

网络层用于控制通信子网的运行，它将数据链路层传送过来的数据组封装成数据包，并确定数据包从发送节点到接收节点的最佳路径（虚电路）。网络层协议要规定网络节点和虚电路的一种标准接口，完成网络连接的建立、拆除和通信管理，包括路由选择、信息流控制、差错控制及多路复用等。网络层协议还要确保不同的网络之间的互操作性，允许数据在不同类型的网络之间传输。

（4）传输层

传输层是主计算机—主计算机层，或者说是端—端传输控制层。传输层的主要功能是建立、拆除和管理传送连接，通过控制数据的发送速率来适应接收端的处理能力，防止数据过载。

（5）会话层

会话层是用户进网的接口，着重解决面向用户的功能问题，负责管理和协调应用程序之间的会话。例如，在会话建立时，双方必须核实对方是否有权参加会话，由哪一方支付通信费用，在各种选择功能方面取得一致。

（6）表示层

表示层主要用于解决用户信息的语法表示问题。表示层将数据从适合某一用户使用的语法，变换为适合 OSI 系统内部使用的传送语法，还可以对数据进行加密和压缩。

（7）应用层

用户终端通常有各种各样的应用程序，应用层直接与应用程序接口进行交互，将应用程序生成的数据转换为适合网络传输的格式，使得应用程序能够顺利地通过网络发送和接收数据。假定网络上有很多不同形式的终端，各种终端的屏幕格式不同，应用层就要设法转换。

物理层协议是唯一直接面向比特传输的协议，也是唯一只能用硬件实现的协议。其他各层协议都是对数据进行处理（如各种编码）的协议，都可以用软件实现。然而，在有些情况下用硬件实现比用软件实现更有效。例如，在进行简单编码时，用逻辑电路实现比用计算机运算的速度更快，因此数据链路层协议和网络层协议往往也会用硬件实现，更高层的协议基本上都是用软件实现的。

图 6-3 所示为 OSI 模型下的文件传输示意图。一个用户以他的文字处理程序向 A 计算机的应用层发布文件传输命令，应用层将其送到表示层，表示层对数据的格式进行修改后将数据送到会话层，会话层请求与目标进行连接并将数据送到传输层，传输层为了便于进行数据的传输将整个文件分成若干个可管理的数据块并将其送到网络层，网络层选择数据的路由后将数据包送到数据链路层，数据链路层对数据包进行分组并在数据包分组上加一些额外的信息以便于接收端进行检错与纠错。最终这些数据被送到物理层，物理层将数据码元转换成适合在传输介质（信道）中传输的波形，通过物理信道发向目标计算机。

由物理层发送的数据不仅包括应用层的文件，还包括所有其他各层添加的一些信息。每一层都会以修改数据的形式完成它的功能。例如，网络层加的比特用来定义路由，指示数据传输的路径；数据链路层会在表示英文符号的 7 位信息码中加上 1 位校验码用于检错与纠错。有时物理层发送的数据量可能会比最初来自应用层的数据量多出一倍。在接收端，B 计算机的各层都会检测与它们功能有关的“1”码或“0”码，将这些外加的数据消去，送到上一层。最终到达 B 计算机应用层的数据量与 A 计算机应用层发送的数据量相同。

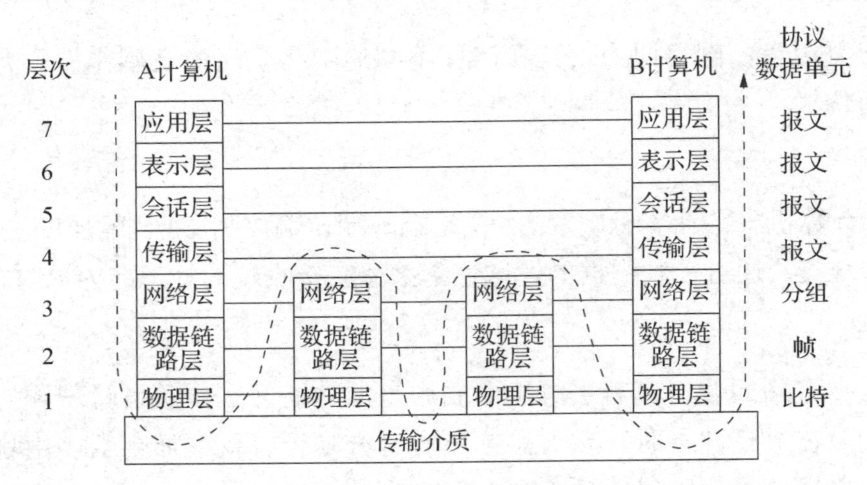

图 6-3　OSI 模型下的文件传输示意图

上面的例子没有考虑传输过程中出现错误的情况。如果计算机接收到有错误的数据并且检测出来，它就有可能请求 A 计算机重发，这个请求会从 B 计算机的应用层向 A 计算机的应用层传输，A 计算机会根据这个请求指示数据链路层重发，因为数据链路层是负责实现无差错传输的。数据链路层将重发的信号通过 A 计算机的物理层、传输介质、B 计算机的物理层到达 B 计算机的数据链路层。如果再有错误，就要重复刚才的过程；如果不再有错误，就将数据向上一层传送，整个系统继续进行下面的数据传输。

6.2　LAN

LAN 是一种可以提供高速交换连接的通信网络，适用于办公楼、校园等场合，传输距离一般在几千米的范围内。LAN 一般由交换机（或 HUB）、计算机、传输介质、网卡、连接设备（DB-15 插头座、RJ-45 插头座）等组成。交换机也叫交换式 HUB，它对信息进行重新生成，并将其经过内部处理后转发至指定端口，具有自动寻址能力和交换功能。LAN 允许用户在不同的时间与不同的计算机连接。LAN 的传输速度一般在每秒几兆比特以上，主要取决于选择的传输介质和传输距离。现在的校园网使用光纤，传输速度可达到 Gbit/s 级。LAN 有多种用途，包括长文件的传送等。

目前大多数 LAN 具有高可靠性，误码率很低。用户可以通过 LAN 交换文件、共享资源。例如，几个用户可共用一台高速激光打印机，虽然打印机只与一台计算机直接相连，但在 LAN 上所有的计算机都可以通过这台计算机共用打印机，这台与打印机直接相连的计算机称为打印服务器，它为其他计算机提供打印业务的接入服务。又如，LAN 中作为通信服务器的计算机可以通过 Modem 或宽带接入远端计算机和业务，其他计算机则可通过这台计算机接入远端计算机和业务。LAN 还可以提供其他的专用服务器功能。

常见的计算机网络结构是客户机/服务器结构。当数据库或资源重要时，用户还可接入连接 LAN 的服务器的程序。客户机与服务器之间的数据流会在 LAN 上产生巨大的数据流量，这个流量在安装和管理 LAN 时必须仔细考虑。

LAN 有中心控制和分布式控制两种不同形式的控制方式。中心控制需要一个单独的设备来控制整个网络，这种控制方式的缺点是，一旦控制器出现故障就会使整个网络瘫痪。现在大多数 LAN 采用分布式控制方式，接入网络的所有设备实际上都管理着网络，不需要中心设备。发送数据或已接收完数据的指令必须在所有接入网络的设备中被确认，以避免多个接入设备同时向网络发送数据而导致冲突。例如，在一个连接了 10 台计算机的 LAN 中，如果采用分布式控制方式，则这 10 台计算机都要承担网络运营管理的责任，每台计算机通常都包含一个特殊的网络接口卡，并且使用专用的网络软件。

分布式控制的一个优点是在增加新的用户时，只需安装网络接口卡和网络软件，并将计算机接到网络中，而无须向中心处理器或控制器说明，因此网络的扩展很容易。每增加一个用户，只需增加与该用户相关的费用，对一个单位来说，开始时可以只建一个较小规模的网络，以后随着单位的扩大可以不断地增加网络中的用户数。

分布式控制的主要缺点是，一个设备出现故障可能会导致整个网络无序。许多 LAN 配备了网络监控工具，以便随时关闭出问题的设备。

6.2.1　LAN 的拓扑结构

图 6-4 所示为 LAN 常用的两种拓扑结构。其中，图 6-4（a）所示为环形拓扑结构，图 6-4（b）所示为总线型拓扑结构。虽然从布线形式上看它们似乎是星形结构，各个用户之间传递的数据包都要经过 HUB，但是在 HUB 内部，数据的流向仍然是环形或总线型的，因此这两种结构也称为星形布线环形拓扑结构和星形布线总线型拓扑结构。

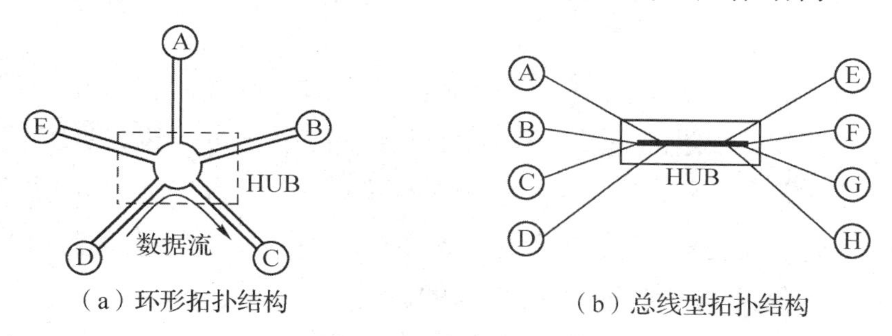

图 6-4　LAN 常用的两种拓扑结构

在星形布线环形拓扑结构中，HUB 内是一个微型的环，数据在环内单向流动，经过每个用户后都要回到 HUB 内。

在星形布线总线型拓扑结构中，HUB 内部是一个微型的总线，从逻辑上讲，网络仍然是一个总线型网络，因为 HUB 并没有为数据包选择路由。每个数据包被送到 HUB，HUB 再将数据包发向每个用户，用户是否读出和处理数据包取决于数据包头上的地址。这种结构的网络从物理结构上看好像每个用户通过双绞线、同轴电缆或光纤与 HUB 相连，是一个星形网络。事实上，这种结构的网络可以想象成各个用户用几十米的线路将其连接到几厘米长的总线上，与传统的用很短的线路将用户连接到很长的总线上的情况并没有区别。

如果在一个建筑物内已经布好线，使用 HUB 可以很方便地将线路连接成环形网络或总线型网络。用户可以加入网络，也可以从网络中撤出，网络安装与维护都很方便。许多 HUB 能够自动地将产生错误数据的设备断开。基于上述理由，HUB 很通用。

现在有一种带有交换功能的 HUB，在计算机通信领域也称为交换机。交换机的原理与 HUB 有所不同，交换机中存储着网络中所有用户的地址（通过学习获得），在接收到一个用户发送的数据包后，可以查看数据包中的目的地址，直接将数据包转发给目的用户。

6.2.2 基带传输与频带传输

LAN有基带和频带两种传输方式。基带LAN直接在电缆上传送数字信号，而频带LAN通过对载波（电或光）的调制传送数据。

基带LAN运行成本低，但容量与传输距离有限。频带LAN虽然建造与维护费用较高，但支持高带宽传输且不太受设备空间和距离的限制。两者各有所长，要根据用户的需要进行选择。

传输介质的选择要看是采用基带LAN还是采用频带LAN，以及对带宽的要求。早期的LAN以使用双绞线或同轴电缆为主，随着技术的发展，双绞线和光纤逐渐成为LAN中主流的传输介质，特别是在需要高速、大容量和远距离传输的应用场景中。无线传输也因其灵活性和便利性在家庭及小型办公环境中越来越受欢迎。

6.2.3 LAN的接入方式

无论是环形网络还是总线型网络，当多个设备要共享通信线路时，LAN必须为每个设备分配信道。频带传输网络常使用FDMA技术将通信线路分成多个子信道供各个设备使用；基带传输网络使用TDMA技术为每个用户分配传输时隙；无线接入时可能使用CDMA技术。这些LAN的接入方式与点对点通信的FDM和TDM类似。

（1）竞争

最常见的LAN的接入方式是竞争。各种竞争方式都允许设备在线路空闲时发送数据，如果线路忙，则设备应在发送数据之前等待。由于LAN使用宽带传输，带宽较宽且信息长度较短，因此竞争方式是有效的。例如，一个40页的文件可能包括120KB的数据，一条10Mbit/s的LAN线路可以在0.1s之内将数据传送完。大多数文件一般都不会超过40页，且各种设备也不常发送信息，因此网络有很长时间是空闲的。

偶尔两个设备会出现同时向外发送数据的现象，这时就会产生冲突，冲突会使数据丢失。网络退出冲突的方式取决于接入方式。如果有太多的设备接入网络参与竞争，或者有几个设备发送过长的数据，则会导致冲突频繁，从而使网络性能变坏。

（2）随机接入

第二种LAN的接入方式是随机接入。在这种接入方式下，设备可以随意地发送数据，设备假定线路是空闲的，事实上这种假定也是合理的。在这种接入方式下，接收方必须向发送方反馈是否正常接收到信息，否则发送方不能确认是否出现了竞争。如果接收方的反馈表明接收方没有正常接收到信息，发送方就要重发。

随机接入方式就像在一个三方电话会议上，每个人根据自己的要求随时讲话，而不管别人是否正在讲话，如果听不到其他人的反应，他就再讲一遍。

（3）载波感应多方接入

第三种LAN的接入方式是载波感应多路接入（CSMA）。在这种接入方式下，发送方先检测一下网络是否空闲，如果空闲，就发送全部数据，并等待接收方的确认。在这期间其他采用CSMA方式的设备检测到网络忙，都不会发送数据，故不会出现竞争。但两个设备同时检测到线路空闲且同时发送数据的可能性仍存在，只是这种情况发生的概率很小。

当竞争发生时，发送的数据混乱，接收方不会发出确认信号，于是发送方在设定的等待时间之后再一次发送数据。虽然 CSMA 是在随机接入基础上改进的接入方式，但它为了等待确认信号需要一定的时间。

还是以三方电话会议为例，一方在讲话之前先看看是否有人正在讲话，如果没有，他就开始讲话，讲完后再听一下其他人的反应，如果没有反应，他就再重讲一遍。

还有一种改进的接入方式是载波感应多路接入/冲突检测（CSMA/CD）。在这种接入方式下，发送方不仅在发送数据之前对网络进行检测，在发送数据的过程中也一直监测线路。发送方首先要通过检测确认网络现在是空闲的，然后开始发送数据。如果一切正常，那么发送方可以很好地监测到自己发送出去的数据。然而，如果另一个设备在同一时间发送数据，那么两个设备都会监测到混合的数据，两个设备都会停止工作，各自等待一段随机的时间后再发送。这种停、等、再发的方式称为后退（Backoff）。

在正常情况下，由于竞争只有在两台设备同时开始发送数据的瞬间才可能出现，所以再次发生竞争的概率非常小，如果真的再次发生，则可以再次“后退”。

（4）令牌

第四种 LAN 的接入方式在目前也用得很多，称为令牌（Token）。令牌是由“1”码和“0”码组成的特殊码组，共有两个，分别称为空令牌与忙令牌。网络中的所有设备都在一直监测网络的工作状况，只有在接收到空令牌时才可以发送数据包。图 6-5 所示为令牌环网的工作过程示意图，这个过程有点类似于击鼓传花游戏，具体步骤如下。

① 环路中一直有一个令牌在运行，它指示网络是空闲的，可以被使用。设备要发送数据包必须等到这个令牌。

② B 设备接收到空令牌并决定发送数据。B 设备先将空令牌改为忙令牌，插入数据与目标地址（D 设备）、B 设备自己的返回地址，以及一些用于误码检测的比特数据。这个新的数据包现在在环路中运行，所有其他的设备只能等待，因为环路中没有空令牌。

③ 当数据包到达目的地后，接收方（D 设备）查验数据包的地址，确认是自己的地址后接收，随后将数据复制后并更改一些状态比特，让忙令牌与数据包继续沿环路运行。

④ 当数据到达 B 设备后，B 设备将原先发送的数据移去释放环路，产生一个空令牌，回到初始状态。

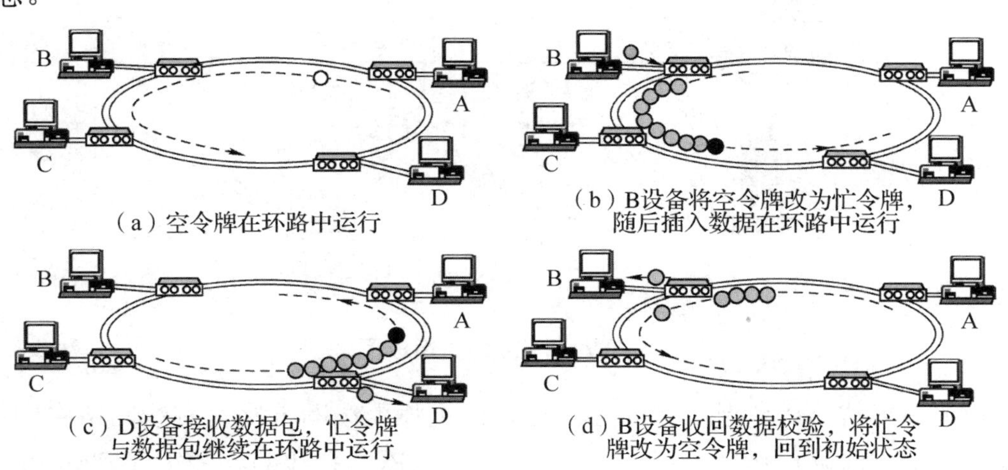

图 6-5 令牌环网的工作过程示意图

从上面的例子中可以看到，数据要经过一个完整的环路，最终回到发送端，这样发送方可以确认数据在传送过程中没有丢失。发送方还必须在整个数据发送过程结束后使网络回到初始状态。网络中有一个相当于网络用户的设备用来对网络的运行进行监视，称为有源监视器。假如一个空令牌由于发送设备的错误而丢失，有源监视器就会产生一个新的空令牌。网络中的其他设备用作备用监视器，在有源监视器出现故障时介入执行规则。令牌环网如今已普遍应用。

6.2.4 LAN标准

LAN提供物理层数据传输功能，同时可进行误码检测与纠正。因此，也常认为LAN提供OSI模型的物理层与数据链路层功能。

大多数LAN标准由IEEE开发，称为IEEE 802标准。IEEE将数据链路层功能分为两个主要部分：第一部分称为媒体接入控制（MAC），描述一个网络的接入方式，如CSMA/CD或令牌；第二部分称为逻辑链路控制（LLC），描述各种接入方式通用的其他功能，如误码检测。

IEEE 802下属的各个委员会对各个不同领域的标准进行了规范。IEEE 802.1标准提供了LAN及网络连接与系统管理的概述；IEEE 802.2标准描述了对所有兼容IEEE 802网络的通用LLC方法；IEEE 802.3标准描述了CSMA/CD总线的MAC方法；IEEE 802.4标准描述了LLC的令牌总线方法；令牌总线是令牌环的变形，它由IEEE 802.5标准描述；IEEE 802.6标准描述了MAN的MAC方法。

6.2.5 WLAN

WLAN（Wireless LAN）是利用无线通信技术在一定的局部范围内建立的网络，是计算机网络与无线通信技术相结合的产物。它以无线多址信道作为传输介质，提供传统有线LAN的功能，能够使用户真正实现随时、随地、随意地接入宽带网络。

整个WLAN系统是由计算机（包括笔记本电脑和台式计算机）、服务器、无线适配器（无线网卡，嵌入在计算机中）、无线接入点（AP）及网络操作系统等组成的，如图6-6所示。

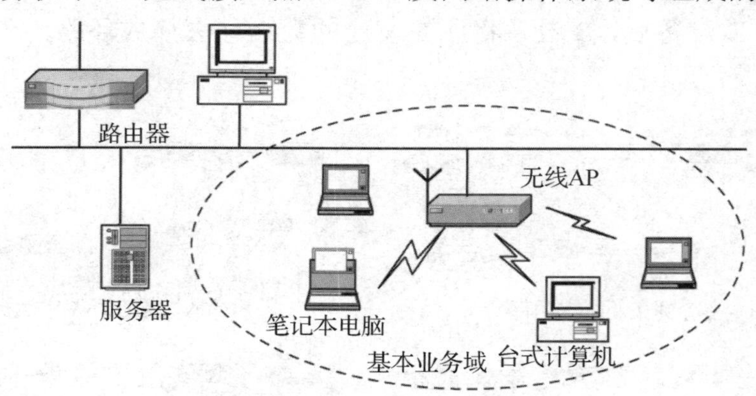

图6-6 WLAN系统的组成示意图

在图6-6中，无线AP是无线访问接入点。如果将无线网卡比作有线网络中的以太网卡，那么无线AP就是有线网络中的HUB，它相当于一个连接有线网络和无线网络的桥梁，其主要作用是将各个无线网络客户端连接到一起，并将无线网络接入以太网。笔记本电脑、台式计算机都装配有无线网卡。

在无线网络构建过程中，还可以用无线桥接器和天线来实现两个不同 LAN 的互联，通信距离可达几十千米。

WLAN 与移动通信网络有很大的区别。首先，WLAN 及其用户属于拥有此网络的机构，而移动通信网络属于系统运营商，用户使用系统运营商提供的网络服务。前者无须用户付费，后者需要用户付费。其次，WLAN 能提供比移动通信网络更高的数据传输速率。最后，WLAN 工作在免许可证 ISM 频段上，而多数的移动通信网络工作在需要许可证的频段上。

（1）WLAN 标准

WLAN 有两个主要标准：IEEE 802.11 和 HiperLAN。其中，IEEE 802.11 标准由面向数据的计算机通信行业（有线 LAN 技术）发展而来，它主张采用无连接的 WLAN；HiperLAN 由欧洲电信标准协会（ETSI）提出，由电信行业（无线移动技术）发展而来，它更关注基于连接的 WLAN。目前大多数 WLAN 产品是基于 IEEE 802.11 标准的。

IEEE 802.11 标准下又有几种应用较广泛的标准。IEEE 802.11b 和 IEEE 802.11a 是 1999 年出台的标准，它们分别工作在 2.4GHz 和 5GHz 频段，前者采用直接序列扩频技术，数据传输速率可达 11Mbit/s，后者则采用正交频分复用（OFDM）技术，数据传输速率可达 54Mbit/s。IEEE 802.11g 标准通过采用 OFDM 技术可支持传输速率高达 54Mbit/s 的数据流，所提供的带宽是 IEEE 802.11a 标准的 1.5 倍，与 IEEE 802.11b 标准后向兼容。

802.11b 标准目前被广泛应用于办公室、家庭和其他小范围（100m 之内）的无线网络，被称作 Wi-Fi。

（2）WLAN 的基本技术

WLAN 的基本技术有 3 种：扩频技术、窄带技术和红外线技术。

① 扩频技术。大多数 WLAN 产品都使用了扩频技术，包括跳频扩频和直接序列扩频两种。跳频扩频 WLAN 支持 1Mbit/s 的数据传输速率，共有 22 组跳频图案，包括 79 个信道，输出的同步载波经解调后，可获得发送端送来的信息。直接序列扩频 WLAN 可在很宽的频率范围内进行通信，支持 1～2Mbit/s 的数据传输速率，在发送端和接收端之间数据都经过扩频以宽带方式传输。

直接序列扩频 WLAN 和跳频扩频 WLAN 都使用电磁波作为信号载体，覆盖范围大，发射功率低于自然背景噪声，基本避免了信号被偷听和窃取，通信安全性高。同时，WLAN 中的电磁波因为强度低，所以不会对人体健康造成损害，具有抗干扰、抗噪声、抗衰减和保密性好等优点。

② 窄带技术。在窄带调制方式中，数字基带信号的频谱不做任何扩展就被直接搬移到射频发射出去。为了尽量提高无线频谱的利用率，窄带无线设备应以尽可能窄的无线信号频率传递信息，并且通过合理调整分配给用户的信道频率避免信道之间的干扰。

③ 红外线技术。红外线 WLAN 采用波长小于 1μm 的红外线作为传输介质，有较强的方向性，受阳光干扰大。它支持 1～2Mbit/s 的数据传输速率，适用于近距离通信。

（3）蓝牙技术

蓝牙（Bluetooth）技术是一种用于无线数据与语音通信的开放性全球规范，它以低成本的近距离无线连接为基础，为固定设备与移动设备的通信提供短程无线电技术。蓝牙技术可以简化小型移动网络设备（如移动式计算机、掌上电脑、手机）之间及这些设备与Internet之间的通信，也可免除在手机、计算机、打印机、LAN等之间加装电线、电缆和连接器。

蓝牙使用国际上无须授权的2.4GHz的ISM频段，有79个无线信道，每个信道占1MHz。蓝牙使用跳频技术将传输的数据分割成数据包，通过79个信道分别传输数据包（蓝牙4.0使用2MHz间距，可容纳40个信道）。第一个信道始于2402MHz，每个信道占1MHz，一直到2480MHz。蓝牙还采用了适配跳频（AFH）技术，通常每秒跳1600次。

蓝牙采用高斯频移键控（GFSK）进行调制。与普通的FSK调制方式相比，GFSK调制方式先对数字基带信号进行高斯滤波，然后进行频度调制，这样可以使已调信号的频谱集中在载波附近，减少对其他信道的干扰。在1MHz带宽的信道中，GFSK信号的数据传输速率可达到1Mbit/s。

蓝牙无线电设备的最大输出功率较小（1类是100mW，2类是2.5mW，3类是1mW），对人体不会带来辐射伤害，但其通信距离也较短，一般为10m，如果附加外部功率放大器，则通信距离可达到100m。

为了避免ISM频带的干扰，蓝牙采用了多种技术，如自动重发请求、循环冗余校验(CRC)、前向纠错、时分双工、分组交换及跳频扩频技术。

蓝牙的主要优点是可消除不同数字装置之间的界限及繁杂的电缆线，且组网灵活，在进行邻近的两个或两个以上设备间的低速信息交换时十分有用且非常方便，只需进行简单配对即可。它还采用了跳频技术，抗干扰能力强。其缺点是成本高，保密性不佳，且不支持漫游。

当前蓝牙技术的应用场景非常多，如无线耳机就是通过蓝牙与进行手机连接的，无线鼠标也是通过蓝牙与计算机主机连接的，蓝牙已成为大多电子信息设备的标准配置。

6.3 分组交换网

分组交换网主要适用于交互式短报文、数据传输速率在64kbit/s以下、网络的分组平均时延允许在1s左右的场合，如金融业务、计算机信息服务、管理信息系统等，它不适用于多媒体通信。

6.3.1 分组交换网的特点

在分组交换数据通信中，为了提高通信线路资源的有效利用率，一般采用根据用户实际需要来分配线路资源的方法，即统计时分复用。具体来说就是当用户有数据要传输时才分配给其线路资源，而当用户暂时不需要发送数据时不分配给其线路资源，这时线路的传输能力可用于为其他用户传输更多的数据(又称动态分配或按需分配)。采用分组交换方法非常经济，其通信费用与实际占用电路的时间和通信量成正比。

分组数据经过网络到达终点有两种方法：虚电路和数据报。所谓虚电路，是指两个用户终端在开始互相发送和接收数据之前需要通过网络建立逻辑上的连接，一旦建立了这种连接就在网络中保持已建立的数据通路，用户发送的数据（分组）将按顺序通过网络到达终端，而当用户不需要发送和接收数据时可拆除这种连接。这种方法的优点是，对于数据量较大的通信传输效率高，分组传输时延小，且不容易产生分组的丢失，其缺点是对网络的依赖性较大。数据报方法是将每个分组当作一份独立的报文看待，每个分组中都包含目的地址信息。分组交换机为每个分组独立寻找路径，因此到达网络的终点后需要重新排序。数据报方法的优点是，对于短报文数据通信传输效率比较高，对网络故障的适应能力较强，其缺点是分组传输时延较大。

由于分组交换网是将数据存储在交换机内的存储器中并进行分组后在网络中传送的，因此它可以对交换机之间传送的分组进行纠错。当终端也能像数据通信中心那样把电文分组后进行收发信时，它也可以对交换机和终端之间传送的分组进行纠错。因此，分组交换网可以利用质量不是很高的电路达到很低的比特差错率，实现高质量的通信。

由于每个分组中都包含控制信息，所以分组型终端和分组交换机之间尽管只有一条用户线相连，但仍可以同时和多个用户终端进行通信，即同时把同一信息发送给不同的用户，实现分组多路通信。这是公用电话网和电路交换的公用数据网所不能实现的。

当然，分组交换网也有其缺点。由于采用存储—转发工作方式，每个分组的传送延迟可达几百毫秒，因此分组交换网不适用于实时性要求高、信息量很大的场合。另外，由于技术比较复杂、网络管理功能强等，因此大型分组交换网的投资较大。

ITU-T 对世界各分组交换网进行了统一的编号、规划，使其能够互联。基于 ITU-T X.25 协议的分组交换网已成为数据通信领域的主导技术。目前 X.25 分组交换的技术规程已非常完备，应用比较广泛，但在有些场合已开始被其他通信网络取代。

6.3.2　分组交换网的网络结构

常用的长途数据传输网之一是分组交换网。分组交换网提供交换服务，分组交换网中的任意一个终端可以在不同的时间与不同的主机相连。要传送的数据被分成组，并通过分组交换网到达目的地。在目的地，分组被重新组合成原来的数据流。

现今的分组交换网分布广泛，每个位置称为交换节点，简称节点。各个节点之间由交换机线路连接。简化的分组交换网的网络结构如图 6-7 所示，这个网络可以是用户拥有的，也可以是租用的。

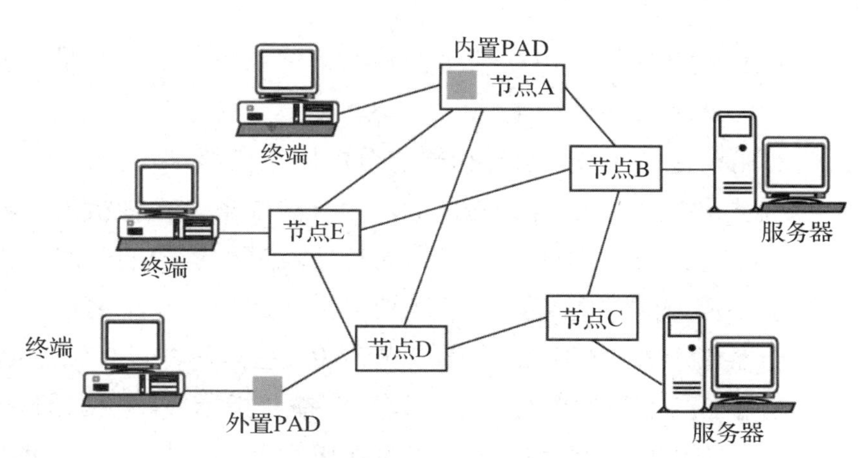

图 6-7　简化的分组交换网的网络结构

在分组交换网中进行通信需要各终端发送专用格式的数据。如果终端不能自己进行数据的分组格式化，就需要有一个被称为分组装卸器（PAD）的设备将终端连接到分组交换网中。PAD从终端或主机上获取数据，以一定的数据格式进行装载，并将其送至节点。来自分组交换网的分组也由PAD拆卸，并被选择路由到主机或终端。

PAD可以放在终端前面或节点处。放在节点处的PAD称为内置PAD，放在终端前面的PAD称为外置PAD。

分组交换网综合了其他各种通信网络的优点，并且有自己独特的优点。分组交换网具有拨号网络的便利性，因为每个分组可以有不同的路由。例如，一个分组能选择直接从节点A到节点B的路由，也可通过节点C到节点B。分组交换网也具有拨号网络的灵活性，因为终端能连接到不同的主机上。

分组交换网也提供误码检测与纠正功能。分组在传输过程中进行误码检测，误码严重时可以重传。分组交换网可使目标节点接收到的数据与源点发送的数据相同。即便源与目标设备无误码检测与纠正功能，分组交换网节点执行检错与纠错码也可以使信号可靠传输。

6.4 光纤同轴混合宽带接入网

随着通信技术的发展，网络建设纷纷面向集视频、语音、数据于一体的宽带综合业务，电信运营商不仅要提供基本的电话业务，还要满足用户对通信更高的需求，即从窄带电话、传真、数据和图像业务逐渐向可视电话、点播电视、图文检索和高速数据等宽带业务领域延伸，因此建立数字化和宽带化的接入网是发展的必然趋势。现有的接入网方案有HDSL、ADSL、光纤到大楼（FTTB）、光纤同轴混合（HFC）网等。HFC网是在现有的有线电视（CATV）网的基础上，将光纤逐步推向用户的一种经济的演变策略，建设费用相对较少，网络的升级十分灵活，HFC网还可以充分利用现有的CATV网频带宽的特点，除了能提供传统的电视节目，还可以在短时间内为用户提供电信业务和宽带交互式多媒体业务，将来又能顺利过渡到全数字网络，适应未来全数字化业务的需求。因此，基于CATV网的HFC网是一个很有前景的接入网方案。

6.4.1 CATV系统的组成

CATV是利用有线传输介质进行电视信号传输的一种业务。由于它是主要通过同轴电缆传输的有线分配系统，因此又称为电缆电视。

CATV系统包括前端设备（HE）、信号传输与分配网络及终端三大部分，如图6-8所示。早期国内的CATV系统主要用于电视信号的传输，因此终端就是电视机。信号传输与分配网络采用树形拓扑结构，中间用分支器或分配器作为转接点进行信号的分路。由于同轴电缆对不同频率信号的衰减量不同，频率越高，衰减量越大，因此当传输距离较长时，线路中往往还要接入放大器和均衡器用于补偿信号的能量损失。HE包括各种音视频（AV）信号发生器和调制器、混合器等，用于产生各种电视节目、调频广播及指示线路状态的导频信号。AV信号的来源可以是由电视接收机用天线接收地面的无线电视节目信号、由卫星电视接收机用抛物面天线接收来自卫星的电视节目信号，或者由录像机、摄像机及多媒体设备等制作节目等。

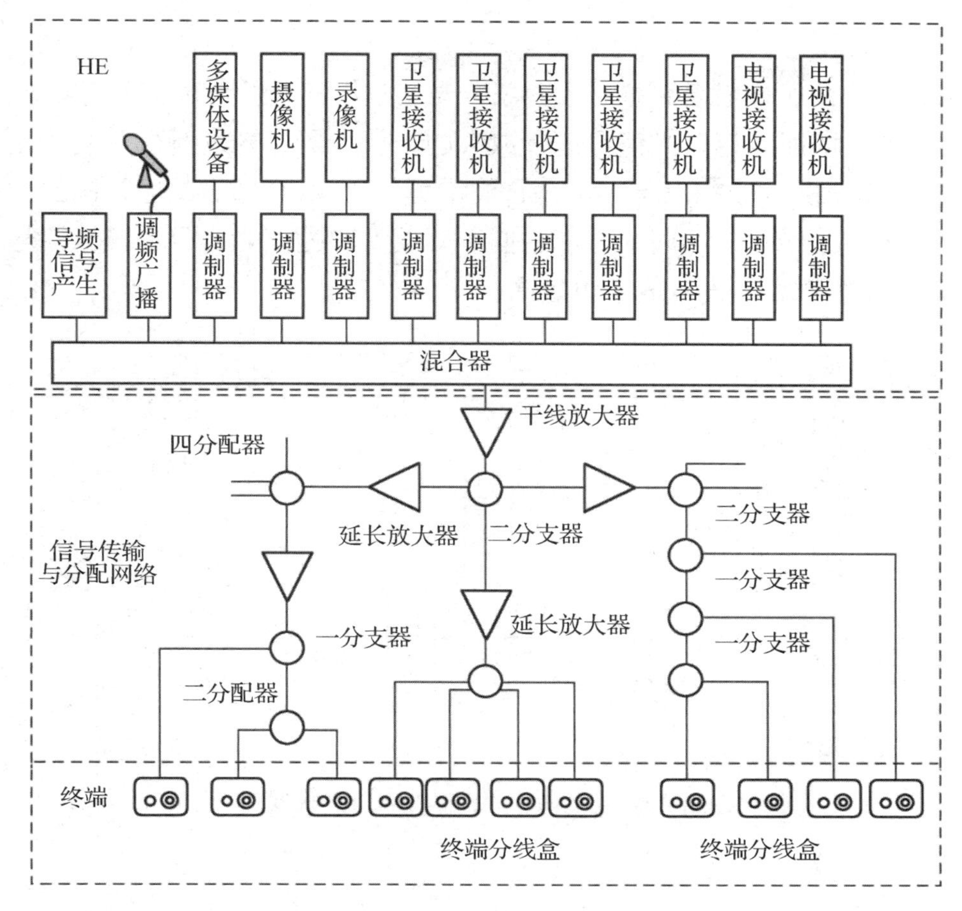

图 6-8 CATV 系统的组成示意图

混合器输出的电视信号要通过信号传输与分配网络到达终端（电视机）。早期的信号传输介质以同轴电缆为主，由分支器、分配器实现信号的分路。由于信号在传输过程中存在传输损耗（电缆损耗）、分配损耗（信号能量分配到各终端）及分支器与分配器等器件的插入损耗，因此网络中还要接入放大器，以保证各终端有足够的输入信号电平。

6.4.2 光纤 CATV 网

由于光纤可以在电缆 CATV 网的主干线上取代由多级放大器级联构成的单向同轴电缆，并且光纤 CATV 网的容量更大、信号质量更好、性能更可靠、传输距离更长，当传输距离超过 4km 时其成本低于电缆 CATV 网，同时光纤 CATV 网还可以实现双向交互式服务，因此在所有的旧网改造和新建网络中几乎毫不例外地采用了光纤 CATV 网。

图 6-9 所示为光纤 CATV 网的结构示意图，它由 HE、光纤传输线路、同轴电缆传输与分配网络及终端组成。其中，光纤传输线路由光发射机、光分路器、光纤（光缆）和光接收机等组成，如果光纤传输的距离很远，则有可能要在光纤传输线路中插入光放大器。

来自 HE 的多频道混合信号，在光发射机中转变为光信号，经光分路器分路后，由光纤分别传送至距中心几千米至几十千米的不同光节点，在光节点处由光接收机将光信号还原成多频道混合的射频信号后送入小区内的同轴电缆传输与分配网络，然后传送到用户家中。光接收机所覆盖的同轴电缆小区一般在半径为 2km 的范围内，使用 3～5 个放大器，用户实际数目在 2000 户左右。考虑到网络升级为综合网的需求，光节点的用户数在适当时应能减少为

500 户左右。

光纤 CATV 网中的主要设备包括光发射机、光接收机和光纤，对于 1550nm 波长的系统，还有一个重要设备，即能直接对光信号进行放大的光放大器。光发射机和光接收机的带宽可分为 550MHz、750MHz、1000MHz 三种，它们均可传送 60 个频道的电视图像。与数字通信系统中的光发射机和光接收机不同的是，它们所要放大和处理的信号是模拟信号，因此性能（尤其是线性度）要求更高，设备成本也较高。

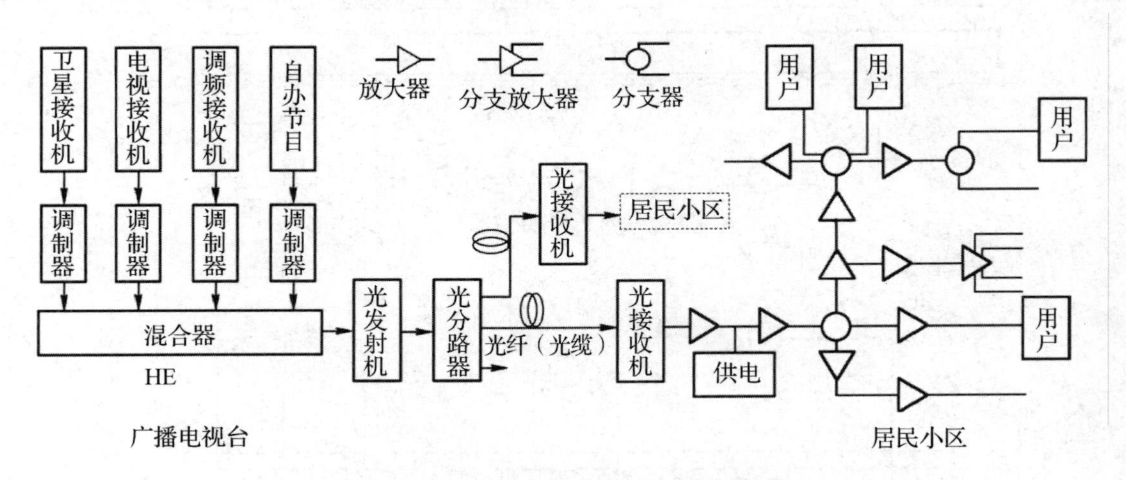

图 6-9　光纤 CATV 网的结构示意图

（1）HFC 宽带接入网技术

光纤 CATV 网中既有光纤传输系统，又有同轴电缆传输系统，因此光纤 CATV 网又称为 HFC 宽带接入网。

图 6-9 所示的光纤 CATV 网只能传输单向的电视信号。HFC 宽带接入网首先要解决的问题是实现信号的双向传输，比较经济的方案是在光接收机中增加一个用于数字信号传输的回传激光二极管，同时在 HE 中增加一个接收单元。这样的双向光纤 CATV 网保留了传统的模拟传输方式，可以实现上行与下行双向和数字与模拟的混合传输，能够同时提供电话、模拟视频、数字视频和交互业务，建设费用相对较少，升级十分灵活，能够随需求的增长来规划网络的建设。

图 6-9 所示的光纤 CATV 网采用的是光载波残留边带振幅（AM-VSB）调制技术，其基本原理是将要传输的各个电视信号（数字基带信号）先对射频载波进行 VSB 调制，不同的数字基带信号通过调制到不同的射频载波实现频分多路，然后将这些已调射频载波合路后再对光波进行 AM 调制，用光纤传输这种载有多路射频信号的光信号；在接收端利用光电转换器件得到多路射频信号，通过射频滤波器和解调器恢复出所传送的数字基带信号。图 6-10 所示为光载波 AM-VSB 调制的信号频谱变化示意图。

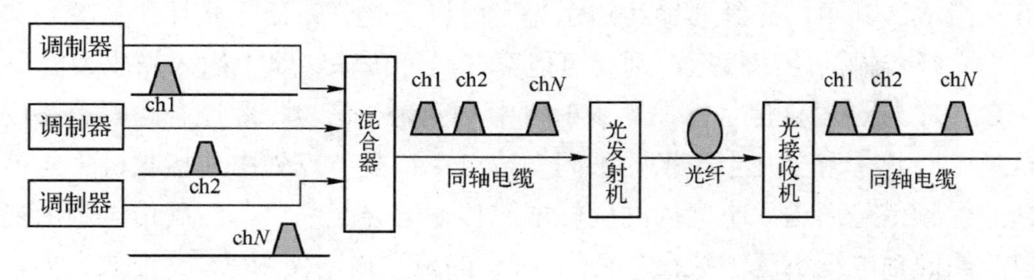

图 6-10　光载波 AM-VSB 调制的信号频谱变化示意图

在同轴电缆中传输的射频信号的频率在 5～1000MHz 范围内，其中 45～550MHz 频段用于传输传统的模拟电视信号，每个频道的带宽为 8MHz，也可以从中指定若干频道用于传输下行数据。5～40MHz 频段用于传输上行数据，550～1000MHz 频段用于传输压缩数字视频及其他业务的下行数据。具体的频谱分割情况如图 6-11 所示。

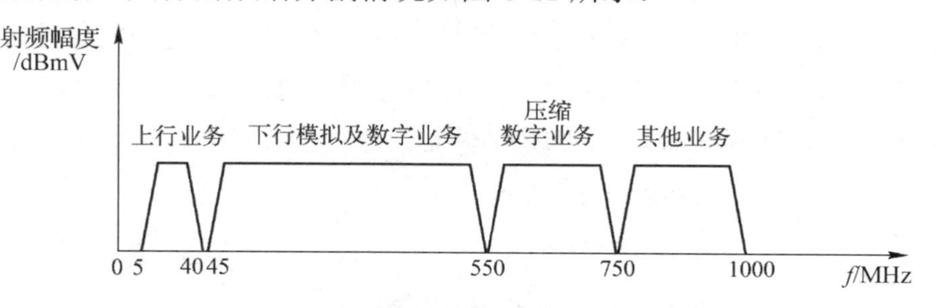

图 6-11　具体的频谱分割情况

在下行信道中，45～550MHz 频段可以支持 63 个 8MHz 的 PAL-D 模拟信道。如果 550～750MHz 频段用于传输压缩数字视频，采用 MPEG-2 压缩和 64QAM 调制，则可以支持 300 个数字电视的信道。

（2）HFC 网的网络结构

为了使如图 6-9 所示的光纤 CATV 网从传统的单向传输升级到双向传输，并逐步发展到宽带双向交互式 HFC 网，可将图 6-9 中的单向同轴电缆放大器换成双向放大器，将光接收机换成具有光接收和光发射功能的光网络单元（ONU），HE 增加光发射和光接收单元，直接与光纤连接，如图 6-12 所示。下行数据由光信号携带并从 HE 通过光纤传送到 ONU，在 ONU 中经过光电转换变成电信号，经同轴电缆传输与分配网络传送到用户家中。来自用户的上行数字信号在 ONU 中经过电光转换先通过光纤传送到 HE，再传送到网络中的其他地方。

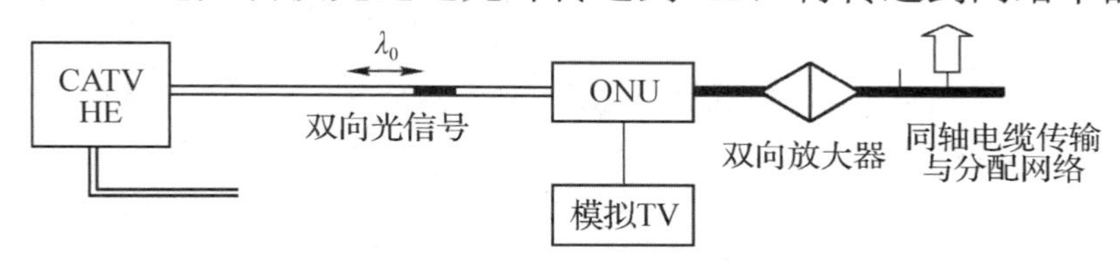

图 6-12　宽带双向交互式 HFC 网示意图

图 6-9 所示的系统结构由于只用了一个波长的光信号，各种业务只能先通过对不同载波的调制在射频频谱范围内进行频分复用，再将复用信号对光载波进行调制，这样提供给每个用户的服务就会受到限制。当用户需求增加时，必须对网络进行扩容。图 6-13 所示的系统是在如图 6-12 的系统基础上升级的方案，各个 ONU 的上行数字信号用不同波长的光信号传送，即采用 WDM 技术。这样网络中可以有多个 ONU，每个 ONU 可以获得完整的射频频谱，相当于系统容量得到扩充。这种结构的升级只需要使 ONU 中用于数字传输的回传激光二极管的发射波长各不相同，同时 HE 需要增加相应的接收单元。

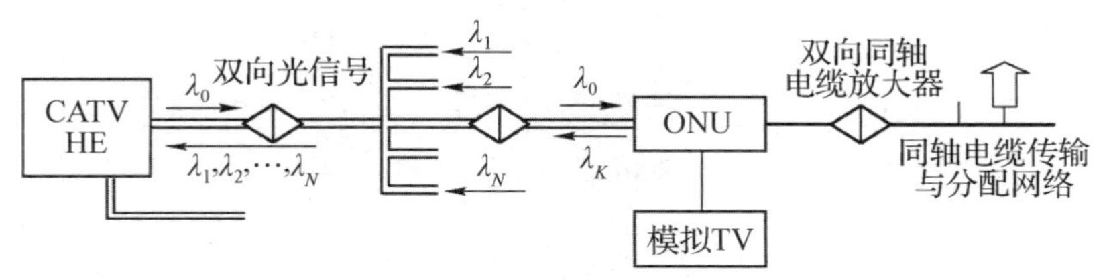

图 6-13　HFC 网升级方案之一

图 6-13 所示的方案存在的问题是系统的灵活性不够，因为分配给用户的网络资源是固定的。由于在网络传输中并非每个用户的需求在任何时候都相同，在某个时刻有些用户的需求小，分配给这些用户的网络资源就会部分被浪费，而同时另外一些用户的需求却得不到满足。一种新的改进结构如图 6-14 所示。网络管理和控制模块根据传输的业务量改变 ONU 中的工作波长，通过改变波长路由，可以随时改变网络的拓扑结构，将过剩的传输业务转移到仍有多余能力的波长上。网络经营者通过优化 ONU 的波长分配，能够使网络工作于最佳状态。图 6-14 中的 ONU 可以逐渐升级，为需要可调上行能力的 ONU 配置具有波长转换功能的转发器，其他的 ONU 采用单波长转换器就足够了。

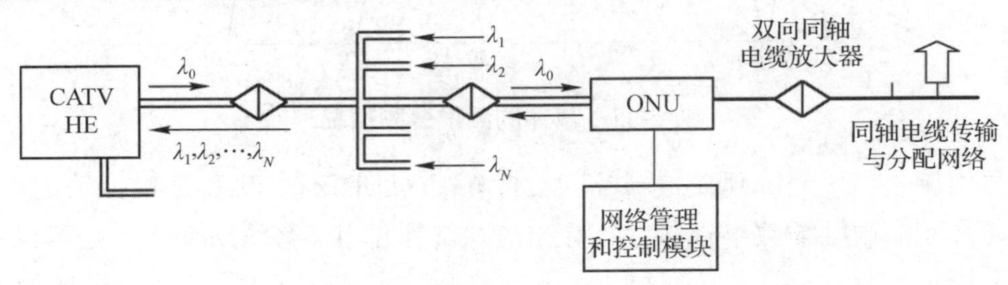

图 6-14　HFC 网升级方案之二

上述 HFC 网的结构是逐渐升级的，其功能越来越强，复杂程度越来越高，升级所需的费用也越来越多。

总体来说，HFC 网具有良好的线性宽带特性，能支持模拟和数字信息的传输而不会产生相互影响。HFC 网从 HE 到光节点的主干传输采用光纤，一般组成星形或环形拓扑结构，光节点以下的用户服务区内采用同轴电缆传输，组成总线型或树形拓扑结构。在我国，随着光纤传输技术的快速发展和成本的大幅度下降，光纤正在进一步取代同轴电缆，实现光纤到户（FTTH）。早在 2020 年 6 月就有超过 3 亿户家庭实现了光纤到户，截止到 2024 年 4 月，光纤到户和光纤到办公室的总数已达到了 6.19 亿户。

6.4.3　CATV 宽带综合信息网

CATV 宽带综合信息网系统是一个集资讯、数据、语音信息于一体的综合接入传输系统。它要求能够与异步传输模式、帧中继、分组交换、数字数据网等传输技术相结合，并使用高效率的 HFC 网进行传输和分配，实现 Internet 接入、付费电视、视频点播、游戏、可视电话会议、IP 电话、金融证券服务、电子新闻、电子邮件和远程教学等服务。CATV 宽带综合信息网主要由 HE、HFC 网、电缆调制解调器（Cable Modem）三大部分组成，其系统结构如图 6-15 所示。

HE 包括电缆调制解调器终端系统（CMTS）、混合器、光端机和网络管理系统等。通过路由器或交换机接入的外部数据（如 Internet 数据）和本地服务器数据，在 CMTS 中经过帧封装后调制到下行射频载波上，并与 CATV 网中的电视信号混合后通过光端机接入 HFC 网。用户端的 Cable Modem 的基本功能是将上行数字基带信号调制成射频信号，将下行射频信号解调为数字基带信号，并从数据帧中抽出数据传输给用户接口。

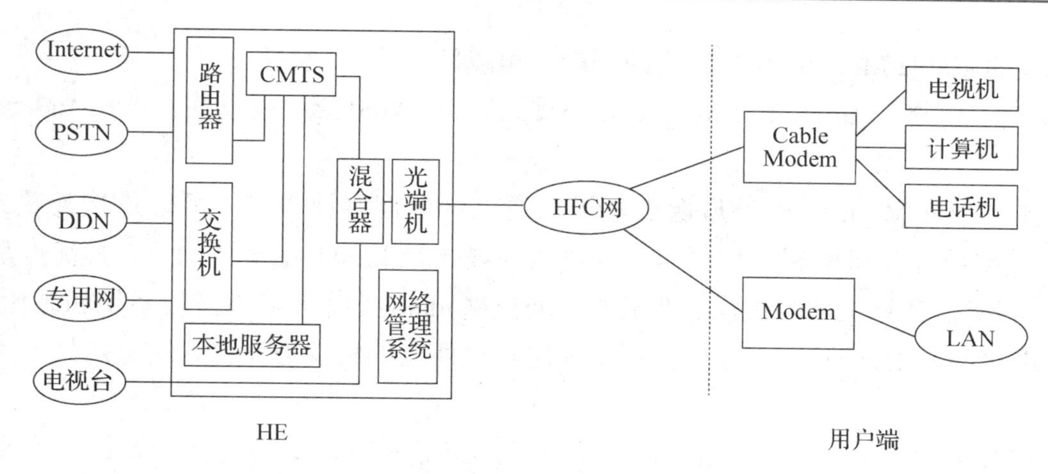

图 6-15　CATV 宽带综合信息网的系统结构

HFC 网是频分复用的，但某一频率上的信道被很多用户共享。通过 MAC 方式控制用户信号分配与竞争问题，可支持不同等级的业务。网络管理系统对 HFC 网中的 Cable Modem 进行配置、状态监控和诊断。

（1）Cable Modem

Cable Modem 是一种可以通过 HFC 网进行高速数据接入的装置。它一般有两个接口：一个用来接室内墙上的 HFC 网端口，另一个用来接计算机或其他 DTE。Cable Modem 不仅包含调制与解调部分，还包括电视接收调谐、加密与解密和协议适配等部分，它还可能是一个桥接器、路由器、网络控制器或 HUB。一个 Cable Modem 要在两个不同的方向上接收和发送数据，把上行、下行数字基带信号用不同的调制方式调制在双向传输的某个 8MHz（或 6MHz）带宽的电视频道上。它把上行数字基带信号调制到射频载波上，类似于电视信号，所以能在 CATV 网上传送。在接收下行射频信号时，Cable Modem 将其转换为数字基带信号，以便于计算机处理。

Cable Modem 的传输速度一般可达 3～50Mbit/s，在同轴电缆中的传输距离可达 100km 甚至更远。CMTS 能通过 HFC 网与所有的 Cable Modem 连接，两个 Cable Modem 之间的通信必须通过 CMTS 进行。

① Cable Modem 的分类。随着技术的发展，Cable Modem 出现了很多类型。按不同的角度划分，大概可以分为以下几种。

a．按传输方式划分，Cable Modem 可分为双向对称式传输 Cable Modem 和非对称式传输 Cable Modem。双向对称式传输 Cable Modem 的传输速率为 2～4Mbit/s，最高能达到 10Mbit/s。非对称式传输 Cable Modem 的下行速率为 30Mbit/s，上行速率为 500kbit/s～2.56Mbit/s。

b．按数据传输方向划分，Cable Modem 可分为单向传输 Cable Modem、双向传输 Cable Modem。

c．按网络通信方式划分，Cable Modem 可分为同步（共享）Cable Modem 和异步（交换）Cable Modem。同步 Cable Modem 类似于以太网，网络用户共享同样的带宽。当用户增加到一定数量时，其传输速率急剧下降，碰撞增加，登录入网困难。异步 Cable Modem 的 ATM 技术与非对称式传输是 Cable Modem 技术发展的主流趋势。

d．按接入方式划分，Cable Modem 可分为个人 Cable Modem 和宽带（多用户）Cable

Modem，宽带 Cable Modem 具有网桥的功能，可以将一个 LAN 接入。

e．按接口划分，Cable Modem 可分为外置式 Cable Modem、内置式 Cable Modem 和交互式机顶盒。

外置式 Cable Modem 的外形像小盒子，通过网卡连接计算机，所以连接外置式 Cable Modem 前需要给计算机配置一块网卡，这也是外置式 Cable Modem 的缺点。其优点是可以支持 LAN 中的多台计算机同时上网。外置式 Cable Modem 支持大多数操作系统和硬件平台。

内置式 Cable Modem 是一块 PCI 插卡。这是最便宜的解决方案。其缺点是只能用在台式计算机上。

交互式机顶盒是 Cable Modem 的一种形式。交互式机顶盒的主要功能是在带宽不变的情况下提供更多的电视频道。通过使用数字电视编码（DVB）技术，交互式机顶盒提供一个回路，使用户可以直接在电视屏幕上访问网络、收发 E-Mail 等。电视机用户也可以使用此项技术。

② Cable Modem 的加密。因为 CATV 网属于共享资源，所以 Cable Modem 需要具有加密和解密功能。当对数据进行加密时，Cable Modem 对数据进行编码和扰码，使黑客盗取数据没那么容易。

当通过 Internet 发送数据时，本地 Cable Modem 对数据进行加密，CATV 网服务器端的 Cable Modem 对数据进行解密，并将其发送至 Internet。接收数据时则相反，CATV 网服务器端的 Cable Modem 对数据进行加密，并将其送入有线网，本地计算机上的 Cable Modem 对数据进行解密。

③ Cable Modem 的连接。先把 Cable Modem 连接到室内墙上的电视插孔中，再把电视机和计算机连接到 Cable Modem 上。电视机可以通过 HDMI 线或 AV 线与 Cable Modem 连接，计算机需要用数据线（双绞线）与 Cable Modem 连接，有些计算机不支持 Cable Modem 这样的高速设备，需要安装网卡，在安装网卡时必须同时安装 TCP/IP 协议。

④ 调制技术。利用 HFC 网开展数字业务最重要的一点是利用它的宽带特性，利用什么样的调制技术来实现宽带传输及回传信道噪声的抑制是首先要考虑的问题。Cable Modem 一般采用 QAM 和 QPSK 两种调制技术。根据多媒体有线网络系统（MCNS）制定的标准，数据下行采用 16QAM 或 256QAM 调制技术，在 200kHz～3.2MHz 的带宽内提供 320kbit/s～10Mbit/s 的上行速率。但是，由于 HFC 网中上行信道存在严重的噪声积累（树形拓扑结构的 HFC 网会使各种噪声汇集于主干部分），而 QAM 和 QPSK 调制技术均缺乏对这种噪声的有效抑制能力，从而严重影响回传信道的信号质量。

抑制上行噪声的有效措施是采取跳频-同步码分多址（SCDMA）扩频技术。SCDMA 技术用于确保用户单元编码在发送信息时相互正交并且同步，同时在频谱扩展过程中有一个前向纠错编码和交织过程，使其对脉冲干扰、窄带噪声及宽带高斯噪声具有很高的抑制性。在 SCDMA 扩频过程中可以提供一定的扩频处理增益，因此允许系统在负信噪比情况下工作。除此以外，SCDMA 技术还可实现 CDMA 复用，从而大大提高信道容量。

⑤ DOCSIS 3.0 标准。Cable Modem 遵循的国际标准是有线电缆数据服务接口规范（DOCSIS 3.0）标准。此标准于 2006 年 8 月由 ITU 正式颁布。DOCSIS 3.0 标准支持在计算机网与 CATV 网之间，以及 CATV HE（或 HFC 的光节点）与用户之间实现 IP 数据包的传输。

DOCSIS 3.0 标准中下行速率可达到 160Mbit/s，上行速率可达到 120Mbit/s，支持宽带上网、IP 电话、用户网关、视频娱乐等多种业务应用。

（2）Internet 接入

接入 Internet 以获取全球数字资源是 CATV 宽带综合信息网开展数据服务最重要的一个步骤。并且，Internet 的 WWW 浏览器界面作为宽带网用户的基本界面，可供用户查询和发布各种信息。与双绞线接入网相反的是，由于 CATV 宽带综合信息网的接入速度很高，相对而言访问 Internet 的速度则显得很慢，使 CATV 宽带综合信息网的用户不能充分享受宽带网的高速度。为了解决这个问题，可采用智能化缓存技术，使 Internet 上的热门站点本地化，即利用本地服务器统计用户对 Internet 网点的访问频率，对那些用户访问频率高的热门站点的信息实行预先下载，把它们放入本地实时信息库，使大部分用户在本地服务器上即可浏览所需的常用信息。因此，本地服务器要求能对用户需求进行实时统计、分析、预测和判断，以求最大限度地使用户享受到宽带服务。本地服务器的存储载体可采用硬盘阵列来满足大容量和高速存取的要求。

随着 Internet 用户的急剧增多，人们对接入网络的速度要求越来越高。CATV 宽带综合信息网正是一种可满足这种需求的网络形式，因此其应用前景十分广阔。

6.5　移动通信网

移动通信是指通信双方或至少其中一方需要在运动状态下进行信息传递的通信方式。这里的信息不仅包括语音，还包括数据、传真、图像等。

移动通信的特点主要有以下几个。

① 移动性。通信终端可以在移动过程中进行通信，因此它必须是无线接入的。

② 电波传播条件复杂。无线通信中的多径传播干扰、信号传播延迟和展宽等效应都存在，并且通信终端的移动使电波传播条件更加复杂。

③ 噪声和干扰严重。移动用户之间存在互调干扰、邻道干扰、同频干扰等。

④ 系统和网络结构复杂。移动通信系统不但要使用户之间互不干扰，还要与市话网、卫星通信网、数据网等互连，系统和网络结构很复杂。

⑤ 要求频带利用率高、设备性能好。

移动通信技术可以说是集各类通信技术于一体，代表了最先进的通信技术。

6.5.1　移动通信系统的基本组成

移动通信系统一般由网络交换子系统（NSS）、基站子系统（BSS）和移动台（MS）三大部分组成。图 6-16 所示为典型的蜂窝移动通信系统的组成示意图。

（1）网络交换子系统

网络交换子系统的主要部件是移动交换中心（MSC）。MSC 是移动通信系统的控制交换中心，也是与公用通信网的接口，它负责交换移动台各种类型的呼叫，还可以通过标准接口与基站（BS）、其他 MSC 及维护管理中心相连。除此之外，MSC 还具有支持移动台越区切换、MSC 控制区之间的漫游和计费等功能。

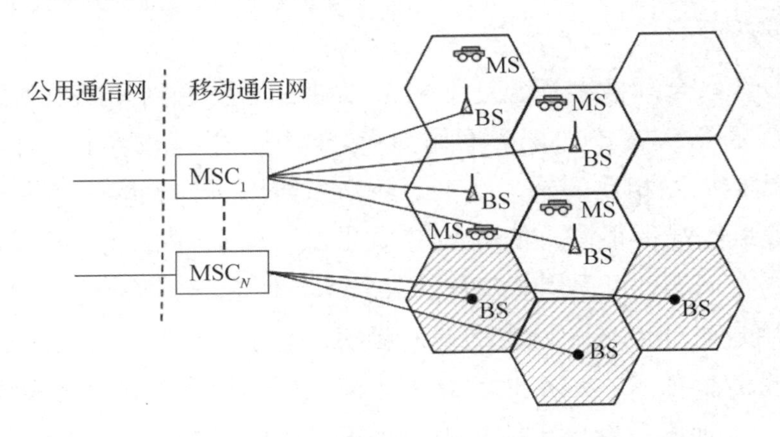

图 6-16 典型的蜂窝移动通信系统的组成示意图

（2）基站子系统

基站子系统包括一个基站控制器（BSC）和由其控制的若干个基站收发信系统（BTS），负责管理无线电资源，实现用户之间的通信连接，传送系统信号和用户信息。基站的通话频道单元数量取决于需要同时通话的用户数，一般有几条或几十条甚至几百条无线信道。基站与 MSC 之间采用有线中继电路传输数字或模拟信号，也可以采用光缆传输或数字微波中继方式。基站通过天线以无线形式与移动台连接，基站天线的覆盖范围称为无线区。

（3）移动台

移动台是指用户终端，有车载式、手持式、携带式等类型，是一个可搬运的或固定在汽车上的或手持式的用户电话设备，我们平常使用的手机就是典型的移动台。移动台的基本组成部分包括收信机、发信机、频率合成器、数据逻辑单元、拨号按钮和送受话器等。

当移动用户和市话用户建立呼叫时，移动台与最靠近自己的基站之间确立一个无线信道，并通过 MSC 与市话用户终端连接。同样，任何两个移动用户之间的通话，其语音通道也是通过 MSC 建立的。

6.5.2 移动通信的发展概况

（1）第一代移动通信系统

第一代移动通信系统（1G）以模拟调频、FDMA 为主体技术，也称为模拟蜂窝移动通信系统。1978 年年底，第一个真正意义上的移动通信系统成功推出。1983 年，移动通信系统首次在芝加哥投入商用。1G 在世界各地得到一定的推广应用，到目前已全部被淘汰。

（2）第二代移动通信系统

第二代移动通信系统（2G）以数字传输、TDMA 或 CDMA 为主体技术，主要包括 GSM 和窄带 CDMA 系统。

1991 年，欧洲第一个 GSM 开通，并将 GSM 正式更名为“全球移动通信系统”。1993 年我国第一个 GSM 建成。

1989 年，美国高通公司首次进行了 CDMA 实验并取得成功。1995 年，美国的 CDMA 公用网开始投入商用。中国于 1998 年开始 CDMA 部分城市商用化。

随着用户数量及用户需求增加，2G 出现了频率资源紧张、系统容量饱和的现象，且难以支持多媒体业务和高速数据业务。

（3）第三代移动通信系统

第三代移动通信系统（3G）以世界范围内的个人通信为主要目标，能够同时传送语音和数据信息，是将无线通信与 Internet 等多媒体通信结合起来的一代移动通信系统。3G 的主流标准是 WCDMA、CDMA2000 和 TD-SCDMA，其中 TD-SCDMA 是由我国主导开发的，采用了时分双工技术、智能天线技术和软件无线电技术。2009 年，我国 3G 开始全面商业运营。

（4）第四代移动通信系统

第四代移动通信系统（4G）标准于 2012 年经 ITU 审议通过，其中包括由我国主导开发的 TD-LTE 标准。2014 年，4G 网络在我国全面部署，用户数量随即大幅度增加。4G 采用了智能天线、OFDM、软件无线电及 IPv6 等技术，与 3G 相比，具有数据传输速度高、传输时延小、抗干扰能力强、信号覆盖面广和信道容量大的特点，信号质量显著增强，可以满足人们更多的需求，如高画质的视频观看等，用户在使用 4G 网络时有更好的体验。

6.5.3　第五代移动通信系统

第五代移动通信系统（5G）技术属于当前新一代移动通信技术，其各方面的性能远超 4G 技术，基本可以满足当前人们的各种需求，其应用领域和用户数正处于高速增长期，其功能及性能也在不断地拓展和完善。2019 年 6 月，工业和信息化部正式向中国电信、中国移动、中国联通和中国广电发放了 5G 商用牌照，中国正式进入 5G 商用元年。截至 2023 年 4 月末，中国 5G 基站总数达 273.3 万个，占移动基站总数的 24.5%，2024 年 5 月末 5G 移动电话用户数已超过 9 亿户（其中有一部分为非个人移动用户），占移动电话用户总数的 51.3%。

（1）5G 的性能指标

5G 的主要性能指标包括以下 7 项。

① 用户峰值速率：在理想的条件（可分配的最大带宽、最高效率的调制方式及最优的无线环境等）下用户可以获得的最大业务速率。运营商向用户提供的数据传输速率指标一般是用户峰值速率。

② 用户体验速率：在真实网络环境下，受网络覆盖环境、网络负荷、用户规模和分布范围、用户位置、业务应用等因素的影响，用户可获得的最低传输速率。用户体验速率采用期望平均值和统计方法评估分析获得，一般远低于用户峰值速率。用户体验速率低会对用户在海量数据下载、高清数字电视收看、实时监控等应用场合下产生不利影响。

③ 连接数密度：单位面积内可以支持的在线设备总和，是衡量移动通信网络对海量规模（如大规模人群集会时）终端的支持能力的重要指标。

④ 端到端时延：数据从发送端到达接收端所需要的时间。自动驾驶、工业控制、增强现实等数据量大、实时性要求高的业务应用场景对时延提出了更高的要求。在网络架构设计中，

时延与网络拓扑结构、网络负荷、业务模型、传输资源和数据处理方式等因素密切相关。

⑤ 移动性：在满足一定系统性能的前提下，移动终端相对于基站的最大移动速度。移动性是移动通信系统重要的性能指标，关系到飞机、轨道交通、高速公路等超高速移动场景中的数据传输性能。

⑥ 流量密度：单位面积内的总流量数，是衡量移动通信系统在一定区域范围内的数据传输能力的指标。在实际的移动通信系统中，流量密度与多个因素相关，包括网络拓扑结构、用户分布、业务模型等因素，与连接数密度指标也存在一定的关联性。

⑦ 能源效率：消耗单位能源可以传送的数据量。在移动通信系统中，能源消耗主要是指基站和移动终端的发送功率，以及整个移动通信系统所消耗的功率。在5G移动通信系统架构设计中，为了降低能源消耗，采用了一系列新型接入技术，如低功率基站、终端直连通信（D2D）技术、流量均衡技术、移动中继等。

表6-1所示为5G与4G的主要性能指标对照表。就目前用户的感受来看，在收看高清数字电视时，5G基本没有“卡顿”现象。在速度接近350km/h的高铁上，用户使用4G手机通话有时存在断线或通话不畅的现象，而使用5G手机时就不存在这个问题，说明5G的移动性比4G好。

表6-1　5G与4G的主要性能指标对照表

性能指标	5G	4G	提升倍数
用户峰值速率	20Gbit/s	1Gbit/s	20
用户体验速率	0.1～1Gbit/s	10Mbit/s	10～100
连接数密度	100万/km^2	10万/km^2	10
端到端时延	<1ms	10ms	>10
移动性	500km/h	350km/h	1.43
流量密度	10Tbit/(s/km^2)	0.1Tbit/(s/km^2)	100
能源效率	100（网络实测）	1	100

（2）5G采用的技术

① 使用频段：现行的5G主频段包括低频段FR1和高频段FR2。其中，FR1的频率范围为450～6000MHz。FR1的优点是频率低、绕射能力强、覆盖效果好。表6-2所示为国内三大运营商分配的5G使用频段。

表6-2　国内三大运营商分配的5G使用频段

运营商	5G频段/MHz	带宽/MHz
中国移动	2515～2675	160
	4800～4900	100
中国电信	3400～3500	100
中国联通	3500～3600	100

FR2的频率范围为24 250～52 600MHz，属于毫米波波段，总带宽高于FR1，频谱资源相对丰富，最大小区带宽可达到400MHz。FR2的优点是超大带宽、频谱干净、干扰较小。FR2目前尚未启用，随着5G应用的不断增加，FR2将很快投入使用，以补充FR1中逐渐枯竭的频率资源。

② 大规模天线技术：在基站设置多个天线构成天线阵列，通过智能控制各个天线之间的载波相位差对天线阵列的辐射波束进行赋形，形成多个波束指向不同的用户，从而实现基站与用户之间的最高天线增益。大规模天线（Massive MIMO）技术能够提高无线通信系统的容量、可靠性和频谱效率。

③ D2D 技术：两个用户终端之间直接进行通信，如图 6-17 所示。其中，用户 3 和用户 4 是传统蜂窝移动通信系统用户，两者之间的数据交换要通过基站进行。用户 1 和用户 2 以 D2D 方式通信，也就是两者之间的数据交换不再通过基站，但是两者之间的会话建立需要由基站控制。D2D 的会话建立分为集中式控制和分布式控制两种方式。集中式控制是指由基站控制两个用户的连接，基站根据终端用户上报的测量信息，获得所有链路信息，并给两个用户分配相应的通信资源，如信道等。分布式控制是指由需要会话的两个用户自主完成数据链路的建立和维持，这种方式在某一用户不在基站信号覆盖范围内时很有用。在图 6-17 中，用户 5 不在基站信号覆盖范围内，但它可与用户 3 以 D2D 方式建立连接，甚至还可以通过用户 3 与其他用户通信（如手机中的“个人热点”功能），这时用户 3 起到了中继站的作用。在未来 5G 的系统中，用户处在由 D2D 通信用户组成的分布式网络中，每个用户节点都能发送和接收信号，并且具有自动路由（转发消息）的功能。网络的参与者共享它们所拥有的一部分硬件资源，包括用于信息处理、存储和网络连接等的硬件资源。

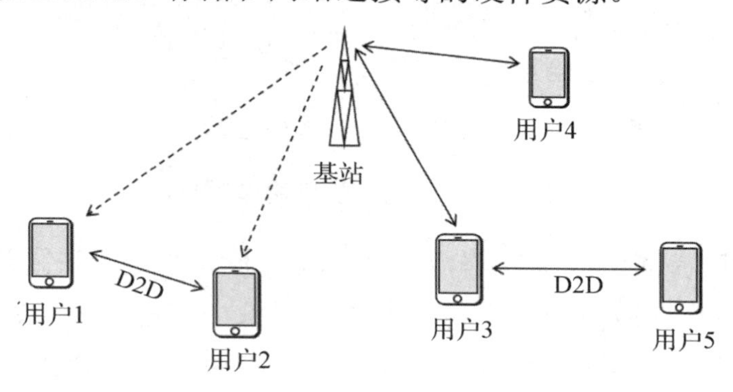

图 6-17　D2D 技术示意图

④ 新型网络架构：分析不同用户（或业务）对网络的不同需求，采用端到端网络切片技术，将网络分割成多个逻辑上相互独立的切片，以实现不同业务和网络间的资源共享，从而提高网络效率和用户在特定业务或场景下的最佳体验。网络切片技术基于软件定义网络、网络功能虚拟化、移动边缘计算和雾计算等技术可实现新型网络架构。

⑤ 异构超密集组网技术：所谓异构，可以理解成在同一个空间中存在多个不同无线接入方式（包括基站接入、中继站接入、Wi-Fi 接入、D2D 通信等）的网络，异构超密集组网技术可以将这些网络集成为异构网络。5G 设备可支持异构网络中的多种无线接入方式，并根据实际场景进行选择，因此所有异构小区都能以全复用的方式共享相同的频带资源。异构超密集组网技术扩大了无线网络的覆盖范围，有效降低了移动性调度开销，提升了用户的通信体验。

⑥ 新型多址技术：5G 采用了由华为提出的稀疏码分多址接入技术，将低密度扩频（CDMA 方式）和高维 QAM 两种技术相结合，实现了更有效的用户资源分配和更高的频谱利用率，在多用户占有资源的情况下有利于接收端解调，并且保证了非正交复用用户之间的抗干扰能力。

⑦ 高频传输技术：5G 性能指标（如用户体验速率、流量密度等）的提高建立在使用了更高的无线频段（FR2）的基础上，毫米波波段的电磁波传播具有方向性强、抗干扰性好、安全性高、频率复用性高等优点，但也具有传播损耗大、穿透性差等缺点。

当前 5G 技术正处在不断成熟、不断突破的过程中。

（3）5G 的应用领域

移动通信系统本质上是为无处不在的用户端口提供高速、可靠、低延迟的无线信道，与有线通信系统（包括光纤通信系统、双绞线传输系统、同轴电缆传输系统等）和地面微波中继通信系统、卫星通信系统等组合可以实现万物互联。移动通信系统主要用于其中的用户接入部分，尤其对移动用户接入网来说几乎是唯一的选择。

随着数字经济社会的到来，各领域数字化、智能化、网络化发展进入了快车道，可以用一个简单的通用模型来描述这“三化”的应用体系构成，如图 6-18 所示。各种应用终端通过包括 5G 在内的网络与应用平台连接，应用平台通常具有很强的运算能力、很大的存储空间和丰富的数字资源，它对来自应用终端的数字数据按一定的业务要求进行汇总、分析、运算后向应用终端发送相应的控制指令、数字资源等。

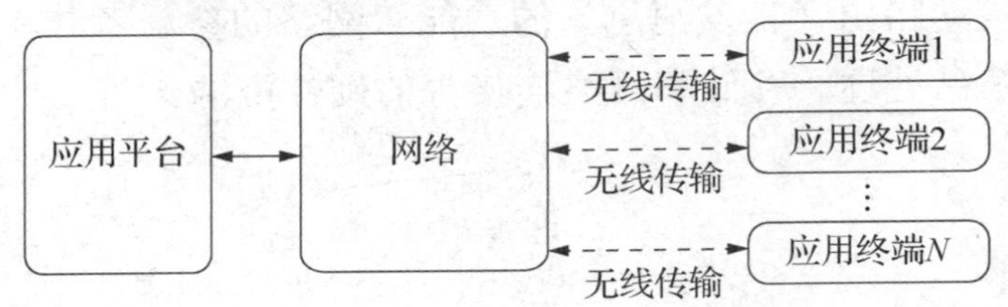

图 6-18 “三化”的应用体系构成

5G 以其高速度、泛在网、低延迟等特点，不仅比较理想地解决了当前 4G 应用场景中存在的一些问题，如在观看高清视频时出现“卡顿”现象、在进行海量数据下载时等待时间过长、全真虚拟环境的真实感不强、实时控制系统的反应速度过慢及大规模人群集聚时信号不畅等，而且以惊人的速度向原先 4G 难以企及的领域拓展，应用前景空前广阔。

ITU 召开的 ITU-RWP5D 第 22 次会议上确定了 5G 未来应具有的三大使用情景：增强型移动宽带（eMBB）、超高可靠与低延迟的通信（URLLC）和大规模（海量）机器类通信（mMTC）。

eMBB 侧重于用户密度大的区域且需要高速传输数据的场景，典型的应用案例有超高清视频传输。超高清视频的优点在于能够对现实场景进行最细致、最逼真的还原，满足用户的视觉体验要求。观看 4K（3840 像素×2160 像素）超高清视频有 18～24Mbit/s 的数据传输速率要求，而 5G 的用户体验速率可达到 100Mbit/s 甚至更高，能够提供良好的网络承载能力。eMBB 的应用情景还包括线上学习、视频会议等。

URLLC 侧重于对时延、性能可靠性等要求极高的场景，典型的案例是无人驾驶。首先，通过 5G 网络，车辆可以从应用平台中实时、快速获取路况信息、车辆位置、交通流量等数据，快速做出决策，保证车辆行驶的可靠性和准确性；其次，5G 技术可以提供高质量的网络连接和低延迟的传输，使无人驾驶车辆能够更加精准地进行控制，提高紧急情况下的车辆应急处置能力，避免交通事故的发生；最后，5G 技术可以提供更加广的覆盖范围，满足无人驾驶时车辆在广泛的区域和不同的地理环境下行驶的要求。URLLC 的使用情景还包括远程手

术、工业自动化控制等。

mMTC 侧重于连接设备数量巨大，但每个设备所需要传输的数据量较小，且对时延的要求不高的情景，典型的应用案例是智慧城市。mMTC 能够支持多种多样的连接设备，包括交通设施、空气质量检测器、水质传感器、电表等，需要承载超过百万个连接设备，且各连接设备需要传输的数据量较小。mMTC 的应用情景还包括智慧校园、环境监测等。

本章小结

通信网络综合了多种设备和技术，ISO 开发了 ISO 模型以促进交互式系统的发展。该模型包含 7 层，每层的功能如图 6-19 所示。

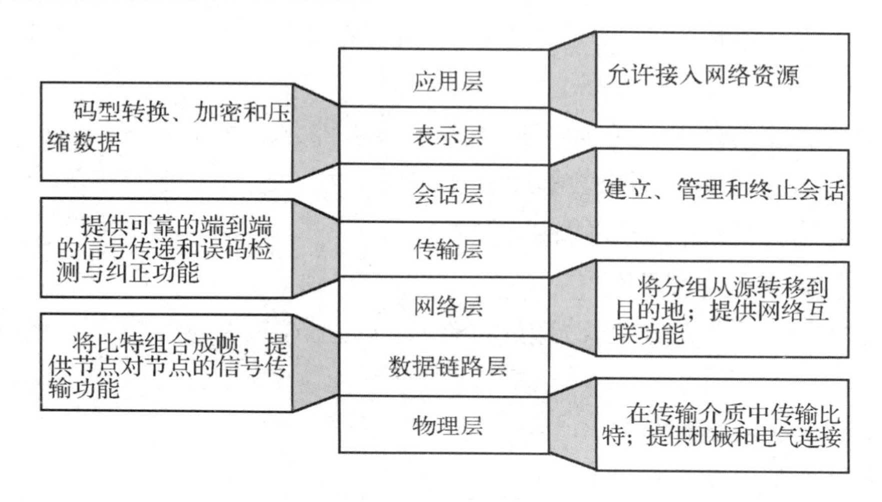

图 6-19　ISO 模型分层功能汇总示意图

LAN 是一种常用于小范围内多台计算机组网的网络形式。各台计算机通过一个 HUB 相连，网络的拓扑结构有环形和总线型两种，HUB 与计算机之间的数据传输可以是基带传输，也可以是频带传输。

分组交换网将每个数据报拆成多个分组，以分组为单位进行非实时传输。每个分组带有目的地址和分组序号。分组交换有数据报和虚电路两种方法。在数据报方法下每个分组到达转接点后可能被指定不同的路由，而在虚电路方法下各分组经过相同的路由传输。两者的共同特点是分组在每个转接点都要存储转发，在没有分组传输期间信道可以被其他用户共享，因此与线路交换相比，分组交换的信道利用率高，但传输时延较大。分组交换常用的标准是 X.25。

光纤作为一种具有大通信容量的传输介质正在逐步取代电缆，在很多地区已实现了光纤到大楼、光纤到户，DWDM 技术、光放大器、光分配器等的发展促进了全光网的出现，使传输速率和传输可靠性大幅度提高。HFC 网的主干线采用光纤传输，与用户连接部分采用同轴电缆，较好地解决了网络成本与信息传输速率和传输质量之间的矛盾。

5G 采用了大规模天线技术、D2D 技术、新型网络架构、异构超密集组网技术、新型多址技术和高频传输技术等一系列新技术，使得 5G 具有高传输速率、高连接数密度和低延迟等显著优点。5G 技术已成为经济社会数字化转型的核心技术，在人工智能、自动驾驶、远程手术、数字孪生等应用场景中发挥着关键作用。

思考与练习题

6.1 OSI模型包括________层，与传输介质最接近的是________层，在________层数据以帧为单元，加密与解密是________的功能，________层提供端到端信号传递功能，________层提供节点到节点的信号传输功能。

6.2 LAN较常用的两种网络拓扑结构是________和________。

6.3 LAN是如何解决在多用户接入时产生的数据冲突问题的？

6.4 蓝牙技术使用的频段是________GHz，每个信道的带宽为________MHz，共有________个无线信道，采用________调制方式，总速率可达到________Mbit/s，通信距离为________m。

6.5 你认为在数据传输过程中数据报和虚电路哪种方法时延大？

6.6 为什么采用分组交换传输数据比采用线路交换传输数据更经济？

6.7 为什么要用光纤取代干线同轴电缆？

6.8 CATV系统的主要设备有________、________和________。

6.9 若要将单向传输的HFC网改造成宽带双向交互式HFC网，需要对网络和设备进行哪些改动呢？

6.10 Cable Modem有哪几种？

6.11 MSC的主要功能是什么？

6.12 在移动通信系统中基站的主要作用是什么？

6.13 试述4G和5G的特点。

6.14 5G采用了哪些新技术？

6.15 请举出日常生活中D2D技术应用的例子。

附录 A 常用英文缩略词

ADC	Analog to Digital Converter	模数转换器
ADPCM	Adaptive Differential Pulse Code Modulation	自适应差分脉冲编码调制
ADSL	Asymmetric Digital Subscriber Line	非对称数字用户线
AFH	Adaptive Frequency-Hopping	适配跳频
AGC	Automatic Grain Control	自动增益控制
AM	Amplitude Modulation	幅度调制
AMI	Alternative Mark Inversion	信号交替反转
AMPS	Advanced Mobile Phone Service	移动通信系统
AM-VSB	Amplitude Modulation Vestigial Side Band	残留边带振幅
AP	Access Point	接入点
APC	Automatic Power Control	自动功率控制
APD	Avalanche Photo Diode	半导体雪崩光电二极管
APK	Amplitude Phase Keying	幅相键控
ARQ	Automatic Repeat-reQuest	自动重发请求
ASCII	American Standard Code for Information Interchange	美国标准信息交换码
ASK	Amplitude Shift Keying	幅移键控
ATM	Asynchronous Transfer Mode	异步转移模式
ATU-C	ADSL Transceiver Unit-Centroloffice	端局 ADSL 收发单元
ATU-R	ADSL Transceiver Unit-Remote terminal end	客户端 ADSL 收发单元
AV	Audio Video	音视频
BCD	Binary Coded Decimal	二-十进制代码
BSC	Base Station Controller	基站控制器
BSS	Base Station Subsystem	基站子系统
BS	Base Station	基站
BTS	Base Transceiver Station	基站收发信系统
CATV	Cable Television	有线电视
CDMA	Code Division Multiple Access	码分多址
CE	Communication Equipments	通信设备
CMI	Coded Mark Inversion	编码传号反转
CMTS	Cable Modem Termination System	电缆调制解调器终端系统
CSMA	Carrier Sense Multiple Access	载波感应多路接入

CSMA/CD	Carrier Sense Multiple Access with Collision Detection	载波感应多路接入/冲突检测
CT2	Cordless Telephone 2nd Generation	第二代无绳电话
CWDM	Coarse Wavelength Division Multiplexing	粗波分复用
D2D	Device-to-Device communication	终端直连通信
DAC	Digital to Analog Converter	数模转换器
DCE	Data Communication Equipment	数据通信设备
DEMUX	Demultiplexer	解复用器
DMI	Differential Mode Inversion	差分模式反转
DOCSIS	Data Over Cable Service Interface Specification	有线电缆数据服务接口规范
DPCM	Differential Pulse Code Modulation	差分脉冲编码调制
DS	Direct Sequence	直接序列
DSL	Digital Subscriber Line	数字用户线
DSP	Digital Signal Processor	数字信号处理器
DSSS	Direct Sequence Spread Spectrum	直接序列扩频
DTE	Data Terminal Equipment	数据终端设备
DVB	Digital Video Coder	数字电视编码
DWDM	Dense Wavelength Division Multiplexing	密集波分复用
EDFA	Erbiumdoped Optical Fiber Amplifier	掺铒光纤放大器
EIA	Electronic Industries Association	电子工业协会
EIRP	Effective Isotropic Radiated Power	有效全向辐射功率
eMBB	enhance Mobile Broadband	增强型移动宽带
EMI	Electro-Magnetic Interference	电磁干扰
ETSI	European Telecommunications Standard Institute	欧洲电信标准协会
FDM	Frequency Division Multiplexing	频分多路复用
FDMA	Frequency Division Multiple Access	频分多址
FEC	Forward Error Correction	前向纠错
FHSS	Frequency Hopping Spread Spectrum	跳频扩频
FM	Frequency Modulation	频率调制
FSK	Frequency Shift Keying	频移键控
FTTB	Fiber to the Building	光纤到大楼
FTTH	Fiber to the Home	光纤到户
GFSK	Gauss Frequency Shift Keying	高斯频移键控
GMPCS	Global Mobile Personal Communication by Satellite	全球卫星移动个人通信
GMSK	Gaussian Minimum Shift Keying	高斯最小频移键控
GPS	Global Positioning System	全球定位系统
GSM	Global System for Mobile communication	全球移动通信系统

HDB_3	High Density Bipolar of 3	三阶高密度双极性
HDSL	High-speed Digital Subscriber Line	高速数字用户线
HE	Headend Equipment	前端设备
HEC	Hybrid Error Correction	混合纠错
HEO	Highly Elliptical Orbit	高椭圆轨道
HFC	Hybrid Fiber-Coaxial	光纤同轴混合
HiperLAN	High Performance Radio LAN	高性能无线局域网
ICSC	Interim Communication Satellite Committee	国际卫星通信临时委员会
IDN	Integrated Digital Network	综合数字网络
IEEE	Institute of Electrical and Electronics Engineers	电气和电子工程师协会
IPv6	Internet Protocol Version 6	Internet 协议第 6 版
ISDN	Integrated Services Digital Network	综合业务数字网
ISM	Industrial Scientific Medical Band	工业、科学和医用频段
ISO	International Organization for Standardization	国际标准化组织
ITU	International Telecommunication Union	国际电信联盟
LAN	Local Area Network	局域网
LD	Laser Diode	激光二极管
LED	Light Emitting Diode	发光二极管
LEO	Low Earth Orbit	低轨道
LLC	Logic Link Control	逻辑链路控制
LPC	Linear Predictive Coding	线性预测编码
MAC	Media Access Control	媒体接入控制
MAN	Metropolitan Area Network	城域网
MCNS	Multimedia Cable Network System	多媒体有线网络系统
MEO	Medium Earth Orbit	中轨道
mMTC	massive Machine Type of Communication	大规模(海量)机器类通信
MPEG	Moving Picture Experts Group	活动图像专家组
MPSK	Multiple Phase Shift Keying	多进制相移键控
MQAM	MultiLevel Quadrature Amplitude Modulation	多进制正交幅度调制
MSC	Mobile Switching Center	移动交换中心
MSK	Minimum Shift Keying	最小频移键控
MS	Mobile Station	移动台
MUX	Multiplexer	复用器
NGN	Next Generation Network	下一代网络
NRZ	Non-Return-to-Zero	非归零
NSS	Network Switching Subsystem	网络交换子系统
OFDM	Orthogonal Frequency Division Multiplexing	正交频分复用
ONU	Optical Network Unit	光网络单元

OSI	Open System Interconnection	开放系统互联
OTU	Optical Transform Unit	光波长转换单元
PAD	Packet Assemblr-Disassembler	分组装卸器
PAM	Pulse Amplitude Modulation	脉冲幅度调制
PCM	Pulse Code Modulation	脉冲编码调制
PDH	Plesiochronous Digital Hierarchy	准同步数字系列
PM	Phase Modulation	相位调制
PN	Pseudo Noise	伪噪声
PSK	Phase Shift Keying	相移键控
PSN	Packet Switching Network	分组交换网
PSTN	Public Switched Telephone Network	公共交换电话网
QAM	Quadrature Amplitude Modulation	正交幅度调制
QoS	Quality of Service	服务质量
SCDMA	Synchronous Code Division Multiple Access	同步码分多址
SCPC	Single Channel Per Carrier	单路单载波
SDH	Synchronous Digital Hierarchy	同步数字系列
SDMA	Space Division Multiple Access	空分多址
SDSL	Symmetric Digital Subscriber Line	对称数字用户线
SONET	Synchronous Optical Network	同步光纤网
SPADE	Single-channel-per-carrier PCM multiple Access Demand assignment Equipment	单路单载波脉冲编码调制多址按需分配设备
SSMA	Spread Spectrum Multiple Access	扩频多址
STDM	Statistical Time Division Multiplexing	统计时分复用
STM	Synchronous Transfer Mode	同步转移模式
STP	Shielded Twisted Pair	屏蔽双绞线
TCP/IP	Transmission Control Protocol/Internet Protocol	传输控制协议/网际协议
TDD	Time Division Duplex	时分双工
TD-LTE	Time Division Long Term Evolution	分时长期演进
TDM	Time Division Multiplex	时分多路复用
TDMA	Time Division Multiple Access	时分多址
TD-SCDMA	Time Division-Synchronous Code Division Multiple Access	时分同步码分多址
TE	Terminal Equipments	终端
URLLC	Ultra Reliable & Low Latency Communication	超高可靠与低延迟的通信
UTP	Unshielded Twisted Pair	非屏蔽双绞线
WAN	Wide Area Network	广域网
WDM	Wavelength Division Multiplexing	波分复用

附录B 国际性通信组织及相关组织简介

1. 国际电信联盟

国际电信联盟（International Telecommunication Union，ITU）的历史可追溯到1865年。根据联合国宪章和大西洋国际电信公约的规定，ITU于1947年成为联合国电信方面的专门机构。ITU总部设在日内瓦。ITU的常设机构有总秘书处、国际频率登记委员会、国际无线电咨询委员会、国际电报电话咨询委员会。

2. 国际通信卫星组织

国际通信卫星组织（International Telecommunication Satellite Consortium，INTELSAT）成立于1964年8月19日，总部设在美国华盛顿，其宗旨是建立全球商业通信卫星联系。1965年，“国际通信卫星”1号发射成功。国际通信卫星已从第一代发展到第六代，遍及世界各地的卫星通信地面站共有200多个。它们利用太平洋、印度洋和大西洋赤道上空的地球同步卫星组成了一个全球性卫星通信网，并承担了主要的国际越洋通信业务。国际通信卫星组织接受所有ITU的成员加入。中国于1977年8月加入国际通信卫星组织。

3. 国际标准组织

国际标准组织（International Orgnization for Standardization，ISO）成立于1946年，是自发组织起来的一个非官方的组织，主要的职能是制定、发布和推广国际标准，其成员包括生产商、消费者、政府部门和民间团体，由各成员国向ISO推荐，作为本国的代表。我国的代表机构是国家标准化管理委员会。截至2020年，ISO的成员数量达到了165个，覆盖了全球大部分的国家和地区。

4. 国际无线电咨询委员会

国际无线电咨询委员会（International Radio Consultative Committee，CCIR）成立于1927年，总部设在日内瓦。CCIR的职责是研究无线电技术规范，颁发建议书，并为制订和修改无线电规则提供技术依据。CCIR由所有ITU会员国的主管部门和被认可的私营机构组成。

5. 国际电报电话咨询委员会

国际电报电话咨询委员会（International Telegraph and Telephone Consultative Committee，CCITT）成立于1957年，总部设在日内瓦。CCITT的职责是对有关电报和电话技术、业务和资费问题进行研究并提出建议。CCITT由所有ITU会员国的主管部门和被认可的私营机构组成。1993年3月1日CCITT改组为ITU电信标准化部门，简称ITU-T。

参考文献

[1] 张曾科，阳宪惠．计算机网络[M]．北京：清华大学出版社，2006．
[2] 正田英介．通信技术[M]．北京：科学出版社，2001．
[3] 托马斯．电子通信系统[M]．4 版. 王曼珠，许萍，曾萍，等译. 北京：电子工业出版社，2002．
[4] 易波．现代通信导论[M]．北京：国防科技大学出版社，1998．
[5] 袁松青，苏建泉．数字通信原理[M]．北京：人民邮电出版社，1996．
[6] 曹志刚，钱亚生．现代通信原理[M]．北京：清华大学出版社，1996．
[7] 李文海，王钦笙，刘瑞曾，等．电信技术概述[M]．北京：人民邮电出版社，1993．
[8] 曾志民，等．调制解调器原理及其应用[M]．北京：人民邮电出版社，1995．
[9] 朱梅英，卢富明，卢掉华．传真通信与调制解调器[M]．北京：人民邮电出版社，1996．
[10] 孙学康，张金菊．光纤通信技术[M]．北京：邮电大学出版社，2001．
[11] 刘增基，周洋溢，胡辽林，等．光纤通信[M]．陕西：西安电子科技大学出版社，2001．
[12] 张成良．光波分复用技术讲座：WDM 技术的基本原理[J]．电信技术，1999（5），9-12．
[13] 赵荣黎．数字蜂房移动通信系统[M]．北京：电子工业出版社，1997．
[14] 陈德荣，林家儒．数字移动通信系统[M]．北京：北京邮电大学出版社，1996．
[15] 孙立新，邢宁霞．CDMA（码分多址）移动通信技术[M]．北京：人民邮电出版社，1996．
[16] 郭梯云，邬国扬，张厥盛．移动通信[M]．陕西：西安电子科技大学出版社，1998．
[17] 储钟圻．现代通信新技术[M]．北京：机械工业出版社，1998．
[18] 罗先明．卫星通信[M]．北京：人民邮电出版社，1997．
[19] 刘松．通信技术基础[M]．北京：电子工业出版社，2001．
[20] 曹淑敏．IMT-2000 无线接口标准的现状及发展[J]．现代电信科技，1999（3）：1-5．
[21] STALLINGS W．数据与计算机通信[M]．10 版．王海，张娟，周慧，等译．北京：电子工业出版社，2015．
[22] 史程．光纤通信网络的优化及运行研究[J]．数字通信世界，2021，23（6）：5-6．
[23] 苏俊，张磊，何斌，等．5G 多天线增强关键技术研究[J]．移动通信，2023，47（9）：110-116．
[24] 蒋瑞红，冯一哲，孙耀华，等．面向低轨卫星网络的组网关键技术综述[J]．电信科学，2023，39（2）：37-47．

反侵权盗版声明

举报电话：（010）88254396；（010）88258888

传　　真：（010）88254397

E-mail：dbqq@phei.com.cn

通信地址：北京市万寿路 173 信箱

　　　　　电子工业出版社总编办公室

邮　　编：100036